普通高等教育国家级精品规划教材
普通高等教育“十一五”国家级规划教材

水利水电工程概预算

(第2版·修订版)

方国华　朱成立　等编著

胡玉强　杨建基　主　审

黄河水利出版社

·郑州·

内 容 提 要

本书是普通高等教育国家级精品规划教材、普通高等教育“十一五”国家级规划教材，是根据教育部《关于进一步加强高等学校本科教学工作的若干意见》等文件精神，以及教育部对普通高等教育“十一五”国家级规划教材建设的具体要求组织编写的。本书在2014年《水利工程设计概(估)算编制规定》、2016年《水利工程营业税改征增值税计价依据调整办法》、2019年《水利部办公厅关于调整水利工程计价依据增值税计算标准的通知》和2002年水利部概预算定额的基础上，根据当前水利水电工程建设与管理的需要，以水利水电概预算编制全过程为主线，系统地介绍了投资估算、设计概算、施工图预算、施工预算、招标标底、投标报价、竣工结算、竣工决算等工程建设全过程中造价文件编制的基本知识。

本书可供高等院校水利水电工程、农业水利工程、工程管理、工程造价等相关专业教学使用，也可供从事水利水电工程规划、设计、施工、监理等相关工作的工程技术人员学习参考。

图书在版编目(CIP)数据

水利水电工程概预算/方国华等编著.—2版.—郑州：黄河水利出版社，2020.1 (2023.1 修订版重印)
普通高等教育国家级精品规划教材
ISBN 978-7-5509-2581-6

Ⅰ.①水… Ⅱ.①方… Ⅲ.①水利工程-概算编制-高等学校-教材②水利工程-预算编制-高等学校-教材③水力发电工程-概算编制-高等学校-教材④水力发电工程-预算编制-高等学校-教材 Ⅳ.①TV512

中国版本图书馆CIP数据核字(2020)第012416号

组稿编辑：王路平 电话：0371-66022212 E-mail：hhslwlp@163.com

出 版 社：黄河水利出版社 网址：www.yrcp.com
地址：河南省郑州市顺河路黄委会综合楼14层 邮政编码：450003
发行单位：黄河水利出版社
发行部电话：0371-66026940、66020550、66028024、66022620(传真)
E-mail：hhslcbs@126.com
承印单位：河南承创印务有限公司
开本：787 mm×1 092 mm 1/16
印张：16
字数：370千字 印数：2 101—4 000
版次：2020年1月第2版 印次：2023年1月第2次印刷
2023年1月修订版

定价：45.00元

第 2 版前言

水利是国民经济的基础设施和基础产业。改革开放以来,国家对基本建设体制进行了一系列的改革,如推行项目法人制、招标投标制、工程监理制及资本金制度。这些改革有力地促进了水利事业的蓬勃发展。

2002 年 6 月,水利部颁发了《水利建筑工程概算定额》(上、下册)、《水利水电设备安装工程概算定额》、《水利建筑工程预算定额》(上、下册)、《水利水电设备安装工程预算定额》、《水利工程施工机械台时费定额》和《水利工程设计概(估)算编制规定》。为了适应我国当前水利水电工程建设与管理的需要,我们在积累多年教学和实际工作经验的基础上,编写了《新编水利水电工程概预算》一书,并于 2003 年 6 月由黄河水利出版社出版。该书作为教材使用效果很好,受到了广大高等院校师生的一致好评,并于 2006 年 6 月被国家教育部批准为普通高等教育"十一五"国家级规划教材。2008 年 1 月在原书稿的基础上增加了水利水电工程概预算计算机辅助系统,修改完善了部分案例,并及时吸收了 2005 年水利部新颁发的补充定额,更名为《水利水电工程概预算》,由黄河水利出版社出版。本书自 2008 年出版以来,深受广大师生和行业读者的厚爱。为了不断提高本书的内容质量,作者根据教学实践和实际工程应用中发现的问题,分别于 2009 年和 2014 年对本书中存在的少量错误和不妥之处进行了修订,期望能在教学和生产实践中不断完善和提高。

2014 年,水利部新颁发了《水利工程设计概(估)算编制规定》(水总〔2014〕429 号),与 2002 年定额配套使用。2016 年,根据财政部、国家税务总局《关于全面推开营业税改征增值税试点的通知》(财税〔2016〕36 号)等文件的要求,为适应建筑业营业税改征增值税的需要,水利部颁布了《水利工程营业税改征增值税计价依据调整办法》(办水总〔2016〕132 号);2018 年,财政部、税务总局颁发了《关于调整增值税税率的通知》(财税〔2018〕32 号),将建筑业增值税税率调整为 10%;2019 年,财政部、税务总局、海关总署发布《关于深化增值税改革有关政策的公告》,将建筑业增值税税率调整为 9%,为此,水利部颁布了《水利部办公厅关于调整水利工程计价依据增值税计算标准的通知》(办财务函〔2019〕448 号),对水利工程增值税计算标准进行了再次调整。本次编写在原书稿的基础上,根据以上最新规定进行了修订再版,并对原书稿的章节安排进行适当调整,增加了附录,使得本书更加系统、完善。

为了不断提高教材质量,编者于 2023 年 1 月根据教材使用中发现的问题,以及国家及行业颁布的新规范、新标准,对全书进行了系统修订完善。

本书吸收和引用了水利部 2002 年新颁布的水利水电工程概预算定额、2005 年新颁布的补充定额及水利工程设计概(估)算编制规定,在内容编排上,力求全面反映最新概预算理论和编制方法,系统地介绍概预算编制的基本知识,使读者学习后能够独立地编制水利水电工程概预算。全书共分11章,其中第一章介绍了基本建设与工程概预算概念;第二章、第三章介绍了工程项目组成、项目划分和费用构成;第四章介绍了工程定额;第五章至第八章介绍了基础单价编制,建筑、安装工程单价编制,初步设计概算编制,投资估算、施工图预算和施工预算的编制方法;第九章介绍了招标标底与投标报价的编制;第十章介绍了竣工结算、竣工决算和项目的后评价;第十一章介绍了水利水电工程概预算计算机辅助系统。

本书编写人员及编写分工如下:第一章、第二章和第十章由河海大学方国华编写,第三章、第四章、第六章由河海大学朱成立编写,第五章由河海大学方国华、刘永强共同编写,第七章、第八章由华北水利水电大学田林钢、曹永潇共同编写,第九章由浙江水利水电学院虞瑜编写,第十一章由华北水利水电大学曹永潇、河海大学何淑媛共同编写,附录由华北水利水电大学曹永潇编写。全书由方国华统稿。

本书由水利部水利水电规划设计总院、水利建设经济定额站胡玉强教授级高级工程师和河海大学杨建基教授主审。书稿完成之后,他们精心审阅了全部书稿,提出了许多宝贵意见,对提高本书质量很有帮助,在此表示衷心的感谢!同时,也非常感谢支持、关心本书编写出版工作的所有领导、专家学者和编辑!

本书的编写,参考和引用了一些相关专业书籍的论述,编著者也在此向有关人员致以衷心的感谢!

限于时间和水平,书中缺点和错误在所难免,恳请读者批评指正。

编著者

2023年1月

目 录

第一章　基本建设与工程概预算概念

第一节　基本建设概述

一、基本建设的涵义

基本建设是发展和扩大社会生产、增强国民经济实力的物质技术基础，是改善和提高人民群众物质生活水平和文化水平的重要手段，是实现社会扩大再生产的必要条件。基本建设是指国民经济各部门利用国家预算拨款、自筹资金、国内外基本建设贷款以及其他专项基金进行的以扩大生产能力或增加工程效益为主要目的的新建、扩建、改建、技术改造、更新和恢复工程及有关工作。如建造工厂、矿山、港口、铁路、电站、水库、医院、学校、商店、住宅和购置机器设备、车辆、船舶等活动以及与之紧密相连的征用土地、房屋拆迁、勘测设计、培训生产人员等工作。换言之，基本建设就是指固定资产的建设，其工作内容包括建筑及安装活动，设备、工具、器具等固定资产的购置以及与之相关的工作。

基本建设通过一系列的投资活动来实现。基本建设投资是为了进行固定资产再生产活动而预付的货币资金，是为取得预期效益而进行的一种经济行为，是反映基本建设规模和增长速度的综合性指标。其组成要素有以下三个部分：

(1)建筑、安装工程费。包括建筑工程费和设备安装工程费。这部分投资通过建筑施工和设备安装活动才能实现。

(2)设备、工具、器具购置费。即购置或自制达到固定资产标准的设备、工具、器具的价值。

(3)独立费用。包括建设管理费、生产准备费、科研勘测设计费、其他等。

“基本建设”一词是20世纪50年代我国从俄文翻译过来的，西方国家称之为固定资本投资，日本叫建设投资。对于基本建设的涵义，我国学术界历来存在争议。一种观点认为，基本建设是指固定资产的扩大再生产，不包括固定资产的恢复、更新和技术改造，即将固定资产的投资分为基本建设投资和更新改造投资；另一种观点认为，基本建设就是固定资产的再生产，它既包括固定资产的扩大再生产，又包括固定资产的简单再生产，即基本建设投资就是通常所说的固定资产投资。此外，还存在介于上述两种观点之间的观点，认为基本建设是指固定资产扩大再生产和部分简单再生产。在实际工作中，要区分基本建设投资和更新改造投资是困难的，加上资金分散管理，硬性划分它们，反而给计划统计工作增加很多困难。因此，用固定资产投资代替基建投资，概念上比较明确，范围亦更清楚，不仅可以消除计划统计工作中的许多困难，而且与国外的固定资本投资统计资料进行对比分析时，口径上更为一致。

二、我国水利水电基本建设情况

(一)水资源特点

我国幅员辽阔,河流众多,根据第一次全国水利普查数据(2011),全国共有流域面积50 km^2及以上的河流45 203条,总长度150.85万km;流域面积100 km^2及以上的河流22 909条,总长度111.46万km;流域面积1 000 km^2及以上的河流2 221条,总长度38.65万km。常年水面面积1 km^2及以上的湖泊2 865个,水面总面积7.80万km^2(不含跨国界湖泊境外面积)。我国水资源的主要特点是:

(1)水资源总量较丰富,但人均占有量贫乏。我国水资源总量约2.84万亿m^3,居世界第6位。但我国水资源人均占有量仅为2 100 m^3,不到世界人均占有量的1/3,亩[1]均占有水量1 400 m^3,约为世界平均水平的一半。

(2)水量在地区上分布不均。北方水少,南方水多。水资源在各地区分布不均主要是由于降水分布不均造成的,我国降水量从东南沿海向西北内陆递减,全国有45%的土地面积位于降水量小于400 mm的干旱和半干旱地区。由于降水的影响,造成了全国水土资源严重不平衡现象。黄河、淮河、海河三大流域内耕地面积占全国耕地面积的1/3,但其径流量占全国径流量还不到5%。西北广大地区年降水量少于250 mm。黄河流域平均每亩耕地占有地表水资源只有286 m^3,淮河流域为281 m^3。长江流域及其以南地区耕地面积只占全国耕地面积的36%,而径流量却占全国总径流量的80%。缺水已成为严重制约北方广大地区国民经济发展的重要因素。

(3)水量在时间上分布不均,年际变化大。大部分地区冬春降水少、夏秋降水多,汛期降水量过于集中,北方汛期降水量占其全年降水量的70%~80%,南方汛期降水量占全年的50%~60%。年际间丰枯变化大。由于降水量时空分配不均,在一些地区时常造成干旱或洪涝灾害。

(4)水能资源丰富。我国的大江大河多发源于高原山区,源远流长,落差大,径流多,水能资源丰富。据统计,我国水能蕴藏量6.76亿kW,年发电量5.92万亿kW·h,可能开发水能资源的装机容量3.78亿kW,年发电量1.92万亿kW·h。以上各项指标均居世界第一位。

以上特点决定了我国水利水电建设工作的艰巨性、长期性和复杂性。

(二)水利水电建设基本情况

由于我国的水量在空间和时间上分配很不均匀,造成水旱灾害频繁,历史上的黄河三年两决口、百年一改道,长江、淮河等江河也时常发生水灾,同时旱灾也经常发生,这些都给中华民族带来了深重的灾难。劳动人民世世代代为除水害、兴水利而斗争,很早以前就修建了黄河下游堤防、四川都江堰、京杭大运河等一大批水利工程。进入20世纪,我国逐渐有了电力工业,但在新中国成立以前,我国电力工业基础薄弱,水力发电站更是少得可怜,1949年水电站装机容量仅为16.3万kW,发电量为7亿kW·h。

[1] 1亩=1/15 hm^2,下同。

中华人民共和国成立以后，我国水利建设进入了大发展的新时期。截至2016年❶，全国已建成各类水库98 460座，总库容8 967亿 m^3；建成五级以上江河堤防29.9万km；设计灌溉面积大于2 000亩及以上的灌区共22 689处，耕地灌溉面积3 720.8万 hm^2；已累计建成日取水大于等于20 m^3 的供水机电井或内径大于200 mm的灌溉机电井共487.2万眼；水土流失综合治理面积达120万 km^2；设置各类水文测站103 962处。大型引水工程南水北调东线一期工程已于2013年正式通水，南水北调中线一期工程于2014年正式通水。

我国还在各个河流上建设了一大批大型水力发电工程，如新安江、三门峡、丹江口、刘家峡、龙羊峡、乌江渡、葛洲坝等，水电发电量占总电量的比重也提高到2016年的17.8%。

经过60多年的努力，虽然取得了上述伟大成就，但随着社会和经济的发展，水利建设仍面临艰巨任务。如：洪涝灾害频繁仍然是中华民族的心腹大患，水资源供需矛盾突出仍然是可持续发展的主要瓶颈，农田水利建设滞后仍然是影响农业稳定发展和国家粮食安全的最大硬伤，水利设施薄弱仍然是国家基础设施的明显短板。坚持全面规划，统筹兼顾，标本兼治，综合治理的原则，兴利除害结合，开源节流并重，防洪抗旱并举。这是我国水利建设总的指导思想和方针。近年来，国家加大了对水利的投资力度，水利建设面临着前所未有的发展机遇和有利条件。

第二节　基本建设项目种类和项目划分

基本建设项目是指在行政上有独立的组织形式，在经济上实行独立核算，可直接与其他企业或单位建立经济往来关系，按照一个总体设计进行施工的建设单位。一般以一个企业或联合企业单位、事业单位或独立工程作为一个建设项目，例如独立的工厂、矿山、水库、水电站、港口、灌区工程等。凡属于一个总体设计中的主体工程和相应的附属配套工程、综合利用工程、环境保护工程、供水工程、供电工程以及水库的干渠配套工程等，只作为一个建设项目。企业、事业单位按照规定用基本建设投资单纯购买设备、工具、器具，如车、船、勘探设备、施工机械等，虽然属于基本建设范围，但不作为基本建设项目。由于分类方法不同，基本建设项目有许多种分类。

一、基本建设项目种类

（一）按建设性质划分

按照建设项目的建设性质不同，基本建设项目可分为新建、扩建、改建、恢复和迁建项目。技术改造项目一般不作这种分类。一个建设项目只有一种性质，在项目按总体设计全部建成之前，其建设性质是始终不变的。

（1）新建项目。即原来没有，现在开始建设的项目。有的建设项目并非从无到有，但其原有基础薄弱，经过扩大建设规模，新增加的固定资产价值超过原有固定资产价值的3倍以上，也可称为新建项目。

---

❶ 见《2016年水利发展统计公报》。

(2)扩建项目。即在原有的基础上为扩大原有产品生产能力或增加新的产品生产能力而新建的主要车间或工程项目。

(3)改建项目。指原有企业以提高劳动生产率、改进产品质量或改变产品方向为目的,对原有设备或工程进行改造的项目。有的为了提高综合生产能力,增加一些附属或辅助车间和非生产性工程,也属于改建项目。在现行管理上,将固定资产投资分为基本建设项目和技术改造项目,从建设性质上看,后者属于基本建设中的改建项目。

(4)恢复项目。指企业、事业单位因自然灾害、战争等原因,使原有固定资产全部或部分报废,以后又按原有规模恢复建设的项目。

(5)迁建项目。指原有的企业、事业单位,由于改变生产布局或环境保护和安全生产以及其他特别需要,迁往外地建设的项目。

水利水电基本建设项目一般包括新建、续建、改建、加固和修复工程建设项目。

(二)按用途划分

基本建设项目还可以按用途分为生产性建设项目和非生产性建设项目。

(1)生产性建设项目。指直接用于物质生产或满足物质生产需要的建设项目,如工业、建筑业、农业、水利、气象、运输、邮电、商业、物资供应、地质资源勘探等建设项目。

(2)非生产性建设项目。指用于人民物质生活和文化生活需要的建设项目,如住宅、文教、卫生、科研、公用事业、机关和社会团体等建设项目。

(三)按规模或投资大小划分

基本建设项目按建设规模或投资大小分为大型项目、中型项目和小型项目。国家对工业建设项目和非工业建设项目均规定有划分大、中、小型的标准,各部委对所属专业建设项目也有相应的划分标准,如水利水电建设项目就有对水库、水电站等划分为大、中、小型的标准。

(四)按隶属关系划分

建设项目按隶属关系可分为国务院各部门直属项目、地方投资国家补助项目、地方项目、企事业单位自筹建设项目。1997年9月国务院印发的《水利产业政策》把水利工程建设项目划分为中央项目和地方项目两大类。

(五)按建设阶段划分

建设项目按建设阶段分为预备项目、筹建项目、施工项目、建成投产项目、收尾项目和竣工项目等。

(1)预备项目(或探讨项目)。按照中长期投资计划拟建而又未立项的建设项目,只作初步可行性研究或提出设想方案供参考。

(2)筹建项目(或前期工作项目)。经批准立项,正在进行建设前期准备工作而尚未开始施工的项目。

(3)施工项目。指本年度计划内进行建筑或安装施工活动的项目,包括新开工项目和续建项目。

(4)建成投产项目。指年内按设计文件规定建成主体工程和相应配套的辅助设施,形成生产能力或发挥工程效益,经验收合格并正式投入生产或交付使用的建设项目。包括全部投产项目、部分投产项目和建成投产单项工程。

(5)收尾项目。以前年度已经全部建成投产,但尚有少量不影响正常生产使用的辅助工程或非生产性工程,在本年度继续施工的项目。

(6)竣工项目。指本年内办理完竣工验收手续,交付投入使用的项目。

国家根据不同时期国民经济发展的目标、结构调整任务和其他一些需要,对以上各类建设项目制定不同的调控和管理政策、法规、办法。因此,系统了解上述建设项目各种分类对建设项目的管理具有重要意义。

二、基本建设项目划分

一个基本建设项目往往规模大、建设周期长、影响因素复杂。因此,为了便于编制基本建设计划,编制预算,组织材料供应,组织招标投标,安排施工和控制投资,拨付工程款项,进行经济核算等生产经营管理的需要,通常按项目本身的内部组成,将其划分为建设项目、单项工程、单位工程、分部工程和分项工程。

建设项目也称为基本建设项目,如前所述,是指在一个场地或几个场地上按一个总体设计进行施工的各个工程项目的总和。如一个独立的工厂、水库、水电站等。

单项工程是建设项目的组成部分,单项工程具有独立的设计文件,建成后可以独立发挥生产能力或效益。例如,一个工厂的生产车间,一所学校的教学楼、食堂、宿舍,一个水利枢纽的拦河坝、电站厂房、引水渠等都是单项工程。

单位工程是单项工程的组成部分,是指不能独立发挥生产能力,但具有独立施工条件的工程。一般按照建筑物建筑及安装来划分,如灌区工程中进水闸、分水闸、渡槽;水电站引水工程中的进水口、调压井等都是单位工程。

分部工程是单位工程的组成部分,一般按照建筑物的主要部位或工种来划分。例如,房屋建筑工程可划分为基础工程、墙体工程、屋面工程等。也可以按照工种来划分,如土石方工程、钢筋混凝土工程、装饰工程等;隧洞工程可以分为开挖工程、衬砌工程等。

分项工程是分部工程的细分,是建设项目最基本的组成单元,反映最简单的施工过程。例如砖石工程按工程部位划分为内墙、外墙等分项工程。

建设项目分解如图 1-1 所示。

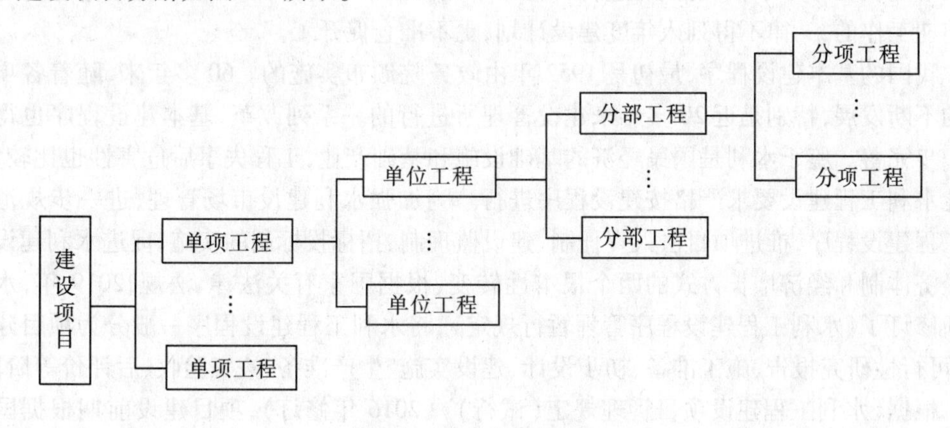

图 1-1　项目分解示意图

由于水利水电工程是个复杂的建筑群体,同其他工程相比,包含的建筑群体种类多、涉及面广。例如,大中型水电工程除拦河坝(闸)、主副厂房外,还有变电站、开关站、引水系统、输水系统、泄洪设施、过坝建筑、输变电线路、公路、铁路、桥涵、码头、通信系统、给排水系统、供风系统、制冷设施、附属辅助企业、文化福利建筑等,难以严格按单项工程、单位工程、分部工程和分项工程来确切划分。因此,对于水利水电基本建设项目有专门的项目划分规定。

水利工程按工程性质划分为枢纽工程、引水工程和河道工程三大类:枢纽工程包括水库、水电站、大型泵站、大型拦河水闸和其他大型独立建筑物;引水工程包括供水工程和设计流量大于等于5 m^3/s 的灌溉工程;河道工程包括堤防工程、河湖整治工程和设计流量小于5 m^3/s 的灌溉工程。水利工程概算由工程部分、建设征地移民补偿、环境保护工程、水土保持工程四部分构成。工程部分划分为建筑工程、机电设备及安装工程、金属结构设备及安装工程、施工临时工程、独立费用五个部分,工程各部分从大到小又划分为一级项目、二级项目、三级项目。一级项目相当于单项工程,二级项目相当于单位工程,三级项目相当于分部、分项工程。建设征地移民补偿、环境保护工程、水土保持工程部分划分的各级项目执行《水利工程建设征地移民补偿投资概(估)算编制规定》《水利工程环境保护设计概(估)算编制规定》和《水土保持工程概(估)算编制规定》。

第三节　基本建设程序

基本建设的特点是投资多,建设周期长,涉及的专业和部门多,工作环节错综复杂。为了保证工程建设顺利进行,达到预期目的,在基本建设的实践中,逐渐总结出一套大家共同遵守的工作顺序,这就是基本建设程序。基本建设程序是基本建设全过程中各项工作的先后顺序和工作内容及要求。

基本建设程序是客观存在的规律性反映,不按基本建设程序办事,就会受到客观规律的惩罚,给国民经济造成严重损失。严格遵守基本建设程序是进行基本建设工作的一项重要原则。1982年国务院关于控制投资规模的规定中指出:“所有建设项目必须严格按照基本建设程序办事,事前没有进行可行性研究和技术经济论证,没有做好勘察设计等建设前期工作的,一律不得列入年度建设计划,更不准仓促开工。”

我国的基本建设程序,最初是1952年由政务院颁布实施的。60多年来,随着各项建设的不断发展,特别是近20多年来建设管理所进行的一系列改革,基本建设程序也得到进一步完善。鉴于水利是国民经济的基础设施和基础产业,工程失事后危害性也比较大,因此水利工程建设要求严格按建设程序进行。为加强水利建设市场管理,进一步规范水利工程建设程序,推进项目法人责任制、建设监理制、招标投标制的实施,促进水利建设实现经济体制和经济增长方式的两个根本性转变,根据国家有关法律、法规,2019年,水利部新修订了《水利工程建设程序管理暂行规定》,将水利工程建设程序一般分为项目建议书、可行性研究报告、施工准备、初步设计、建设实施、生产准备、竣工验收、后评价等阶段。

根据《水利工程建设项目管理规定(试行)》(2016年修订),项目建设前期根据国家总体规划以及流域综合规划,开展前期工作,包括提出项目建议书、可行性研究报告和初步设计(或扩大初步设计)。

流域(或区域)规划是根据流域(或区域)的水资源条件和防洪状况以及国家长远计划对该地区水利水电建设发展的要求,提出该流域(或区域)水资源的梯级开发和综合利用的方案及消除水害的方案。因此,进行流域(或区域)规划必须对流域(或区域)的自然地理、经济状况等进行全面系统的调查研究,初步确定流域(或区域)内可能的工程位置和工程规模,并进行多方案分析比较,选定合理的建设方案,并推荐近期建设工程项目。

一、项目建议书阶段

项目建议书应根据国民经济和社会发展长远规划、流域综合规划、区域综合规划、专业规划,按照国家产业政策和国家有关投资建设方针进行编制,是对拟进行建设项目的初步说明。

项目建议书应按照《水利水电工程项目建议书编制规程》(SL/T 617)编制。

项目建议书编制一般由政府委托有相应资格的设计单位承担,并按国家现行规定权限向主管部门申报审批。项目建议书被批准后,由政府向社会公布,若有投资建设意向,应及时组建项目法人筹备机构,开展下一建设程序工作。

二、可行性研究报告阶段

可行性研究应对项目进行方案比较,对在技术上是否可行和经济上是否合理进行科学的分析和论证。经过批准的可行性研究报告,是项目决策和进行初步设计的依据。可行性研究报告由项目法人(或筹备机构)组织编制。

可行性研究报告应按照《水利水电工程可行性研究报告编制规程》(SL/T 618)编制。

可行性研究报告按国家现行规定的审批权限报批。申报项目可行性研究报告,必须同时提出项目法人组建方案及运行机制、资金筹措方案、资金结构及回收资金的办法。

可行性研究报告经批准后,不得随意修改和变更,在主要内容上有重要变动,应经原批准机关复审同意。项目可行性研究报告批准后,应正式成立项目法人,并按项目法人责任制实行项目管理。

三、施工准备阶段

项目可行性研究报告已经批准,年度水利投资计划下达后,项目法人即可开展施工准备工作,其主要内容包括:

(1)施工现场的征地、拆迁;

(2)完成施工用水、电、通信、道路和场地平整等工程;

(3)必须的生产、生活临时建筑工程;

(4)实施经批准的应急工程、试验工程等专项工程;

(5)组织招标设计、咨询、设备和物资采购等服务;

(6)组织相关监理招标,组织主体工程的招标准备工作。

工程建设项目施工,除某些不适应招标的特殊工程项目(须经水行政主管部门批准)外,均须实行招标投标。水利工程建设项目的招标投标,按有关法律、行政法规和《水利工程建设项目招标投标管理规定》等规章规定执行。

四、初步设计阶段

初步设计是根据批准的可行性研究报告和必要而准确的设计资料,对设计对象进行通盘研究,阐明拟建工程在技术上的可行性和经济上的合理性,规定项目的各项基本技术参数,编制项目的总概算。初步设计任务应择优选择有项目相应资格的设计单位承担,依照有关初步设计编制规定进行编制。

初步设计报告应按照《水利水电工程初步设计报告编制规程》(SL/T 619)编制。

初步设计文件报批前,一般须由项目法人对初步设计中的重大问题组织论证。设计单位根据咨询论证意见,对初步设计文件进行补充、修改、优化。初步设计由项目法人组织审查后,按国家现行规定权限向主管部门申报审批。

设计单位必须严格保证设计质量,承担初步设计的合同责任。初步设计文件经批准后,主要内容不得随意修改、变更,并作为项目建设实施的技术文件基础。如有重要修改、变更,须经原审批机关复审同意。

五、建设实施阶段

建设实施阶段是指主体工程的建设实施,项目法人按照批准的建设文件,组织工程建设,保证项目建设目标的实现。

水利工程具备《水利工程建设项目管理规定(试行)》(2016年修订)规定的开工条件后,主体工程方可开工建设。项目法人或者建设单位应当自工程开工之日起15个工作日内,将开工情况的书面报告报项目主管单位和上一级主管单位备案。

项目法人要充分发挥建设管理的主导作用,为施工创造良好的建设条件。项目法人要充分授权工程监理,使之能独立负责项目的建设工期、质量、投资的控制和现场施工的组织协调。监理单位选择必须符合《水利工程建设监理规定》(2017年修订)的要求。

要按照"政府监督、项目法人负责、社会监理、企业保证"的要求,建立健全质量管理体系,重要建设项目须设立质量监督项目站,行使政府对项目建设的监督职能。

六、生产准备阶段

生产准备是项目投产前所要进行的一项重要工作,是建设阶段转入生产经营的必要条件。项目法人应按照建管结合和项目法人责任制的要求,适时做好有关生产准备工作。

生产准备应根据不同类型的工程要求确定,一般应包括如下主要内容:

(1)生产组织准备。建立生产经营的管理机构及相应管理制度。

(2)招收和培训人员。按照生产运营的要求,配备生产管理人员,并通过多种形式的培训,提高人员素质,使之能满足运营要求。生产管理人员要尽早介入工程的施工建设,参加设备的安装调试,熟悉情况,掌握好生产技术和工艺流程,为顺利衔接基本建设和生产经营阶段做好准备。

(3)生产技术准备。主要包括技术资料的汇总、运行技术方案的制订、岗位操作规程制订和新技术准备。

(4)生产的物资准备。主要是落实投产运营所需要的原材料、协作产品、工器具、备品备件和其他协作配合条件的准备。

(4)生产的物资准备。主要是落实投产运营所需要的原材料、协作产品、工器具、备品备件和其他协作配合条件的准备。

(5)正常的生活福利设施准备。

及时具体落实产品销售合同协议的签订,提高生产经营效益,为偿还债务和资产的保值增值创造条件。

七、竣工验收阶段

竣工验收是工程完成建设目标的标志,是全面考核基本建设成果、检验设计和工程质量的重要步骤。竣工验收合格的项目即从基本建设转入生产或使用。

当建设项目的建设内容全部完成,并经过单位工程验收(包括工程档案资料的验收),符合设计要求并按《水利工程建设项目档案管理规定》(水办〔2005〕480号)的要求完成了档案资料的整理工作;完成竣工报告、竣工决算等必需文件的编制后,项目法人按《水利工程建设项目管理规定(试行)》(2016年修订)规定,向验收主管部门提出申请,根据国家和部颁验收规程,组织验收。

竣工决算编制完成后,须由审计机关组织竣工审计,其审计报告作为竣工验收的基本资料。

工程规模较大、技术较复杂的建设项目可先进行初步验收。不合格的工程不予验收;有遗留问题的项目,对遗留问题必须有具体处理意见,且有限期处理的明确要求并落实责任人。

八、后评价阶段

建设项目竣工投产后,一般经过1~2年生产运营后,要进行一次系统的项目后评价,主要内容包括:影响评价——项目投产后对各方面的影响进行评价;经济效益评价——对项目投资、国民经济效益、财务效益、技术进步和规模效益、可行性研究深度等进行评价;过程评价——对项目的立项、设计施工、建设管理、竣工投产、生产运营等全过程进行评价。

项目后评价一般按三个层次组织实施,即项目法人的自我评价、项目行业的评价、计划部门(或主要投资方)的评价。

建设项目后评价工作必须遵循客观、公正、科学的原则,做到分析合理、评价公正。通过建设项目的后评价以达到肯定成绩、总结经验、研究问题、吸取教训、提出建议、改进工作,不断提高项目决策水平和投资效果的目的。

上述八项内容基本上反映了水利水电工程基本建设工作的全过程。电力系统中的水力发电工程与此基本相同,不同点是,将初步设计阶段与可行性研究阶段合并,称为可行性研究阶段,其设计深度与水利系统初步设计接近,增加“预可行性研究阶段”,其设计深度与水利系统的可行性研究接近。其他基本建设工程除没有流域(或区域)规划外,其余工作也大体相同。

基本建设过程大致上可以分为三个时期,即前期工作时期、工程实施时期和竣工投产时期。从国内外的基本建设经验来看,前期工作最重要,一般占整个过程的50%~60%

的时间。前期工作搞好了,其后各阶段的工作就容易顺利完成。

同我国基本建设程序相比,国外通常也把工程建设的全过程分为三个时期,即投资前时期、投资时期和投资回收时期。内容主要包括:投资机会研究、初步可行性研究、可行性研究、项目评估、基础设计、原则设计、详细设计、招标发包、施工、竣工投产、生产阶段、工程后评估及项目终止等步骤。国外非常重视前期工作。建设程序与我国现行程序大同小异。

不同的国家,在具体的项目划分上有所不同。美国把设计工作划分成一些更为详细的工作阶段。例如,编制工艺流程图、总布置图、系统技术说明、工艺和仪表系统图、项目准则、设备清单、设备技术规定、施工图及施工技术规定等。这些工作或相继进行,或交错进行,其工作成果则陆续完成,陆续送审,这样便于及时听取雇主意见,并取得雇主的认可。

第四节　建筑产品特点和价格特点

一、建筑产品特点

与一般工业产品相比,建筑产品具有以下特点:

(1)不同建筑产品的建设施工地点不固定性。建筑产品都是在选定的地点上建造的,如水利水电工程一般都是建筑在河流上或河流旁边,它不能像一般工业产品那样在工厂里重复地、批量地进行生产,工业产品的生产条件一般不受时间及气象条件限制。建筑产品的施工地点不同,使得对于用途、功能、规模、标准等基本相同的建筑产品,因其建设地点的地质、气象、水文条件等不同,其造型、材料选用、施工方案等都有很大的差异,从而影响着产品的造价。此外,不同地区工人的工资标准以及某些费用标准,例如材料运输费、冬雨季施工增加费等,都会由于建设地点的不同而不同,使建筑产品的造价有很大的差异。

(2)建筑产品的单件性。建筑产品一般各不相同,千差万别,特别是水利水电工程一般都随所在河流的特点而变化,每项工程都要根据工程的具体情况进行单独设计,在设计内容、规模、造型、结构和材料等各方面都互不相同。同时,因为工程的性质(新建、改建、扩建或恢复等)不同,其设计要求也不一样。即使工程的性质或设计标准相同,也会因建设地点的地质、水文条件不同,其设计也不尽相同。

(3)建筑产品生产的露天性。建筑产品的生产一般都是露天进行的,季节的更替,气候、自然环境条件的变化,都会引起产品设计的某些内容和施工方法的变化,也会造成防寒、防雨或降温等费用的变化,水利水电工程还涉及施工期工程防汛。这些因素都会使建筑产品的造价发生相应的变动,使得各建筑产品的造价不相同。

此外,由于建筑产品规模大,大于任何工业产品,由此决定了它具有生产周期长、程序多、涉及面广、社会协作关系复杂等特点,同时这些特点也决定了建筑产品价值构成不可能一样。

建筑产品的上述特点,决定了它不可能像一般工业产品那样,可以采用统一价格,而必须通过特殊的计划程序,逐个编制概预算来确定其价格。

二、建筑产品的属性及价格特点

（一）建筑产品的属性

商品是用来交换的、能满足他人需要的产品。它具有价值和使用价值两种属性。建筑产品也是商品，建筑企业进行的生产是商品生产。

（1）建筑企业生产的建筑产品是为了满足建设单位或使用单位需要的。由于建筑产品的建设地点的不固定性、建筑产品的单件性和生产的露天性，建筑企业（承包者）必须按使用者（发包者）的要求（设计）进行施工，建成后再移交给使用者。这实际上是一种“加工定做”的方式，先有买主，再进行生产和交换。因此，建筑产品是一种特殊的商品，它有着特殊的交换关系。

（2）建筑产品也有使用价值和价值。建筑产品的使用价值表现在它能满足用户的需要，这是由它的自然属性决定的。在市场经济条件下，建筑产品的使用价值是它的价值的物质承担者。建筑产品的价值是指它凝结的物化劳动和活劳动。

（二）建筑产品的价格特点

建筑产品作为商品，其价格与所有商品一样，是价值的货币表现，是由成本、税金和利润组成的。但是，建筑产品又是特殊的商品，其价格有其自身的特点，其定价要解决两方面的问题：一是如何正确反映成本；二是盈利如何反映到价格中去。

承包商的基本活动，是组织并建造建筑产品，其投资及施工过程，也就是资金的消费过程。因此，建造工程过程中耗费的物化劳动（表现为耗费的劳动对象和劳动工具的价值）和活劳动（体现为以工资的形式支付给劳动者的报酬）就构成了工程的价值。在工程价值中物化劳动消耗及活劳动消耗中的物化劳动部分就是建筑产品的必要消耗，用货币形式表示，就构成了建筑产品的成本。所以，工程成本按其经济实质来说，就是用货币形式反映的已消耗的生产资料价值和劳动者为自己所创造的价值。

事实上，在实际工作中，工程成本或许还包括一些非生产性消耗，即包括由于企业经营管理不善所造成的支出、企业支付的流动资金贷款利息和职工福利基金等。

由此可见，实际工作中的工程成本，就是承包商在投资及工程建设的过程中，为完成一定数量的建筑工程和设备安装工程所发生的全部费用。需要指出的是，通常所说的成本应该是部门的社会平均成本，而不是个别成本，应准确地反映生产过程中物化劳动和活劳动消耗，不能把由于管理不善而造成的损失都计入成本。

关于盈利问题有多种计算类型。一是按预算成本乘以规定的利润率计算；二是按法定利润和全部资金比例关系确定；三是按利润与劳动者工资之间的比例关系确定；四是利润一部分以生产资金为基础，另一部分以工资为基础，按比例计算。

建筑产品的价格主要有以下两个方面的特点：一是建筑产品的价格不能像工业产品那样有统一的价格，一般都需要通过逐个编制概预算进行估价。建筑产品的价格是一次性的。二是建筑产品的价格具有地区差异性。建筑产品坐落的地区不同，特别是水利水电工程所在的河流和河段不同，其建造的复杂程度也不同，这样所需的人工、材料和机械的价格就不同，最终决定建筑产品的价格具有多样性。

从形式上看，建筑产品价格是不分段的整体价格，在产品之间没有可比性。实际上，它是由许多共性的分项价格组成的个性价格。建筑产品的价格竞争也正是以共性的分项价格为基础进行的。

第五节 基本建设工程概预算

一、基本建设工程概预算概述

基本建设工程概预算,是根据不同设计阶段的具体内容和有关定额、指标分阶段进行编制的。

基本建设在国民经济中占有重要的地位。国家每年用于基本建设的投资占财政总支出的40%左右。其中,用于建筑安装工程方面的资金约占基本建设总投资的60%。为了合理而有效地利用建设资金,降低工程成本,充分发挥投资效益,必须对基本建设项目进行科学的管理和有效的监督。

基本建设工程概预算所确定的投资额,实质上是相应工程的计划价格。这种计划价格在实际工作中通常称为概算造价和预算造价,它是国家对基本建设实行宏观控制、科学管理和有效监督的重要手段之一,对于提高企业的经营管理水平和经济效益,节约国家建设资金具有重要的意义。

根据我国基本建设程序的规定,在工程的不同建设阶段,要编制相应的工程造价。

(一)投资估算

投资估算是指在项目建议书阶段、可行性研究阶段对建设工程造价的预测,它应考虑多种可能的需要、风险、价格上涨等因素,要打足投资、不留缺口,适当留有余地。它是设计文件的重要组成部分,是编制基本建设计划,实行基本建设投资大包干,进行建设资金筹措的依据;也是考核设计方案和建设成本是否合理的依据。它是可行性研究报告的重要组成部分,是业主为选定近期开发项目、做出科学决策和进行初步设计的重要依据。投资估算是工程造价全过程管理的"龙头",抓好这个"龙头"具有十分重要的意义。

投资估算是建设单位向国家或主管部门申请基本建设投资时,为确定建设项目投资总额而编制的技术经济文件,它是国家或主管部门确定基本建设投资计划的重要文件。主要根据估算指标、概算指标或类似工程的预(决)算资料进行编制。投资估算控制初设概算,它是工程投资的最高限额。

(二)设计概算

设计概算是指在初步设计阶段,设计单位为确定拟建基本建设项目所需的投资额或费用而编制的工程造价文件。它是设计文件的重要组成部分。由于初步设计阶段对建筑物的布置、结构型式、主要尺寸以及机电设备型号、规格等均已确定,所以概算是对建设工程造价有定位性质的造价测算,设计概算不得突破投资估算。设计概算是编制基本建设计划,实行基本建设投资大包干,进行建设资金筹措的依据;也是考核设计方案和建设成本是否合理的依据。设计单位在报批设计文件的同时,要报批设计概算;设计概算经过审批后,就成为国家控制该建设项目总投资的主要依据,不得任意突破。水利水电工程采用设计概算作为编制施工招标标底、利用外资概算和执行概算的依据。

工程开工时间与设计概算所采用的价格水平不在同一年份时,按规定由设计单位根据开工年的价格水平和有关政策重新编制设计概算,这时编制的概算一般称为调整概算。调整概算仅仅是在价格水平和有关政策方面的调整,工程规模及工程量与初步设计均保持不变。

水利水电工程的建设特点决定了在水利水电工程概预算工作中,概算比施工图预算重要;而对于一般建筑工程,施工图预算更重要。水利水电工程到了施工阶段其总预算还未做,只做到局部的施工图预算,而一般建筑工程则常用施工图预算代替概算。

(三)业主预算

业主预算是在已经批准的初步设计概算基础上,对已经确定实行投资包干或招标承包制的大中型水利水电工程建设项目,根据工程管理与投资的支配权限,按照管理单位及分标项目的划分,进行投资的切块分配,以便于对工程投资进行管理与控制,并作为项目投资主管部门与建设单位签订工程总承包(或投资包干)合同的主要依据。它是为了满足业主控制和管理的需要,按照总量控制、合理调整的原则编制的内部预算,业主预算也称为执行概算。

业主预算项目,原则上划分为四个部分和四个层次。即第一层次划分为业主管理项目、建设单位管理项目、招标项目和其他项目四部分。第二、第三、第四层次的项目划分,原则上按行业主管部门颁布的工程项目划分,结合业主预算的特点、工程的具体情况和工程投资管理的要求设定。一般情况下,业主预算的价格水平与设计概算的人、材、机等基础价格水平应保持一致,以便与设计概算进行对比。

(四)标底与报价

标底是招标工程的预期价格,它主要是以招标文件、图纸,按有关规定,结合工程的具体情况,计算出的合理工程价格。它是由业主委托具有相应资质的设计单位、社会咨询单位编制完成的,包括发包造价、与造价相适应的质量保证措施及主要施工方案、为了缩短工期所需的措施费等。其中,主要是合理的发包造价,其应在编制完成后报送招标投标管理部门审定。标底的主要作用是招标单位在一定浮动范围内合理控制工程造价、明确自己在发包工程上应承担的财务义务。标底也是投资单位考核发包工程造价的主要尺度。

投标报价,即报价,是施工企业(或厂家)对建筑工程施工产品(或机电、金属结构设备)的自主定价。它反映的是市场价格,体现了企业的经营管理、技术和装备水平。中标报价是基本建设产品的成交价格。

(五)施工图预算

施工图预算是指在施工图设计阶段,根据施工图纸、施工组织设计、国家颁布的预算定额和工程量计算规则、地区材料预算价格、施工管理费标准、企业利润率、税金等,计算每项工程所需人力、物力和投资额的文件。它应在已批准的设计概算控制下进行编制。它是施工前组织物资、机具、劳动力,编制施工计划,统计完成工作量,办理工程价款结算,实行经济核算,考核工程成本,实行建筑工程包干和建设银行拨(贷)工程款的依据。它是施工图设计的组成部分,由设计单位负责编制的。它的主要作用是确定单位工程项目造价,是考核施工图设计经济合理性的依据。一般建筑工程以施工图预算作为编制施工招标标底的依据。

(六)施工预算

施工预算是指在施工阶段,施工单位为了加强企业内部经济核算、节约人工和材料、合理使用机械,在施工图预算的控制下,通过工料分析,计算拟建工程工、料和机具等需要量,并直接用于生产的技术经济文件。它是根据施工图的工程量、施工组织设计或施工方案和施工定额等资料进行编制的。

(七)竣工结算

竣工结算是施工单位与建设单位对承建工程项目的最终结算(施工过程中的结算属于中间结算)。竣工结算与竣工决算是完全不同的两个概念,其主要区别在于:一是范围不同,竣工结算的范围只是承建工程项目,是基本建设的局部,而竣工决算的范围是基本建设的整体;二是成本不同,竣工结算只是承包合同范围内的预算成本,而竣工决算是完整的预算成本,它还要计入工程建设的独立费用、建设期融资利息等工程成本和费用。由此可见,竣工结算是竣工决算的基础,只有先办竣工结算才有条件编制竣工决算。

(八)竣工决算

竣工决算是指建设项目全部完工后,在工程竣工验收阶段,由建设单位编制的从项目筹建到建成投产全部费用的技术经济文件。它是建设投资管理的重要环节,是工程竣工验收、交付使用的重要依据,也是进行建设项目财务总结,银行对其实行监督的必要手段。

基本建设程序与各阶段的工程造价之间的关系如图1-2所示。从图1-2中可以看出,建设项目估算、概算、预算及决算,从确定建设项目,确定和控制基本建设投资,进行基本建设经济管理和施工企业经济核算,到最后核定项目的固定资产,它们以价值形态贯穿于整个基本建设过程之中。其中,设计概算、施工图预算和竣工决算,通常简称为基本建设的“三算”,是建设项目概预算的重要内容,三者有机联系,缺一不可。设计要编制概算,施工要编制预算,竣工要编制决算。一般情况下,决算不能超过预算,预算不能超过概算,概算不能超过估算。此外,竣工结算、施工图预算和施工预算一起被称为施工企业内部所谓的“三算”,它是施工企业内部进行管理的依据。

建设项目概预算中的设计概算和施工图预算,在编制年度基本建设计划、确定工程造价、评价设计方案、签订工程合同,建设银行据以进行拨款、贷款和竣工结算等方面有着共同的作用,都是业主对基本建设进行科学管理和监督的有效手段,在编制方法上也有相似之处。但由于二者的编制时间、依据和要求不同,它们还是有区别的。设计概算与施工图预算的区别有以下几点:

(1)编制费用内容不完全相同。设计概算包括建设项目从筹建开始至全部项目竣工和交付使用前的全部建设费用。施工图预算一般包括建筑工程、设备及安装工程、施工临时工程等。建设项目的设计概算除包括施工图预算的内容外,还应包括独立费用以及移民和环境部分的费用。

(2)编制阶段不同。建设项目设计概算的编制,是在初步设计阶段进行的,由设计单位编制。施工图预算是在施工图设计完成后,由设计单位编制的。

(3)审批过程及其作用不同。设计概算是初步设计文件的组成部分,由有关主管部门审批,作为建设项目立项和正式列入年度基本建设计划的依据。只有在初步设计图纸和设计概算经审批同意后,施工图设计才能开始,因此它是控制施工图设计和预算总额的

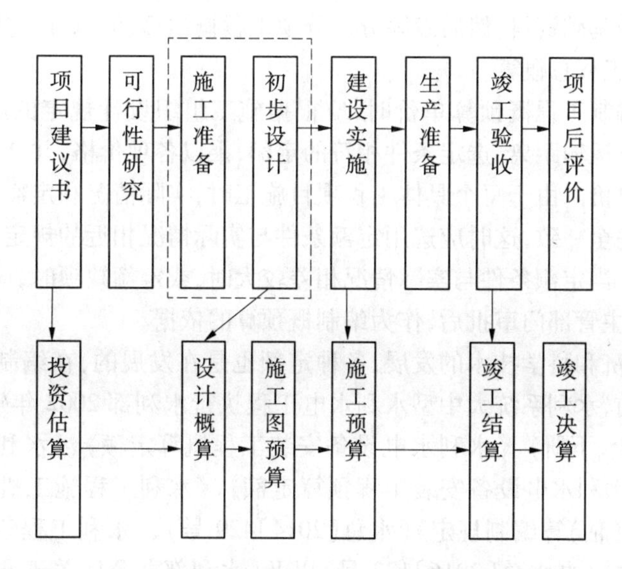

图1-2　水利水电工程基本建设程序与概预算关系简图

依据。施工图预算先报建设单位初审，然后再送交建设银行经办行审查认定，就可作为拨付工程价款和竣工结算的依据。

(4)概预算的分项大小和采用的定额不同。设计概算分项和采用定额，具有较强的综合性，设计概算采用概算定额。施工图预算用的是预算定额，预算定额是概算定额的基础。另外，设计概算和施工图预算采用的分级项目不一样，设计概算一般采用三级项目，施工图预算一般采用比三级项目更细的项目。

二、水利水电工程概预算编制概述

(一)水利水电工程费用划分

水利水电工程一般投资多，规模庞大，包括的建筑物及设备种类繁多，形式各异。因此，在编制概预算时，必须深入工程现场，收集第一手资料，熟悉设计图纸，认真划分工程建设包含的各项内容和费用，做到既不重复又不遗漏。水利系统水利水电工程建设项目费用按现行划分办法包括：工程费(包括建筑及安装工程费、设备费)、独立费用、预备费和建设期融资利息。其中，建筑及安装工程费由直接费、间接费、利润、材料补差和税金五部分组成。直接费又分为基本直接费和其他直接费，基本直接费又分为人工费、材料费和施工机械使用费，其他直接费包括冬雨季施工增加费、夜间施工增加费、特殊地区施工增加费、临时设施费、安全生产措施费和其他；间接费分为规费和企业管理费。

编制水利水电工程概预算，就是在不同的设计阶段，根据设计深度及掌握的资料，按设计要求编制这些费用。因此，针对具体工程情况，认真分析费用的组成，是编制工程概预算的基础和前提。

(二)编制水利水电工程概预算的程序

在收集各种现场资料、定额、文件等并划分好工程项目以后，应编制工程的人工预算单价，材料预算价格，砂石料预算单价，施工用电、风、水预算单价和施工机械台时费，作为编制概预算单价的基础资料,然后编写分部分项工程概预算,汇总分部分项工程概预算以及其他费用,编制工程总概算。

在选用定额编制工程概预算单价时,应根据施工组织设计规定的施工方法、工艺流程、机械设备配置、运输距离,选定条件相符的定额,乘以各项价格,并计入相关费用,即可求得所需的工程单价。由于每个具体工程项目施工时,实际情况和定额规定的劳动组合、施工措施不可能完全一致,这时应选用定额条件与实际情况相近的规定,不允许对定额水平作修改和变动。当定额条件与实际情况相差较大时,或定额缺项时,应按有关规定编制补充定额,经上级主管部门审批后,作为编制概预算的依据。

随着社会、经济和科学技术的发展,各种定额也是在发展的,在编制概预算时必须选用现行定额。目前,水利系统大中型水利水电工程执行水利部2002年颁发的《水利建筑工程概算定额》(上、下册)、《水利水电设备安装工程概算定额》、《水利建筑工程预算定额》(上、下册)、《水利水电设备安装工程预算定额》、《水利工程施工机械台时费定额》、《水利工程设计概(估)算编制规定》(水总〔2014〕429号)、《水利工程营业税改征增值税计价依据调整办法》(办水总〔2016〕132号)以及《水利部办公厅关于调整水利工程计价依据增值税计算标准的通知》(办财务函〔2019〕448号);对于大中型水力发电工程,采用相应水电工程概预算定额、国家能源局颁布实施的《水电工程设计概算编制规定》(2013年版)、《水电工程费用构成及概(估)算费用标准》及营改增后相应调整办法;中小型水利水电工程采用本地区的有关定额。在使用定额编制概预算的过程中,要密切注意现行定额的变化和有关费用标准、编制办法、规定的变化,做到始终采用现行定额和规定,并注意定额必须与相应的编制规定配套使用。本书以下各章节以水利系统水利水电工程(以下称水利水电工程)为对象进行阐述。由于水利水电工程和水力发电工程编制概预算的基本方法大同小异,因此本书介绍的基本原理和方法对两者都是适用的。

第二章　工程项目组成和项目划分

第一节　工程项目组成

水利工程概算包括工程部分、建设征地移民补偿、环境保护工程和水土保持工程。工程部分包括建筑工程、机电设备及安装工程、金属结构设备及安装工程、施工临时工程和独立费用。

一、第一部分　建筑工程

（一）枢纽工程

指水利枢纽建筑物、大型泵站、大型拦河水闸和其他大型独立建筑物（含引水工程的水源工程），包括挡水工程、泄洪工程、引水工程、发电厂（泵站）工程、升压变电站工程、航运工程、鱼道工程、交通工程、房屋建筑工程、供电设施工程和其他建筑工程。其中挡水工程等前七项为主体建筑工程。

(1)挡水工程。包括挡水的各类坝（闸）工程。

(2)泄洪工程。包括溢洪道、泄洪洞、冲砂孔（洞）、放空洞、泄洪闸等工程。

(3)引水工程。包括发电引水明渠、进（取）水口、隧洞、调压井、高压管道等工程。

(4)发电厂（泵站）工程。包括地面、地下各类发电厂（泵站）工程。

(5)升压变电站工程。包括变电站、开关站等工程。

(6)航运工程。包括上下游引航道、船闸、升船机等工程。

(7)鱼道工程。根据枢纽建筑物布置情况，可独立列项。与拦河坝相结合的，也可作为拦河坝工程的组成部分。

(8)交通工程。包括上坝、进厂、对外等场内外永久公路，以及桥梁、交通隧洞、铁路、码头等工程。

(9)房屋建筑工程。包括为生产运行服务的永久性辅助生产建筑、仓库、办公、值班宿舍及文化福利建筑等房屋建筑工程和室外工程。

(10)供电设施工程。指工程生产运行供电需要架设的输电线路及变配电设施工程。

(11)其他建筑工程。包括安全监测设施工程，照明线路工程，通信线路工程，厂坝（闸、泵站）区供水、供热、排水等公用设施，劳动安全与工业卫生设施，水文、泥沙监测设施工程，水情自动测报系统工程及其他。

（二）引水工程

指供水工程、调水工程和灌溉工程(1)。包括渠（管）道工程、建筑物工程、交通工程、房屋建筑工程、供电设施工程和其他建筑工程。

(1)渠（管）道工程。包括明渠、输水管道工程，以及渠（管）道附属小型建筑物（如观测测量设施、调压减压设施、检修设施）等。

(2)建筑物工程。指渠系建筑物、交叉建筑物工程,包括泵站、水闸、渡槽、隧洞、箱涵(暗渠)、倒虹吸、跌水、动能回收电站、调蓄水库、排水涵(槽)、公路(铁路)交叉(穿越)建筑物等。

建筑物类别根据工程设计确定。工程规模较大的建筑物可以作为一级项目单独列示。

(3)交通工程。指永久性对外公路、运行管理维护道路等工程。

(4)房屋建筑工程。包括为生产运行服务的永久性辅助生产建筑、仓库、办公用房、值班宿舍及文化福利建筑等房屋建筑工程和室外工程。

(5)供电设施工程。指工程生产运行供电需要架设的输电线路及变配电设施工程。

(6)其他建筑工程。包括安全监测设施工程,照明线路工程,通信线路工程,厂坝(闸、泵站)区供水、供热、排水等公用设施,劳动安全与工业卫生设施,水文、泥沙监测设施工程,水情自动测报系统工程及其他。

(三)河道工程

指堤防修建与加固工程、河湖整治工程以及灌溉工程(2)。包括河湖整治与堤防工程、灌溉及田间渠(管)道工程、建筑物工程、交通工程、房屋建筑工程、供电设施工程和其他建筑工程。

(1)河湖整治与堤防工程。包括堤防工程、河道整治工程、清淤疏浚工程等。

(2)灌溉及田间渠(管)道工程。包括明渠、输配水管道、排水沟(渠、管)工程、渠(管)道附属小型建筑物(如观测测量设施、调压减压设施、检修设施)、田间土地平整等。

(3)建筑物工程。包括水闸、泵站工程,田间工程机井、灌溉塘坝工程等。

(4)交通工程。指永久性对外公路、运行管理维护道路等工程。

(5)房屋建筑工程。包括为生产运行服务的永久性辅助生产建筑、仓库、办公用房、值班宿舍及文化福利建筑等房屋建筑工程和室外工程。

(6)供电设施工程。指工程生产运行供电需要架设的输电线路及变配电设施工程。

(7)其他建筑工程。包括安全监测设施工程,照明线路工程,通信线路工程,厂坝(闸、泵站)区供水、供热、排水等公用设施,劳动安全与工业卫生设施,水文、泥沙监测设施工程及其他。

二、第二部分　机电设备及安装工程

(一)枢纽工程

指构成枢纽工程固定资产的全部机电设备及安装工程。本部分由发电设备及安装工程、升压变电设备及安装工程和公用设备及安装工程三项组成。大型泵站和大型拦河水闸的机电设备及安装工程项目划分参考引水工程及河道工程划分方法。

(1)发电设备及安装工程。包括水轮机、发电机、主阀、起重机、水力机械辅助设备、电气设备等设备及安装工程。

(2)升压变电设备及安装工程。包括主变压器、高压电气设备、一次拉线等设备及安装工程。

(3)公用设备及安装工程。包括通信设备、通风采暖设备、机修设备、计算机监控系

统、工业电视系统、管理自动化系统、全厂接地及保护网，电梯，坝区馈电设备，厂坝区供水、排水、供热设备，水文、泥沙监测设备，水情自动测报系统设备，视频安防监控设备，安全监测设备，消防设备，劳动安全与工业卫生设备，交通设备等设备及安装工程。

（二）引水工程及河道工程

指构成该工程固定资产的全部机电设备及安装工程。一般由泵站设备及安装工程、水闸设备及安装工程、电站设备及安装工程、供变电设备及安装工程和公用设备及安装工程五项组成。

(1)泵站设备及安装工程。包括水泵、电动机、主阀、起重设备、水力机械辅助设备、电气设备等设备及安装工程。

(2)水闸设备及安装工程。包括电气一次设备及电气二次设备及安装工程。

(3)电站设备及安装工程。其组成内容可参照枢纽工程的发电设备及安装工程和升压变电设备及安装工程。

(4)供变电设备及安装工程。包括供电、变配电设备及安装工程。

(5)公用设备及安装工程。包括通信设备、通风采暖设备、机修设备、计算机监控系统、工业电视系统、管理自动化系统、全厂接地及保护网，厂坝(闸、泵站)区供水、排水、供热设备，水文、泥沙监测设备，水情自动测报系统设备，视频安防监控设备，安全监测设备，消防设备，劳动安全与工业卫生设备，交通设备等设备及安装工程。

灌溉田间工程还包括首部设备及安装工程、田间灌水设施及安装工程等。

(1)首部设备及安装工程。包括过滤、施肥、控制调节、计量等设备及安装工程等。

(2)田间灌水设施及安装工程。包括田间喷灌、微灌等全部灌水设施及安装工程。

三、第三部分　金属结构设备及安装工程

指构成枢纽工程、引水工程和河道工程固定资产的全部金属结构设备及安装工程。包括闸门、启闭机、拦污设备、升船机等设备及安装工程，水电站(泵站等)压力钢管制作及安装工程和其他金属结构设备及安装工程。

金属结构设备及安装工程的一级项目应与建筑工程的一级项目相对应。

四、第四部分　施工临时工程

指为辅助主体工程施工所必须修建的生产和生活用临时性工程。本部分组成内容如下：

(1)导流工程。包括导流明渠、导流洞、施工围堰、蓄水期下游断流补偿设施、金属结构设备及安装工程等。

(2)施工交通工程。包括施工现场内外为工程建设服务的临时交通工程，如公路、铁路、桥梁、施工支洞、码头、转运站等。

(3)施工场外供电工程。包括从现有电网向施工现场供电的高压输电线路(枢纽工程35 kV及以上等级；引水工程、河道工程10 kV及以上等级；掘进机施工专用供电线路)、施工变(配)电设施(场内除外)工程。

(4)施工房屋建筑工程。指工程在建设过程中建造的临时房屋，包括施工仓库、办公

及生活、文化福利建筑及所需的配套设施工程。

(5)其他施工临时工程。指除施工导流、施工交通、施工场外供电、施工房屋建筑、缆机平台、掘进机泥水处理系统和管片预制系统土建设施以外的施工临时工程。主要包括施工供水(大型泵房及干管)、砂石料系统、混凝土拌和浇筑系统、大型机械安装拆卸、防汛、防冰、施工排水、施工通信等工程。

根据工程实际情况可单独列示缆机平台、掘进机泥水处理系统和管片预制系统土建设施等项目。

施工排水指基坑排水、河道降水等,包括排水工程建设及运行费。

五、第五部分　独立费用

本部分由建设管理费、工程建设监理费、联合试运转费、生产准备费、科研勘测设计费和其他等六项组成。

(1)建设管理费。

(2)工程建设监理费。

(3)联合试运转费。

(4)生产准备费。包括生产及管理单位提前进厂费、生产职工培训费、管理用具购置费、备品备件购置费、工器具及生产家具购置费。

(5)科研勘测设计费。包括工程科学研究试验费和工程勘测设计费。

(6)其他。包括工程保险费、其他税费。

第二节　工程项目划分

一、简　述

根据水利工程性质,其工程项目分别按枢纽工程、引水工程和河道工程划分,工程各部分下设一、二、三级项目。

第二、三级项目中,《水利工程设计概(估)算编制规定》中仅列示了代表性子目,编制概算时,二、三级项目可根据水利工程初步设计阶段的工作深度和工程情况进行增减。以三级项目为例:

(1)土方开挖工程,应将土方开挖与砂砾石开挖分列;

(2)石方开挖工程,应将明挖与暗挖,平洞与斜井、竖井分列;

(3)土石方回填工程,应将土方回填与石方回填分列;

(4)混凝土工程,应将不同工程部位、不同标号、不同级配的混凝土分列;

(5)模板工程,应将不同规格形状和材质的模板分列;

(6)砌石工程,应将干砌石、浆砌石、抛石、铅丝(钢筋)笼块石等分列;

(7)钻孔工程,应按使用不同钻孔机械及钻孔的不同用途分列;

(8)灌浆工程,应按不同灌浆种类分列;

(9)机电、金属结构设备及安装工程,应根据设计提供的设备清单,按分项要求逐一

列出；

(10)钢管制作及安装工程，应将不同管径的钢管、叉管分列。

二、项目划分

具体见表2-1～表2-6。

表2-1　建筑工程项目划分表

I	枢纽工程			
序号	一级项目	二级项目	三级项目	备注
一	挡水工程			
1		混凝土坝(闸)工程		
			土方开挖 石方开挖 土石方回填 模板 混凝土 钢筋 防渗墙 灌浆孔 灌浆 排水孔 砌石 喷混凝土 锚杆(索) 启闭机室 温控措施 细部结构工程	
2		土(石)坝工程		
			土方开挖 石方开挖 土料填筑 砂砾料填筑 斜(心)墙土料填筑 反滤料、过渡料填筑	

续表 2-1

Ⅰ		枢纽工程		
序号	一级项目	二级项目	三级项目	备注
			坝体堆石填筑	
			铺盖填筑	
			土工膜(布)	
			沥青混凝土	
			模板	
			混凝土	
			钢筋	
			防渗墙	
			灌浆孔	
			灌浆	
			排水孔	
			砌石	
			喷混凝土	
			锚杆(索)	
			面(趾)板止水	
			细部结构工程	
二	泄洪工程			
1		溢洪道工程		
			土方开挖	
			石方开挖	
			土石方回填	
			模板	
			混凝土	
			钢筋	
			灌浆孔	
			灌浆	
			排水孔	
			砌石	
			喷混凝土	
			锚杆(索)	

续表 2-1

I	枢纽工程			
序号	一级项目	二级项目	三级项目	备注
			启闭机室	
			温控措施	
			细部结构工程	
2		泄洪洞工程		
			土方开挖	
			石方开挖	
			模板	
			混凝土	
			钢筋	
			灌浆孔	
			灌浆	
			排水孔	
			砌石	
			喷混凝土	
			锚杆（索）	
			钢筋网	
			钢拱架、钢格栅	
			细部结构工程	
3		冲沙孔（洞）工程		
4		放空洞工程		
5		泄洪闸工程		
三	引水工程			
1		引水明渠工程		
			土方开挖	
			石方开挖	
			模板	
			混凝土	
			钢筋	
			砌石	
			锚杆（索）	

续表 2-1

I	枢纽工程			
序号	一级项目	二级项目	三级项目	备注
			细部结构工程	
2		进(取)水口工程		
			土方开挖	
			石方开挖	
			模板	
			混凝土	
			钢筋	
			砌石	
			锚杆(索)	
			细部结构工程	
3		引水隧洞工程		
			土方开挖	
			石方开挖	
			模板	
			混凝土	
			钢筋	
			灌浆孔	
			灌浆	
			排水孔	
			砌石	
			喷混凝土	
			锚杆(索)	
			钢筋网	
			钢拱架、钢格栅	
			细部结构工程	
4		调压井工程		
			土方开挖	
			石方开挖	
			模板	
			混凝土	

续表 2-1

I	枢纽工程			
序号	一级项目	二级项目	三级项目	备注
			钢筋 灌浆孔 灌浆 砌石 喷混凝土 锚杆(索) 细部结构工程	
5		高压管道工程		
			土方开挖 石方开挖 模板 混凝土 钢筋 灌浆孔 灌浆 砌石 锚杆(索) 钢筋网 钢拱架、钢格栅 细部结构工程	
四	发电厂(泵站)工程			
1		地面厂房工程		
			土方开挖 石方开挖 土石方回填 模板 混凝土 钢筋 灌浆孔	

续表 2-1

I	枢纽工程			
序号	一级项目	二级项目	三级项目	备注
			灌浆	
			砌石	
			锚杆(索)	
			温控措施	
			厂房建筑	
			细部结构工程	
2		地下厂房工程		
			石方开挖	
			模板	
			混凝土	
			钢筋	
			灌浆孔	
			灌浆	
			排水孔	
			喷混凝土	
			锚杆(索)	
			钢筋网	
			钢拱架、钢格栅	
			温控措施	
			厂房装修	
			细部结构工程	
3		交通洞工程		
			土方开挖	
			石方开挖	
			模板	
			混凝土	
			钢筋	
			灌浆孔	
			灌浆	
			喷混凝土	

续表 2-1

Ⅰ	枢纽工程			
序号	一级项目	二级项目	三级项目	备注
			锚杆(索) 钢筋网 钢拱架、钢格栅 细部结构工程	
4		出线洞(井)工程		
5		通风洞(井)工程		
6		尾水洞工程		
7		尾水调压井工程		
8		尾水渠工程		
			土方开挖 石方开挖 土石方回填 模板 混凝土 钢筋 砌石 锚杆(索) 细部结构工程	
五	升压变电站工程			
1		变电站工程		
			土方开挖 石方开挖 土石方回填 模板 混凝土 钢筋 砌石 钢材 细部结构工程	

续表 2-1

Ⅰ	枢纽工程			
序号	一级项目	二级项目	三级项目	备注
2		开关站工程		
			土方开挖	
			石方开挖	
			土石方回填	
			模板	
			钢筋	
			混凝土	
			砌石	
			钢材	
			细部结构工程	
六	航运工程			
1		上游引航道工程		
			土方开挖	
			石方开挖	
			土石方回填	
			模板	
			混凝土	
			钢筋	
			砌石	
			锚杆(索)	
			细部结构工程	
2		船闸(升船机)工程		
			土方开挖	
			石方开挖	
			土石方回填	
			模板	
			混凝土	
			钢筋	
			灌浆孔	
			灌浆	

续表 2-1

Ⅰ	枢纽工程			
序号	一级项目	二级项目	三级项目	备注
			锚杆(索) 控制室 温控措施 细部结构工程	
3		下游引航道工程		
七	鱼道工程			
八	交通工程			
1		公路工程		
2		铁路工程		
3		桥梁工程		
4		码头工程		
九	房屋建筑工程			
1		辅助生产建筑		
2		仓库		
3		办公用房		
4		值班宿舍及文化福利建筑		
5		室外工程		
十	供电设施工程			
十一	其他建筑工程			
1		安全监测设施工程		
2		照明线路工程		
3		通信线路工程		
4		厂坝(闸、泵站)区供水、供热、排水等公用设施		
5		劳动安全与工业卫生设施		
6		水文、泥沙监测设施工程		
7		水情自动测报系统工程		
8		其他		

续表 2-1

Ⅱ	引水工程			
序号	一级项目	二级项目	三级项目	备注
一	渠(管)道工程			
1		××~××段干渠(管)工程		含附属小型建筑物
			土方开挖	
			石方开挖	
			土石方回填	
			模板	
			混凝土	
			钢筋	
			输水管道	各类管道(含钢管)
			管道附件及阀门	项目较多时可另附表
			管道防腐	
			砌石	
			垫层	
			土工布	
			草皮护坡	
			细部结构工程	
2		××~××段支渠(管)工程		
二	建筑物工程			
1		泵站工程(扬水站、排灌站)		
			土方开挖	
			石方开挖	
			土石方回填	
			模板	
			混凝土	
			钢筋	
			砌石	
			厂房建筑	
			细部结构工程	
2		水闸工程		
			土方开挖	

续表 2-1

Ⅱ	引水工程			
序号	一级项目	二级项目	三级项目	备注
			石方开挖	
			土石方回填	
			模板	
			混凝土	
			钢筋	
			灌浆孔	
			灌浆	
			砌石	
			启闭机室	
			细部结构工程	
3		渡槽工程		
			土方开挖	
			石方开挖	
			土石方回填	
			模板	
			混凝土	
			钢筋	
			预应力锚索(筋)	钢绞线、钢丝束、钢筋
			渡槽支撑	或高大跨渡槽措施费
			砌石	
			细部结构工程	
4		隧洞工程		
			土方开挖	
			石方开挖	
			土石方回填	
			模板	
			混凝土	
			钢筋	
			灌浆孔	
			灌浆	

续表 2-1

Ⅱ	引水工程			
序号	一级项目	二级项目	三级项目	备注
			砌石 喷混凝土 锚杆(索) 钢筋网 钢拱架、钢格栅 细部结构工程	
5		倒虹吸工程		含附属调压、检修设施
6		箱涵(暗渠)工程		含附属调压、检修设施
7		跌水工程		
8		动能回收电站工程		
9		调蓄水库工程		
10		排水涵(渡槽)		或排洪涵(渡槽)
11		公路交叉(穿越建筑物)		
12		铁路交叉(穿越建筑物)		
13		其他建筑物工程		
三	交通工程			
1		对外公路		
2		运行管理维护公路		
四	房屋建筑工程			
1		辅助生产建筑		
2		仓库		
3		办公用房		
4		值班宿舍及文化福利建筑		
5		室外工程		
五	供电设施工程			
六	其他建筑工程			
1		安全监测设施工程		
2		照明线路工程		
3		通信线路工程		

续表 2-1

Ⅱ	引水工程			
序号	一级项目	二级项目	三级项目	备注
4		厂坝（闸、泵站）区供水、供热、排水等公用设施		
5		劳动安全与工业卫生设施		
6		水文、泥沙监测设施工程		
7		水情自动测报系统工程		
8		其他		

Ⅲ	河道工程			
序号	一级项目	二级项目	三级项目	备注
一	河湖整治与堤防工程			
1		××～××段堤防工程		
			土方开挖	
			土方填筑	
			模板	
			混凝土	
			砌石	
			土工布	
			防渗墙	
			灌浆	
			草皮护坡	
			细部结构工程	
2		××～××段河道（湖泊）整治工程		
3		××～××段河道疏浚工程		
二	灌溉工程			
1		××～××段渠(管)道工程		
			土方开挖	
			土方填筑	
			模板	
			混凝土	
			砌石	
			土工布	

续表 2-1

Ⅲ		河道工程		
序号	一级项目	二级项目	三级项目	备注
			输水管道 细部结构工程	
三	田间工程			
1		××~××段渠(管)道工程		
2		田间土地平整		根据设计要求计列
四	建筑物工程			
1		水闸工程		
2		泵站工程(扬水站、排灌站)		
3		其他建筑物		
五	交通工程			
六	房屋建筑工程			
1		辅助生产厂房		
2		仓库		
3		办公用房		
4		值班宿舍及文化福利建筑		
5		室外工程		
七	供电设施工程			
八	其他建筑工程			
1		安全监测设施工程		
2		照明线路工程		
3		通信线路工程		
4		厂坝(闸、泵站)区供水、供热、排水等公用设施		
5		劳动安全与工业卫生设施		
6		水文、泥沙监测设施工程		
7		其他		

表 2-2　三级项目划分要求及技术经济指标

序号	三级项目			经济技术指标
	分类	名称实例	说明	
1	土石方开挖	土方开挖	土方开挖与砂砾石开挖分列	元/m^3
		石方开挖	明挖与暗挖,平洞与斜井、竖井分列	元/m^3
2	土石方回填	土方填筑		元/m^3
		石方填筑		元/m^3
		砂砾料填筑		元/m^3
		斜(心)墙土料填筑		元/m^3
		反滤料、过渡料填筑		元/m^3
		坝体(坝趾)堆石填筑		元/m^3
		铺盖填筑		元/m^3
		土工膜		元/m^2
		土工布		元/m^2
3	砌石	砌石	干砌石、浆砌石、抛石、铅丝(钢筋)笼块石等分列	元/m^3
		砖墙		元/m^3
4	混凝土与模板	模板	不同规格形状和材质的模板分列	元/m^2
		混凝土	不同工程部位、不同标号、不同级配的混凝土分列	元/m^3
		沥青混凝土		元/m^3
5	钻孔与灌浆	防渗墙		元/m^2
		灌浆孔	使用不同钻孔机械及不同用途的钻孔分列	元/m
		灌浆	不同灌浆种类分列	元/m(m^2)
		排水孔		元/m
6	锚固工程	锚杆		元/根
		锚索		元/束(根)
		喷混凝土		元/m^3
7	钢筋	钢筋		元/t
8	钢结构	钢衬		元/t
		钢架		元/t
9	止水	面(趾)板止水		元/m
10	其他	启闭机室		元/m^2
		控制室(楼)		元/m^2
		温控措施		元/m^3
		厂房装修		元/m^2
		细部结构工程		元/m^3

表2-3 机电设备及安装工程项目划分表

I	枢纽工程			
序号	一级项目	二级项目	三级项目	技术经济指标
一	发电设备及安装工程			
1		水轮机设备及安装工程		
			水轮机	元/台
			调速器	元/台
			油压装置	元/台套
			过速限制器	元/台套
			自动化元件	元/台套
			透平油	元/t
2		发电机设备及安装工程		
			发电机	元/台
			励磁装置	元/台套
			自动化元件	元/台套
3		主阀设备及安装工程		
			蝴蝶阀(球阀、锥形阀)	元/台
			油压装置	元/台
4		起重设备及安装工程		
			桥式起重机	元/t(台)
			转子吊具	元/t(具)
			平衡梁	元/t(副)
			轨道	元/双10 m
			滑触线	元/三相10 m
5		水力机械辅助设备及安装工程		
			油系统	
			压气系统	
			水系统	
			水力量测系统	
			管路(管子、附件、阀门)	
6		电气设备及安装工程		
			发电电压装置	
			控制保护系统	

续表 2-3

I	枢纽工程			
序号	一级项目	二级项目	三级项目	技术经济指标
			直流系统 厂用电系统 电工试验设备 35 kV 及以下动力电缆 控制和保护电缆 母线 电缆架 其他	
二	升压变电设备及安装工程			
1		主变压器设备及安装工程		
			变压器 轨道	元/台 元/双 10 m
2		高压电气设备及安装工程		
			高压断路器 电流互感器 电压互感器 隔离开关 110 kV 及以上高压电缆	
3		一次拉线及其他安装工程		
三	公用设备及安装工程			
1		通信设备及安装工程		
			卫星通信 光缆通信 微波通信 载波通信 生产调度通信	

续表 2-3

Ⅰ	枢纽工程			
序号	一级项目	二级项目	三级项目	技术经济指标
			行政管理通信	
2		通风采暖设备及安装工程		
			通风机 空调机 管路系统	
3		机修设备及安装工程		
			车床 刨床 钻床	
4		计算机监控系统		
5		工业电视系统		
6		管理自动化系统		
7		全厂接地及保护网		
8		电梯设备及安装工程		
			大坝电梯 厂房电梯	
9		坝区馈电设备及安装工程		
			变压器 配电装置	
10		厂坝区供水、排水、供热设备及安装工程		
11		水文、泥沙监测设备及安装工程		
12		水情自动测报系统设备及安装工程		
13		视频安防监控设备及安装工程		

续表 2-3

Ⅰ	枢纽工程			
序号	一级项目	二级项目	三级项目	技术经济指标
14		安全监测设备及安装工程		
15		消防设备		
16		劳动安全与工业卫生设备及安装工程		
17		交通设备		
Ⅱ	引水工程及河道工程			
序号	一级项目	二级项目	三级项目	技术经济指标
一	泵站设备及安装工程			
1		水泵设备及安装工程		
2		电动机设备及安装工程		
3		主阀设备及安装工程		
4		起重设备及安装工程		
			桥式起重机	元/t(台)
			平衡梁	元/t(副)
			轨道	元/双 10 m
			滑触线	元/三相 10 m
5		水力机械辅助设备及安装工程		
			油系统	
			压气系统	
			水系统	
			水力量测系统	
			管路(管子、附件、阀门)	
6		电气设备及安装工程		
			控制保护系统	
			盘柜	
			电缆	

续表 2-3

Ⅱ	引水工程及河道工程			
序号	一级项目	二级项目	三级项目	技术经济指标
			母线	
二	水闸设备及安装工程			
1		电气一次设备及安装工程		
2		电气二次设备及安装工程		
三	电站设备及安装工程			
四	供电设备及安装工程			
1		变电站设备及安装工程		
五	公用设备及安装工程			
1		通信设备及安装工程		
			卫星通信 光缆通信 微波通信 载波通信 生产调度通信 行政管理通信	
2		通风采暖设备及安装工程		
			通风机 空调机 管路系统	
3		机修设备及安装工程		
			车床 刨床 钻床	
4		计算机监控系统		

续表 2-3

Ⅱ	引水工程及河道工程			
序号	一级项目	二级项目	三级项目	技术经济指标
5		管理自动化系统		
6		全厂接地及保护网		
7		厂坝区供水、排水、供热设备及安装工程		
8		水文、泥沙监测设备及安装工程		
9		水情自动测报系统设备及安装工程		
10		视频安防监控设备及安装工程		
11		安全监测设备及安装工程		
12		消防设备		
13		劳动安全与工业卫生设备及安装工程		
14		交通设备		

表 2-4　金属结构设备及安装工程项目划分表

Ⅰ	枢纽工程			
序号	一级项目	二级项目	三级项目	技术经济指标
一	挡水工程			
1		闸门设备及安装工程		
			平板门	元/t
			弧形门	元/t
			埋件	元/t
			闸门、埋件防腐	元/t(m^2)
2		启闭设备及安装工程		
			卷扬式启闭机	元/t(台)
			门式启闭机	元/t(台)
			油压启闭机	元/t(台)

续表 2-4

Ⅰ	枢纽工程			
序号	一级项目	二级项目	三级项目	技术经济指标
			轨道	元/双10 m
3		拦污设备及安装工程		
			拦污栅	元/t
			清污机	元/t(台)
二	泄洪工程			
1		闸门设备及安装工程		
2		启闭设备及安装工程		
3		拦污设备及安装工程		
三	引水工程			
1		闸门设备及安装工程		
2		启闭设备及安装工程		
3		拦污设备及安装工程		
4		压力钢管制作及安装工程		
四	发电厂工程			
1		闸门设备及安装工程		
2		启闭设备及安装工程		
五	航运工程			
1		闸门设备及安装工程		
2		启闭设备及安装工程		
3		升船机设备及安装工程		
六	鱼道工程			
Ⅱ	引水工程及河道工程			
序号	一级项目	二级项目	三级项目	技术经济指标
一	泵站工程			
1		闸门设备及安装工程		
2		启闭设备及安装工程		
3		拦污设备及安装工程		
二	水闸(涵)工程			

续表 2-4

Ⅱ	引水工程及河道工程			
序号	一级项目	二级项目	三级项目	技术经济指标
1		闸门设备及安装工程		
2		启闭设备及安装工程		
3		拦污设备及安装工程		
三	小水电站工程			
1		闸门设备及安装工程		
2		启闭设备及安装工程		
3		拦污设备及安装工程		
4		压力钢管制作及安装工程		
四	调蓄水库工程			
五	其他建筑物工程			

表 2-5　施工临时工程项目划分表

序号	一级项目	二级项目	三级项目	技术经济指标
一	导流工程			
1		导流明渠工程		
			土方开挖	元/m^3
			石方开挖	元/m^3
			模板	元/m^2
			混凝土	元/m^3
			钢筋	元/t
			锚杆	元/根
2		导流洞工程		
			土方开挖	元/m^3
			石方开挖	元/m^3
			模板	元/m^2
			混凝土	元/m^3
			钢筋	元/t
			喷混凝土	元/m^3
			锚杆(索)	元/根(束)
3		土石围堰工程		

续表2-5

序号	一级项目	二级项目	三级项目	技术经济指标
			土方开挖	元/m^3
			石方开挖	元/m^3
			堰体填筑	元/m^3
			砌石	元/m^3
			防渗	元/m^3(m^2)
			堰体拆除	元/m^3
			其他	
4		混凝土围堰工程		
			土方开挖	元/m^3
			石方开挖	元/m^3
			模板	元/m^2
			混凝土	元/m^3
			防渗	元/m^3(m^2)
			堰体拆除	元/m^3
			其他	
5		蓄水期下游断流补偿设施工程		
6		金属结构制作及安装工程		
二	施工交通工程			
1		公路工程		元/km
2		铁路工程		元/km
3		桥梁工程		元/延米
4		施工支洞工程		
5		码头工程		
6		转运站工程		
三	施工供电工程			
1		220 kV 供电线路		元/km
2		110 kV 供电线路		元/km
3		35 kV 供电线路		元/km
4		10 kV 供电线路(引水及河道)		元/km

续表 2-5

序号	一级项目	二级项目	三级项目	技术经济指标
5		变配电设施设备(场内除外)		元/座
四	施工房屋建筑工程			
1		施工仓库		
2		办公、生活及文化福利建筑		
五	其他施工临时工程			

注:凡永久与临时结合的项目列入相应永久工程项目内。

表 2-6　独立费用项目划分表

序号	一级项目	二级项目	三级项目	技术经济指标
一	建设管理费			
二	工程建设监理费			
三	联合试运转费			
四	生产准备费			
1		生产及管理单位提前进厂费		
2		生产职工培训费		
3		管理用具购置费		
4		备品备件购置费		
5		工器具及生产家具购置费		
五	科研勘测设计费			
1		工程科学研究试验费		
2		工程勘测设计费		
六	其他			
1		工程保险费		
2		其他税费		

第三章　水利水电工程费用构成

水利工程建设项目费用,由工程费(包括建筑工程费、安装工程费和设备费)、独立费用、预备费、建设期融资利息组成,具体如图3-1所示。本章在简要介绍水利建设项目费用构成的基础上,着重介绍建筑及安装工程费、设备费、独立费用、预备费及建设期融资利息的具体计算。

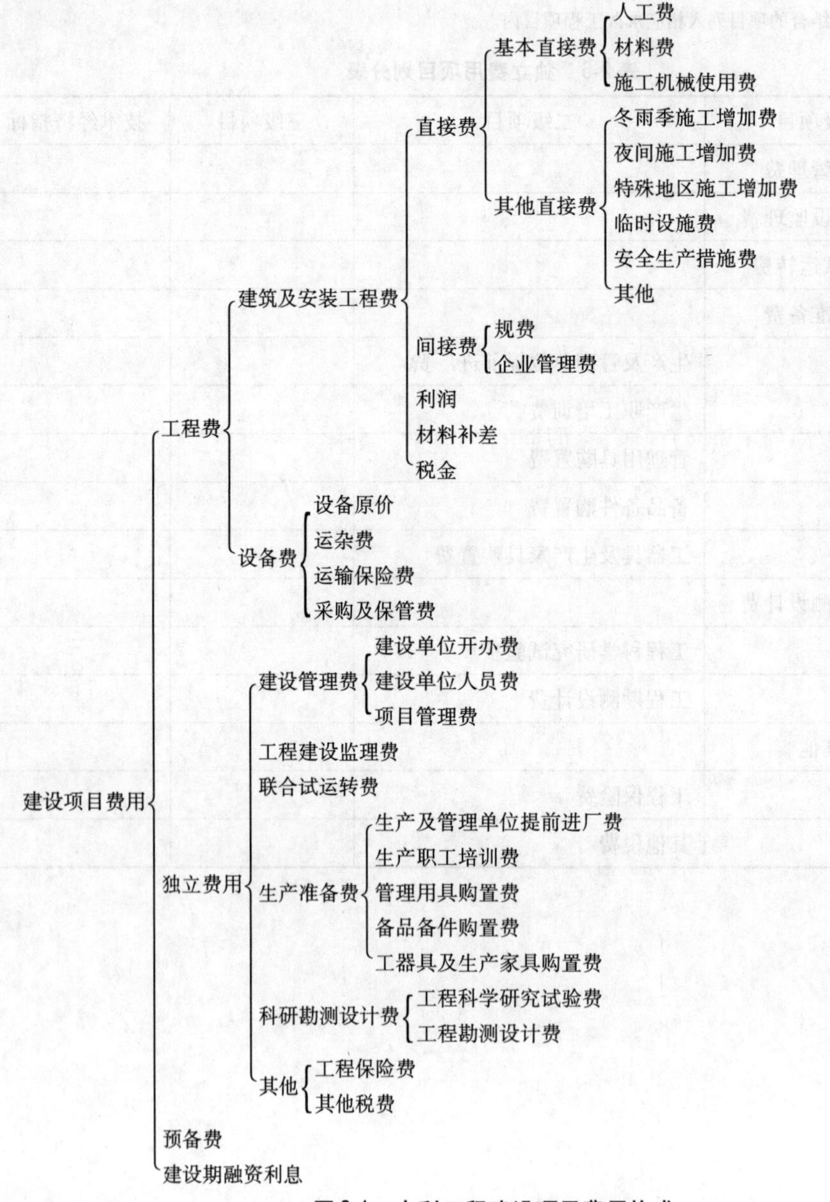

图3-1　水利工程建设项目费用构成

第一节　建筑及安装工程费

建筑及安装工程费由直接费、间接费、利润、材料补差及税金五项组成。

一、直接费

直接费是指建筑及安装工程施工过程中直接消耗在工程项目上的活劳动和物化劳动。由基本直接费和其他直接费组成。

基本直接费包括人工费、材料费、施工机械使用费。

其他直接费包括冬雨季施工增加费、夜间施工增加费、特殊地区施工增加费、临时设施费、安全生产措施费和其他。

(一)基本直接费

1. 人工费

人工费指直接从事建筑安装工程施工的生产工人开支的各项费用，内容包括：

(1)基本工资。由岗位工资和年应工作天数内非作业天数的工资组成。

①岗位工资。指按照职工所在岗位各项劳动要素测评结果确定的工资。

②生产工人年应工作天数以内非作业天数的工资，包括生产工人开会学习、培训期间的工资，调动工作、探亲、休假期间的工资，因气候影响的停工工资，女工哺乳期间的工资，病假在六个月以内的工资及产、婚、丧假期的工资。

(2)辅助工资。指在基本工资之外，以其他形式支付给生产工人的工资性收入，包括根据国家有关规定属于工资性质的各种津贴，主要包括艰苦边远地区津贴、施工津贴、夜餐津贴、节假日加班津贴等。

建筑及安装工程单价的定额人工费等于定额人工工日乘以人工工日预算单价，或定额人工工时乘以人工工时预算单价。

人工工日预算单价(元/工日) = 人工工时预算单价(元/工时) ×
日工作时间(工时/工日)　　(3-1)

式中，日工作时间为 8 工时/工日。

具体计算见本书第五章第一节。

2. 材料费

材料费指用于建筑及安装工程项目上的消耗性材料、装置性材料和周转性材料摊销费，包括定额工作内容规定应计入的未计价材料和计价材料。

材料预算价格一般包括材料原价、运杂费、运输保险费和采购及保管费四项。

(1)材料原价。指材料指定交货地点的价格。

(2)运杂费。指材料从指定交货地点至工地分仓库或相当于工地分仓库(材料堆放场)所发生的全部费用，包括运输费、装卸费及其他杂费。

(3)运输保险费。指材料在运输途中的保险费。

(4)采购及保管费。指材料在采购、供应和保管过程中所发生的各项费用。主要包括材料的采购、供应和保管部门工作人员的基本工资、辅助工资、职工福利费、劳动保护费、养老保险费、失业保险费、医疗保险费、工伤保险费、生育保险费、住房公积金、教育经费、办公费、差旅交通费及工具用具使用费,仓库、转运站等设施的检修费、固定资产折旧费、技术安全措施费,材料在运输、保管过程中发生的损耗等。

按照现行规定,材料原价、运杂费、运输保险费和采购及保管费等分别按不含增值税进项税额的价格计算。

建筑及安装工程单价的定额材料费等于定额材料用量乘以材料预算价格,材料预算价格按下列方法进行计算:

$$材料预算价格 = (材料原价 + 运杂费) \times (1 + 采购及保管费费率) + 运输保险费 \tag{3-2}$$

具体计算见本书第五章第二节。

3. 施工机械使用费

施工机械使用费指消耗在建筑安装工程项目上的机械磨损、维修和动力燃料费用等,包括折旧费、修理及替换设备费、安装拆卸费、机上人工费和动力燃料费等。

(1)折旧费。指施工机械在规定使用年限内回收原值的台时折旧摊销费用。

(2)修理及替换设备费。

①修理费指施工机械使用过程中,为了使机械保持正常功能而进行修理所需的摊销费用和机械正常运转及日常保养所需的润滑油料、擦拭用品的费用,以及保管机械所需的费用。

②替换设备费指施工机械正常运转时所耗用的替换设备及随机使用的工具附具等摊销费用。

(3)安装拆卸费。指施工机械进出工地的安装、拆卸、试运转和场内转移及辅助设施的摊销费用。部分大型施工机械的安装拆卸不在其施工机械使用费中计列,包含在其他施工临时工程中。

(4)机上人工费。指施工机械使用时机上操作人员人工费用。

(5)动力燃料费。指施工机械正常运转时所耗用的风、水、电、油和煤等费用。

施工机械使用费应根据《水利工程施工机械台时费定额》,采用定额台时乘以施工机械台时费定额计算。

具体计算见本书第五章第四节。

(二)其他直接费

其他直接费包括冬雨季施工增加费、夜间施工增加费、特殊地区施工增加费、临时设施费、安全生产措施费和其他。

1. 冬雨季施工增加费

冬雨季施工增加费指在冬雨季施工期间为保证工程质量所需增加的费用。包括增加施工工序,增设防雨、保温、排水等设施增耗的动力、燃料、材料以及因人工、机械效率降低而增加的费用。

计算方法:根据不同地区,按基本直接费的百分率计算:

西南区、中南区、华东区　0.5%~1.0%

华北区　1.0%~2.0%

西北区、东北区　　　　2.0% ~4.0%

西藏自治区　　　　　　2.0% ~4.0%

西南区、中南区、华东区中，按规定不计冬季施工增加费的地区取小值，计算冬季施工增加费的地区可取大值；华北区中，内蒙古等较严寒地区可取大值，其他地区取中值或小值；西北区、东北区中，陕西、甘肃等省取小值，其他地区可取中值或大值。各地区包括的省（自治区、直辖市）如下：

（1）华北区：北京、天津、河北、山西、内蒙古等5个省（自治区、直辖市）。

（2）东北区：辽宁、吉林、黑龙江等3个省。

（3）华东区：上海、江苏、浙江、安徽、福建、江西、山东等7个省（直辖市）。

（4）中南区：河南、湖北、湖南、广东、广西、海南等6个省（自治区）。

（5）西南区：重庆、四川、贵州、云南等4个省（直辖市）。

（6）西北区：陕西、甘肃、青海、宁夏、新疆等5个省（自治区）。

2. 夜间施工增加费

夜间施工增加费指施工场地和公用施工道路的照明费用。照明线路工程费用包括在"临时设施费"中；施工附属企业系统、加工厂、车间的照明费用，列入相应的产品中，均不包括在本项费用之内。

计算方法：按基本直接费的百分率计算。

（1）枢纽工程：建筑工程0.5%，安装工程0.7%。

（2）引水工程：建筑工程0.3%，安装工程0.6%。

（3）河道工程：建筑工程0.3%，安装工程0.5%。

3. 特殊地区施工增加费

特殊地区施工增加费指在高海拔、原始森林、沙漠等特殊地区施工而增加的费用。其中高海拔地区施工增加费已计入定额，其他特殊增加费应按工程所在地区规定标准计算，地方没有规定的不得计算此项费用。

4. 临时设施费

临时设施费指施工企业为进行建筑及安装工程施工所必需的但又未被划入施工临时工程的临时建筑物、构筑物和各种临时设施的建设、维修、拆除、摊销等。如：供风、供水（支线）、供电（场内）、照明、供热系统及通信支线，土石料场，简易砂石料加工系统，小型混凝土拌和浇筑系统，木工、钢筋、机修等辅助加工厂，混凝土预制构件厂，场内施工排水，场地平整、道路养护及其他小型临时设施等。

计算方法：按基本直接费的百分率计算。

（1）枢纽工程：建筑及安装工程3.0%。

（2）引水工程：建筑及安装工程1.8% ~2.8%。若工程自采加工人工砂石料，费率取上限；若工程自采加工天然砂石料，费率取中值；若工程采用外购砂石料，费率取下限。

（3）河道工程：建筑及安装工程1.5% ~1.7%。灌溉田间工程取下限，其他工程取中上限。

5. 安全生产措施费

安全生产措施费指为保证施工现场安全作业环境及安全施工、文明施工所需要，在工程设计已考虑的安全支护措施之外发生的安全生产、文明施工相关费用。

计算方法:按基本直接费的百分率计算。

(1)枢纽工程:建筑及安装工程2.0%。

(2)引水工程:建筑及安装工程1.4%~1.8%。一般取下限标准,隧洞、渡槽等大型建筑物较多的引水工程、施工条件复杂的引水工程取上限标准。

(3)河道工程:建筑及安装工程1.2%。

6. 其他

包括施工工具用具使用费,检验试验费,工程定位复测及施工控制网测设,工程点交、竣工场地清理费,工程项目及设备仪表移交生产前的维护费,工程验收检测费等。

(1)施工工具用具使用费。指施工生产所需,但不属于固定资产的生产工具,检验、试验用具等的购置、摊销和维护费。

(2)检验试验费。指对建筑材料、构件和建筑安装物进行一般鉴定、检查所发生的费用,包括自设实验室所耗用的材料和化学药品费用,以及技术革新和研究试验费,不包括新结构、新材料的试验费和建设单位要求对具有出厂合格证明的材料进行试验、对构件进行破坏性试验,以及其他特殊要求检验试验的费用。

(3)工程项目及设备仪表移交生产前的维护费。指竣工验收前对已完工程及设备进行保护所需费用。

(4)工程验收检测费。指工程各级验收阶段为检测工程质量发生的检测费用。

计算方法:按基本直接费的百分率计算。

(1)枢纽工程:建筑工程1.0%,安装工程1.5%。

(2)引水工程:建筑工程0.6%,安装工程1.1%。

(3)河道工程:建筑工程0.5%,安装工程1.0%。

特别说明:

(1)砂石备料工程其他直接费费率取0.5%。

(2)掘进机施工隧洞工程其他直接费取费费率执行以下规定:土石方类工程、钻孔灌浆及锚固类工程,其他直接费费率为2%~3%;掘进机由建设单位采购、设备费单独列项时,台时费中不计折旧费,土石方类工程、钻孔灌浆及锚固类工程其他直接费费率为4%~5%。敞开式掘进机费率取低值,其他掘进机取高值。

二、间接费

间接费指施工企业为建筑及安装工程施工而进行组织与经营管理所发生的各项费用。间接费构成产品成本,由规费和企业管理费组成。

(一)规费

规费指政府和有关部门规定必须缴纳的费用,包括社会保险费和住房公积金。

1. 社会保险费

(1)养老保险费。指企业按照规定标准为职工缴纳的基本养老保险费。

(2)失业保险费。指企业按照规定标准为职工缴纳的失业保险费。

(3)医疗保险费。指企业按照规定标准为职工缴纳的基本医疗保险费。

(4)工伤保险费。指企业按照规定标准为职工缴纳的工伤保险费。

(5)生育保险费。指企业按照规定标准为职工缴纳的生育保险费。

2. 住房公积金

指企业按照规定标准为职工缴纳的住房公积金。

(二)企业管理费

指施工企业为组织施工生产和经营管理活动所发生的费用。内容包括：

(1)管理人员工资。指管理人员的基本工资、辅助工资。

(2)差旅交通费。指施工企业管理人员因公出差、工作调动的差旅费，误餐补助费，职工探亲路费，劳动力招募费，职工离退休、退职一次性路费，工伤人员就医路费，工地转移费，交通工具运行费及牌照费等。

(3)办公费。指企业办公用文具、印刷、邮电、书报、会议、水电、燃煤(气)等费用。

(4)固定资产使用费。指企业属于固定资产的房屋、设备、仪器等的折旧、大修理、维修费或租赁费等。

(5)工具用具使用费。指企业管理使用不属于固定资产的工具、用具、家具、交通工具和检验、试验、测绘、消防用具等的购置、维修和摊销费。

(6)职工福利费。指企业按照国家规定支出的职工福利费，以及由企业支付给离退休职工的易地安家补助费、职工退职金、六个月以上的病假人员工资，按规定支付给离休干部的各项经费，职工发生工伤时企业依法在工伤保险基金之外支付的费用，其他在社会保险基金之外依法由企业支付给职工的费用。

(7)劳动保护费。指企业按照国家有关部门规定标准发放的一般劳动防护用品的购置及修理费、保健费、防暑降温费、高空作业及进洞津贴、技术安全措施以及洗澡用水、饮用水的燃料费等。

(8)工会经费。指企业按职工工资总额计提的工会经费。

(9)职工教育经费。指企业为职工学习先进技术和提高文化水平按职工工资总额计提的费用。

(10)保险费。指企业财产保险、管理用车辆等保险费用，高空、井下、洞内、水下、水上作业等特殊工种安全保险费、危险作业意外伤害保险费等。

(11)财务费用。指施工企业为筹集资金而发生的各项费用，包括企业经营期间发生的短期融资利息净支出、汇兑净损失、金融机构手续费，企业筹集资金发生的其他财务费用，以及投标和承包工程发生的保函手续费等。

(12)税金。指企业按规定缴纳的房产税、管理用车辆使用税、印花税、城市维护建设税、教育费附加和地方教育费附加等。

(13)其他。包括技术转让费、企业定额测定费、施工企业进退场费、施工企业承担的施工辅助工程设计费、投标报价费、工程图纸资料费及工程摄影费。技术开发费、业务招待费、绿化费、公证费、法律顾问费、审计费、咨询费等。

(三)计算方法

在编制工程造价时，间接费按间接费费率计取，根据工程性质不同，间接费按枢纽工程、引水工程、河道工程采用不同费率标准，见表3-1。

表3-1　间接费费率表

序号	工程类别	计算基础	间接费费率(%)		
			枢纽工程	引水工程	河道工程
一	建筑工程				
1	土方工程	直接费	8.5	5~6	4~5
2	石方工程	直接费	12.5	10.5~11.5	8.5~9.5
3	砂石备料工程(自采)	直接费	5	5	5
4	模板工程	直接费	9.5	7~8.5	6~7
5	混凝土浇筑工程	直接费	9.5	8.5~9.5	7~8.5
6	钢筋制安工程	直接费	5.5	5	5
7	钻孔灌浆工程	直接费	10.5	9.5~10.5	9.25
8	锚固工程	直接费	10.5	9.5~10.5	9.25
9	疏浚工程	直接费	7.25	7.25	6.25~7.25
10	掘进机施工隧洞工程(1)	直接费	4	4	4
11	掘进机施工隧洞工程(2)	直接费	6.25	6.25	6.25
12	其他工程	直接费	10.5	8.5~9.5	7.25
二	机电、金属结构设备安装工程	人工费	75	70	70

引水工程:一般取下限标准,隧洞、渡槽等大型建筑物较多的引水工程、施工条件复杂的引水工程取上限标准。

河道工程:灌溉田间工程取下限,其他工程取上限。

工程类别划分说明:

(1)土方工程。包括土方开挖与填筑等。

(2)石方工程。包括石方开挖与填筑、砌石、抛石工程等。

(3)砂石备料工程。包括天然砂砾料和人工砂石料的开采加工。

(4)模板工程。包括现浇各种混凝土时制作及安装的各类模板工程。

(5)混凝土浇筑工程。包括现浇和预制各种混凝土、伸缩缝、止水、防水层、温控措施等。

(6)钢筋制安工程。包括钢筋制作与安装工程等。

(7)钻孔灌浆工程。包括各种类型的钻孔灌浆、防渗墙、灌注桩工程等。

(8)锚固工程。包括喷混凝土(浆)、锚杆、预应力锚索(筋)工程等。

(9)疏浚工程。指用挖泥船、水力冲挖机组等机械疏浚江河、湖泊的工程。

(10)掘进机施工隧洞工程(1)。包括掘进机施工土石方类工程、钻孔灌浆及锚固类工程等。

(11)掘进机施工隧洞工程(2)。指掘进机设备单独列项采购并且在台时费中不计折旧费的土石方类工程、钻孔灌浆及锚固类工程等。

(12)其他工程。指除表中所列11类工程以外的其他工程。

三、利润

利润指按规定应计入建筑安装工程费用中的利润。

计算方法:利润按直接费和间接费之和的7%计算。

四、税金

国家对施工企业承担建筑、安装工程的作业收入征收增值税。建筑及安装工程费用中的增值税按税前造价乘以增值税税率确定。水利工程建筑及安装工程增值税税率为9%,自采砂石料增值税税率按3%计算。

(一)纳税人

在中华人民共和国境内销售货物或者加工、修理修配劳务(以下简称劳务),销售服务、无形资产、不动产以及进口货物的单位和个人,为增值税的纳税人。

单位以承包、承租、挂靠方式经营的,承包人、承租人、挂靠人(以下统称承包人)以发包人、出租人、被挂靠人(以下统称发包人)名义对外经营并由发包人承担相关法律责任的,以该发包人为纳税人。否则,以承包人为纳税人。

纳税人分为一般纳税人和小规模纳税人。应税行为的年应征增值税销售额超过财政部和国家税务总局规定标准的纳税人为一般纳税人,未超过规定标准的纳税人为小规模纳税人。

(二)增值税税率

1.13%税率的适用行业

销售或进口货物(除适用10%的货物外),提供加工、修理、修配劳务,提供有形动产租赁服务。

2.9%税率的适用行业

纳税人提供交通运输、邮政、基础电信、建筑、不动产租赁服务,销售不动产、销售土地使用权,销售或者进口:①粮食等农产品、食用植物油、食用盐;②自来水、暖气、冷气、热水、煤气、石油液化气、天然气、二甲醚、沼气、居民用煤炭制品;③图书、报纸、杂志、音像制品、电子出版物;④饲料、化肥、农药、农机、农膜。

3.6%税率的适用行业

①提供现代服务;②提供金融服务;③提供电信服务;④提供生活服务;⑤销售无形资产等。

4.0%税率的适用行业

(1)纳税人出口货物,但是,国务院另有规定的除外;

(2)境内单位和个人跨境销售国务院规定范围内的服务、无形资产。

税率的调整,由国务院决定。

(三)应纳税额计算

增值税的计税方法,包括一般计税方法和简易计税方法。一般纳税人发生应税行为适用一般计税方法计税。小规模纳税人发生应税行为适用简易计税方法计税。

1.一般计税方法

一般计税方法的应纳税额,是指当期销项税额抵扣当期进项税额后的余额。应纳税额计算公式:

$$应纳税额 = 当期销项税额 - 当期进项税额 \tag{3-3}$$

当期销项税额小于当期进项税额不足抵扣时,其不足部分可以结转下期继续抵扣。

销项税额是指纳税人发生应税行为按照销售额和增值税税率计算并收取的增值税额。销项税额计算公式:

$$销项税额 = 销售额 \times 税率 \tag{3-4}$$

进项税额是指纳税人购进货物、加工修理修配劳务、服务、无形资产或者不动产,支付或者负担的增值税额。

当采用一般计税方法时,当前建筑业增值税税率为9%。计算公式为:

$$增值税 = 税前造价 \times 9\% \tag{3-5}$$

税前造价为直接费、间接费、利润和材料补差之和,各费用项目均以不包含增值税可抵扣进项税额的价格计算。

2.简易计税方法

简易计税方法的应纳税额,是指按照销售额和增值税征收率计算的增值税额,不得抵扣进项税额。应纳税额计算公式:

$$应纳税额 = 销售额 \times 征收率 \tag{3-6}$$

当采用简易计税方法时,当前建筑业增值税税率为3%。计算公式为:

$$增值税 = 税前造价 \times 3\% \tag{3-7}$$

税前造价为直接费、间接费、利润和材料补差之和,各费用项目均以包含增值税进项税额的含税价格计算。

第二节　设备费

设备费包括设备原价、运杂费、运输保险费和采购及保管费。具体计算方法见本书第七章第五节。

一、设备原价

(1)国产设备。以出厂价或设计单位分析论证后的询价为设备原价。

(2)进口设备。以到岸价和进口征收的税金、手续费、商检费及港口费等各项费用之和为原价。

(3)大型机组及其他大型设备分瓣运至工地后的拼装费用,应包括在设备原价内。

(4)可行性研究和初步设计阶段,非定型和非标准产品,一般不可能与厂家签订价格合同,设计单位可向厂家索取报价资料,依据当年的价格水平,经认真分析论证后,确定设备价格。

二、运杂费

运杂费指设备由厂家运至工地现场所发生的一切运杂费用，包括运输费、装卸费、包装绑扎费、大型变压器充氮费及可能发生的其他杂费。

三、运输保险费

运输保险费指设备在运输过程中的保险费用。国产设备的运输保险费可按工程所在省、自治区、直辖市的规定计算。进口设备的运输保险费按有关规定计算。

四、采购及保管费

采购及保管费指建设单位和施工企业在负责设备的采购、保管过程中发生的各项费用，主要包括：

(1)采购保管部门工作人员的基本工资、辅助工资、职工福利费、劳动保护费、养老保险费、失业保险费、医疗保险费、工伤保险费、生育保险费、住房公积金、教育经费、办公费、差旅交通费、工具用具使用费等。

(2)仓库、转运站等设施的运行费、维修费、固定资产折旧费、技术安全措施费和设备的检验、试验费等。

第三节　独立费用

独立费用由建设管理费、工程建设监理费、联合试运转费、生产准备费、科研勘测设计费和其他等六项组成。具体计算方法见第七章第五节。

一、建设管理费

建设管理费指建设单位在工程项目筹建和建设期间进行管理工作所需的费用，包括建设单位开办费、建设单位人员费、项目管理费三项。

(一)建设单位开办费

建设单位开办费指新组建的工程建设单位，为开展工作所必须购置的办公设施、交通工具等以及其他用于开办工作的费用。

(二)建设单位人员费

建设单位人员费指建设单位从批准组建之日起至完成该工程建设管理任务之日止，需开支的建设单位人员费用。主要包括工作人员的基本工资、辅助工资、职工福利费、劳动保护费、养老保险费、失业保险费、医疗保险费、工伤保险费、生育保险费、住房公积金等。

(三)项目管理费

项目管理费指建设单位从筹建到竣工期间所发生的各种管理费用，包括：

(1)工程建设过程中用于资金筹措、召开董事(股东)会议、视察工程建设所发生的会议和差旅等费用。

(2)工程宣传费。

(3)土地使用税、房产税、印花税、合同公证费。

(4)审计费。

(5)施工期间所需的水情、水文、泥沙、气象监测费和报汛费。

(6)工程验收费。

(7)建设单位人员的教育经费、办公费、差旅交通费、会议费、交通车辆使用费、技术图书资料费、固定资产折旧费、零星固定资产购置费、低值易耗品摊销费、工具用具使用费、修理费、水电费、采暖费等。

(8)招标业务费。

(9)经济技术咨询费。包括勘测设计成果咨询、评审费,工程安全鉴定、验收技术鉴定、安全评价相关费用,建设期造价咨询,防洪影响评价、水资源论证、工程场地地震安全性评价、地质灾害危险性评价及其他专项咨询等发生的费用。

(10)公安、消防部门派驻工地补贴费及其他工程管理费用。

二、工程建设监理费

工程建设监理费指建设单位在工程建设过程中委托监理单位,对工程建设的质量、进度、安全和投资进行监理所发生的全部费用。

三、联合试运转费

联合试运转费指水利工程的发电机组、水泵等安装完毕,在竣工验收前,进行整套设备带负荷联合试运转期间所需的各项费用。主要包括联合试运转期间所消耗的燃料、动力、材料及机械使用费,工具用具购置费,施工单位参加联合试运转人员的工资等。

四、生产准备费

生产准备费指水利建设项目的生产、管理单位为准备正常的生产运行或管理发生的费用,包括生产及管理单位提前进厂费、生产职工培训费、管理用具购置费、备品备件购置费和工器具及生产家具购置费。

(一)生产及管理单位提前进厂费

生产及管理单位提前进厂费指在工程完工之前,生产、管理单位一部分工人、技术人员和管理人员提前进厂进行生产筹备工作所需的各项费用。内容包括提前进厂人员的基本工资、辅助工资、职工福利费、劳动保护费、养老保险费、失业保险费、医疗保险费、工伤保险费、生育保险费、住房公积金、教育经费、办公费、差旅交通费、会议费、技术图书资料费、零星固定资产购置费、低值易耗品摊销费、工具用具使用费、修理费、水电费、采暖费等,以及其他属于生产筹建期间应开支的费用。

(二)生产职工培训费

生产职工培训费指生产及管理单位为保证生产、管理工作顺利进行,对工人、技术人员和管理人员进行培训所发生的费用。

（三）管理用具购置费

管理用具购置费指为保证新建项目的正常生产和管理所必须购置的办公和生活用具等费用，包括办公室、会议室、资料档案室、阅览室、文娱室、医务室等公用设施需要配置的家具器具。

（四）备品备件购置费

备品备件购置费指工程在投产运行初期，由于易损件损耗和可能发生的事故，而必须准备的备品备件和专用材料的购置费。不包括设备价格中配备的备品备件。

（五）工器具及生产家具购置费

工器具及生产家具购置费指按设计规定，为保证初期生产正常运行所必须购置的不属于固定资产标准的生产工具、器具、仪表、生产家具等的购置费。不包括设备价格中已包括的专用工具。

五、科研勘测设计费

科研勘测设计费指工程建设所需的科研、勘测和设计等费用，包括工程科学研究试验费和工程勘测设计费。

（一）工程科学研究试验费

工程科学研究试验费指为保障工程质量，解决工程建设技术问题，而进行必要的科学研究试验所需的费用。

（二）工程勘测设计费

工程勘测设计费指工程从项目建议书阶段开始至以后各设计阶段发生的勘测费、设计费和为勘测设计服务的常规科研试验费。不包括工程建设征地移民设计、环境保护设计、水土保持设计各设计阶段发生的勘测设计费。

六、其他

（一）工程保险费

工程保险费指工程建设期间，为使工程能在遭受水灾、火灾等自然灾害和意外事故造成损失后得到经济补偿，而对工程进行投保所发生的保险费用。

（二）其他税费

其他税费指按国家规定应缴纳的与工程建设有关的税费。

第四节　预备费和建设期融资利息

一、预备费

预备费包括基本预备费和价差预备费两项。

（一）基本预备费

主要为解决在工程建设过程中，设计变更和有关技术标准调整增加的投资以及工程遭受一般自然灾害所造成的损失和为预防自然灾害所采取的措施费用。

计算方法:根据工程规模、施工年限和地质条件等不同情况,按建筑工程、机电设备及安装工程、金属结构设备及安装工程、施工临时工程和独立费用五部分投资合计数(依据分年度投资表)的百分率计算。初步设计阶段为5.0%~8.0%。

技术复杂、建设难度大的工程项目取大值,其他工程取中小值。

(二)价差预备费

主要为解决在工程建设过程中,因人工工资、材料和设备价格上涨以及费用标准调整而增加的投资。

计算方法:根据施工年限,以资金流量表的静态投资为计算基数,按照有关部门适时发布的年物价指数计算。

计算公式为:

$$E = \sum_{n=1}^{N} F_n[(1+P)^n - 1] \tag{3-8}$$

式中 E——价差预备费;

N——合理建设工期;

n——施工年度;

F_n——在建设期间资金流量表内第 n 年的投资;

P——年物价指数。

二、建设期融资利息

建设期融资利息指根据国家财政金融政策规定,工程在建设期内需偿还并应计入工程总投资的融资利息。

计算公式:

$$S = \sum_{n=1}^{N}\left[\left(\sum_{m=1}^{N} F_m b_m - \frac{1}{2}F_n b_n\right) + \sum_{m=0}^{n-1} S_m\right] i \tag{3-9}$$

式中 S——建设期融资利息;

N——合理建设工期;

n——施工年度;

m——还息年度;

F_n、F_m——在建设期资金流量表内的第 n、m 年的投资;

b_n、b_m——各施工年份融资额占当年投资比例;

i——建设期融资利率;

S_m——第 m 年的付息额度。

三、静态总投资

工程一至五部分(建筑工程、机电设备及安装工程、金属结构设备及安装工程、施工临时工程和独立费用)投资与基本预备费之和构成工程静态总投资。

编制工程部分总概算表时,在第五部分独立费用之后,应顺序计列以下项目:

(1)一至五部分投资合计。

(2)基本预备费。

(3)静态投资。

工程部分、建设征地移民补偿、环境保护工程、水土保持工程的静态投资之和构成静态总投资。

四、总投资

静态总投资、价差预备费、建设期融资利息之和构成总投资。

编制工程概算总表时,在工程投资总计中应顺序计列以下项目:

(1)静态总投资(汇总各部分静态投资)。

(2)价差预备费。

(3)建设期融资利息。

(4)总投资。

【例3-1】 某枢纽工程一至五部分的分年度投资如表3-2所示,其中机电设备购置费为500万元,金属结构设备购置费为200万元,基本预备费费率为5%,物价指数为6%,融资利率为8%,各施工年份融资额占当年投资比例均为70%,计算并填写枢纽工程总概算表。

表3-2 分年度投资表 (单位:万元)

序号	工程或费用名称	第一年	第二年	第三年	合计
1	第一部分 建筑工程	5 000	8 000	2 000	15 000
2	第二部分 机电设备及安装工程	100	250	250	600
3	第三部分 金属结构设备及安装工程	50	100	150	300
4	第四部分 临时工程	150	100	50	300
5	第五部分 独立费用	400	300	200	900
6	一至五部分合计	5 700	8 750	2 650	17 100
7	预备费	644.10	1 573.08	664.00	2 881.18
8	基本预备费	285.00	437.50	132.50	855.00
9	价差预备费	359.10	1 135.58	531.50	2 026.18
10	建设期融资利息	177.63	658.53	1 093.05	1 929.21
11	静态总投资	5 985.00	9 187.50	2 782.50	17 955.00
12	总投资	6 521.73	10 981.61	4 407.05	21 910.39

解:计算一至五部分投资合计,见表3-2第6项;根据第6项和基本预备费费率5%计算基本预备费,见表3-2第8项;根据第6项、第8项和物价指数6%计算价差预备费,见表3-2第9项;根据第8项、第9项计算预备费,见表3-2第7项;根据第6项、第7项、融资利率8%和各年融资比例计算融资利息,见表3-2第10项;根据第6项、第8项计算静态总投资,见表3-2第11项;根据第9项、第10项和第11项计算总投资,见表3-2第12

项。由所给条件及上述计算结果编制枢纽工程总概算表,见表3-3。

表3-3　枢纽工程总概算表　(单位:万元)

序号	工程或费用名称	建安工程费	设备购置费	独立费用	合计
1	第一部分　建筑工程	15 000			15 000
2	第二部分　机电设备及安装工程	100	500		600
3	第三部分　金属结构设备及安装工程	100	200		300
4	第四部分　临时工程	300			300
5	第五部分　独立费用			900	900
6	一至五部分合计	15 500	700	900	17 100
7	预备费				2 881.18
8	基本预备费				855.00
9	价差预备费				2 026.18
10	建设期融资利息				1 929.21
11	静态总投资				17 955.00
12	总投资				21 910.39

第四章　工程定额

第一节　概　述

一、工程定额的概念

所谓“定额”，是指在一定的外部条件下，预先规定完成某项合格产品所需的要素(人力、物力、财力、时间等)的标准额度。它反映了一定时期的社会生产力水平的高低。

在社会生产中，为了生产出合格的产品，就必需一定数量的人力、材料、机具、资金等。由于受各种因素的影响，生产一定数量的同类产品，这种消耗量并不相同，消耗量越大，产品的成本就越高，在产品价格一定的情况下，企业的盈利就会降低，对社会的贡献也就较低，对国家和企业本身都是不利的，因此降低产品生产过程中的消耗具有十分重要的意义。但是，产品生产过程中的消耗不可能无限降低，在一定的技术组织条件下，必然有一个合理的数额。根据一定时期的生产力水平和对产品的质量要求，规定在产品生产中人力、物力或资金消耗的数量标准，这种标准就是定额。

定额水平是指规定消耗在单位合格产品上的劳动、机械和材料数量的多寡，也可以说，它是按照一定程序规定的施工生产中活劳动和物化劳动的消耗水平。定额水平是一定时期社会生产力水平的反映，它与操作人员的技术水平、机械化程度及新材料、新工艺、新技术的发展和应用有关，同时也与企业的管理组织水平和全体技术人员的劳动积极性有关。所以定额不是一成不变的，而是随着生产力水平的变化而变化的。一定时期的定额水平，必须坚持平均先进的原则。所谓平均先进水平，就是在一定的生产条件下，大多数企业、班组和个人，经过努力可以达到或超过的标准。

工程建设定额是指在一定的技术组织条件下，预先规定消耗在单位合格建筑产品上的人工、材料、机械、资金和工期的标准额度，是建筑安装工程预算定额、概算定额、投资估算指标、施工定额和工期定额等的总称。

二、定额的产生与发展

定额的产生与发展，是与社会生产力的发展分不开的，人类在与大自然的斗争过程中逐步形成了定额的概念。我国唐宋年间就有明确记载，如“皆量以为人，定额以给资”，“诸路上供，岁有定额”。

定额作为一门科学，它伴随资本主义企业管理而产生。20 世纪美国工程师弗·温·泰罗(F. W. Taylor，1856 ~ 1915 年)推出的制定工时定额，实行标准操作方法，采用计件工资，以提高劳动生产效率的这套称为“泰罗制”的方法，使资本主义的企业管理发生了根本变革。

16 世纪，随着工程建设的发展，英国出现了设计和施工分离，并各自形成一个独立的专业,出现了"工料测量师"(Quantity Surveyor),帮助施工工匠对已完成的工程量进行测量和估价,以确定工匠应得到的报酬。这时的工料测量师是在工程设计和工程施工完了以后,才去测量工程量和估计工程造价的。

从19世纪初期开始,资本主义国家在工程建设中开始推行招标投标制,这就要求工料测量师在工程设计以后和开工以前就进行测量和估价,根据图纸算出实物工程量并汇编成工程量清单,为招标者确定标底或为投标者确定报价。但是,这还远没有形成定额体系。

定额体系的产生和发展与企业管理的产生和发展紧密相连。工业革命以前的工业是家庭手工业,谈不上企业管理,工业革命以后有了工厂、有了企业管理。1771年英国建造了世界上第一个纺织工厂,从此各种类型的工厂如雨后春笋般不断涌现,在工厂里劳动者、劳动手段、劳动对象集中了,为了能生产出更多更好的产品,降低产品的生产成本,获得更多的利润,这就需要合理的管理,企业管理因此也就诞生了。不过,当时的企业管理是很落后的,工人凭经验操作,新工人的培养靠老师来传授。由于生产规模小,产品比较单纯,生产中需要多少人力、物力,如何组织生产,往往只凭简单的生产经验就可以了。这个阶段延续了很长时间,这就是企业管理的第一阶段——所谓的传统管理阶段。

19世纪末至20世纪初,资本主义生产日益扩大,生产技术迅速发展,劳动分工和协作也越来越细,对生产进行科学管理的要求也就更加迫切。资本主义社会生产的目的是为了攫取最大限度的利润。为了达到这个目的,资本家就要千方百计降低单位产品中的活劳动和物化劳动的消耗,就必须加强对生产消费的研究和管理,因此定额作为现代化科学管理的一门重要学科也就出现了,当时在美国、法国、英国、俄国、波兰等国家中都有企业科学管理这类活动的开展,其中以美国最为突出。

企业管理成为科学应该说是从"泰罗制"开始的。弗·温·泰罗22岁时在贝斯勒海姆(Bethlehem)钢铁公司当学徒,同时进入哈佛大学的函授班学习,后来他取得了工程师的职称,当上了这个公司的总工程师。当时美国资本主义正处于上升时期,工业发展得很快,但由于采用传统的旧的管理方法,工人劳动生产率低,而劳动强度很高,每周劳动时间平均在60小时以上。在这种背景下,泰罗开始了企业管理的研究,其目的是要解决如何提高工人的劳动效率的问题。从1880年开始,他进行了各种试验,努力把当时科学技术的最新成就应用于企业管理,他着重从工人的操作方法上研究工时的科学利用,把工作时间分成若干组成部分(工序),并利用秒表来记录工人每一动作及消耗的时间,制定出工时定额,作为衡量工人工作效率的尺度。他还十分重视研究工人的操作方法,对工人劳动中的操作和动作,逐一记录,分析研究,把各种最经济、最有效的动作集中起来,制定出最节约工作时间的所谓标准操作方法,并据以制定更高水平的工时定额。为了减少工时消耗,使工人完成这些较高水平的工时定额,泰罗还对工具和设备进行了研究,使工人使用的工具、设备、材料标准化。

泰罗通过研究,提出了一套系统的、标准的科学管理方法。1911年他发表的《科学管理原理》一书是他的科学管理方法的理论成果,该成果的核心是"泰罗制"。"泰罗制"可以归纳为:制定科学的工时定额,实行标准的操作方法,强化和协调职能管理,采用有差别的计件工资,进行科学而合理的分工。泰罗给资本主义企业管理带来了根本性变革,使资本家获得了巨额利润,泰罗被资产阶级尊称为"科学管理之父"。与"泰罗制"紧密相关的

这一阶段被称为企业管理的第二阶段——科学管理阶段。

继“泰罗制”以后，伴随着世界经济的发展，企业管理又有许多新的进展和创新，对于定额的制定也有了许多更新的研究。20世纪40年代到60年代，出现了所谓的资本主义管理科学。20世纪70年代以后，出现了行为科学和系统管理理论，前者从社会心理学的角度研究管理，强调和重视社会环境和人的相互关系对提高工效的影响；后者把管理科学和行为科学结合起来，其特点是利用现代数学和计算机处理各种信息，提供优化决策。这一阶段被称为企业管理的第三阶段——现代企业管理阶段。但在这一阶段中“泰罗制”仍是企业管理不可缺少的。

三、我国工程定额的发展过程

我国的工程定额，是随着国民经济的恢复和发展而逐步建立起来的。中华人民共和国成立以后，国家对建立和完善定额工作十分重视，工程定额从无到有、从不健全到逐步健全，经历了一个复杂的发展过程。

国民经济恢复时期（1949～1952年），我们在借鉴苏联的管理经验基础上，逐步形成了适合我国当时国情的企业管理方式。我国东北地区开展定额工作较早，从1950年开始，该地区铁路、煤炭、纺织等部门相继实行了劳动定额，1951年制定了东北地区统一劳动定额。1952年前后，华东、华北等地也陆续编制劳动定额或工料消耗定额。这一时期是我国劳动定额工作创立阶段。

第一个五年计划时期（1953～1957年），随着大规模社会主义经济建设的开始，为了加强企业管理，合理安排劳动力，推行了计件工资制，劳动定额得到迅速发展。为了适应经济建设的需要，各地区各部门编制了一些定额或参考手册，如原水利电力部组织编印了《水利工程施工技术定额手册》。为了统一定额水平，劳动部和建筑工程部于1955年联合主持编制了全国统一劳动定额，这是建筑业第一次编制的全国统一定额。1956年，国家建委对1955年统一劳动定额进行了修订，增加了材料消耗和机械台班定额部分，编制了全国统一施工定额。

从“大跃进”到“文化大革命”前的时期（1958～1966年），由于中央管理权限部分下放，劳动定额管理体制也进行了探讨性的改革。1958年，劳动定额的编制和管理工作下放给省（市）以后，在适应地方特点上起到了一定的作用，但也存在一些问题。主要是定额项目过粗，工作内容口径不一，定额水平不平衡。地区之间、企业之间失去了统一衡量的尺度，不利于贯彻执行，同时，各地编制定额的力量不足，定额中技术错误也不少。为此，1959年，国务院有关部委联合做出决定，定额管理权限收回中央，1962年正式修订颁发了全国建筑安装工程统一劳动定额。这一时期，有关部委也相继颁发了适合行业特点的定额，如1958年水利部颁发了《水利水电建筑安装工程施工定额》，以及《水利水电建筑工程设计预算定额》，这基本上满足了水利水电工程建设的需要。

“文化大革命”时期（1967～1976年），全盘否定了按劳分配原则，将劳动定额工作看做是“管、卡、压”，致使劳动无定额、效率无考核等，阻碍了生产的发展。“文化大革命”的后半段一度对这种情况进行了扭转和整顿，有些单位重新又搞起了定额、计件工资和超额奖。如原水利电力部组织修改预算定额，并在此基础上于1975年第一次编辑出版了《水电工程概算指标》,可是不久又被破坏了。由于企业管理一片混乱,生产遭到严重破坏,定额工作也就随之烟消云散了。

中共十一届三中全会以后,国家对整顿和加强企业管理和定额管理非常重视,进行了一系列的政治、经济改革,国民经济得到了迅速恢复和发展,使我国进入了社会主义现代化建设的新的历史时期。国家有关部门明确指出要加强建筑企业劳动定额工作,全国大多数省、市、自治区先后恢复、建立了劳动定额机构,充实了定额专职人员,同时对原有定额进行了修订,颁布了新定额,这大大地调动了工人的生产积极性,对提高建筑业劳动生产率起到了明显的作用。1978~1981年原国家建委和各主管部门分别组织修编了施工定额、预算定额。如原水利电力部1980年组织修订了《水利水电工程设计预算定额》,1981~1982年又组织修编了《施工机械保修技术经济定额》和《水利水电建筑安装工程统一劳动定额》。1983年以后着手对1980年修订的预算定额和1975年概算指标进行修编。为了适应新时期水利水电工程建设的需要,原水利电力部及能源部、水利部1986年颁发了《水利水电设备安装工程概算定额》《水利水电建筑工程预算定额》《水利水电设备安装工程预算定额》,1988年颁发了《水利水电建筑工程概算定额》,1991年颁发了《水利水电工程施工机械台班费定额》;原电力工业部1997年颁发了《水力发电建筑工程概算定额》《水力发电设备安装工程概算定额》《水力发电工程施工机械台时费定额》;水利部2002年颁发了《水利建筑工程预算定额》《水利建筑工程概算定额》《水利工程施工机械台时费定额》等。

中华人民共和国成立70年来,我国工程定额发展的事实证明,凡是按客观经济规律办事,用合理的劳动定额组织生产,实行按劳分配,劳动生产率就提高,经济效益就好,建筑生产就向前发展;反之,不按客观经济规律办事,否定定额作用,否定按劳分配,劳动生产率就明显下降,经济效益就很差,生产就大幅度下降。因此,实行科学的定额管理,发挥定额在组织生产、分配、经营管理中的作用,是社会主义生产的客观要求。定额工作必须更好地为生产服务,为科学管理服务。

四、定额的特性和作用

(一)定额的特性

(1)定额的法令性。定额是由被授权部门根据当时的实际生产力水平而制定的,并经授权部门颁发供有关单位使用。在执行范围内任何单位必须遵照执行,不得任意调整和修改。如需进行调整、修改和补充,必须经授权编制部门批准。因此,定额具有经济法规的性质。

(2)定额的群众性。定额是根据当时的实际生产力水平,在大量测定、综合、分析、研究实际生产中的有关数据和资料的基础上制定出来的,因此它具有广泛的群众性;同时,定额一旦制定颁发,运用于实际生产中,则成为广大群众共同奋斗的目标。总之,定额的制定和执行都离不开群众,也只有得到群众的充分协助,定额才能定得合理,并能为群众所接受。

(3)定额的相对稳定性。定额水平的高低,是根据一定时期社会生产力水平确定的。当生产条件发生了变化,技术有了进步,生产力水平有了提高,原定额也就不适应了,在这

种情况下，授权部门应根据新的情况制定出新的定额或补充原有的定额。但是，社会的发展有其自身的规律，有一个量变到质变的过程，而且定额的执行也有一个时间过程，所以每一次制定的定额必须是相对稳定的，决不可朝令夕改，否则定额就难执行，也会伤害群众的积极性。

(4)定额的针对性。一种产品(或者工序)一项定额，而且一般不能互相套用。一项定额，它不仅是该产品(或工序)的资源消耗的数量标准，而且还规定了完成该产品(或工序)的工作内容、质量标准和安全要求。

(5)定额的科学性。制定工程定额要进行“时间研究”“动作研究”，以及工人、材料和机具在现场的配置研究，有时还要考虑机具改革、施工生产工艺等技术方面的问题等。工程定额必须符合建筑施工生产的客观规律，这样才能促进生产的发展，从这一方面来说定额是一门科学技术。

(二)定额的作用

建筑、安装工程定额是建筑安装企业实行科学管理的必备条件。无论是设计、计划、生产、分配、估价、结算等各项工作，都必须以它作为衡量工作的尺度。具体地说，定额主要有以下几方面的作用：

(1)定额是编制计划的基础。无论是国家计划还是企业计划，都直接或间接地以各种定额为依据来计算人力、物力、财力等各种资源需要量，所以定额是编制计划的基础。

(2)定额是确定产品成本的依据，是评比设计方案合理性的尺度。建筑产品的价格是由其产品生产过程中所消耗的人力、材料、机械台班数量以及其他资源、资金的数量所决定的，而它们的消耗量又是根据定额计算的，定额是确定产品成本的依据。同时，同一建筑产品的不同设计方案的成本，反映了不同设计方案的技术经济水平的高低。因此，定额也是比较和评价设计方案是否经济合理的尺度。

(3)定额是提高企业经济效益的重要工具。定额是一种法定的标准，具有严格的经济监督作用，它要求每一个执行定额的人，都必须严格遵守定额的要求，并在生产过程中尽可能有效地使用人力、物力、资金等资源，使之不超过定额规定的标准，从而提高劳动生产率，降低生产成本。企业在计算和平衡资源需要量、组织材料供应、编制施工进度计划和作业计划、组织劳动力、签发任务书、考核工料消耗、实行承包责任制等一系列管理工作时，都要以定额作为标准。因此，定额是加强企业管理、提高企业经济效益的工具。合理制定并认真执行定额，对改善企业经营管理、提高经济效益具有重要的意义。

(4)定额是贯彻按劳分配原则的尺度。由于工时消耗定额反映了生产产品与劳动量的关系，可以根据定额来对每个劳动者的工作进行考核，从而确定他所完成的劳动量的多少，并以此来支付他的劳动报酬。多劳多得、少劳少得，体现了按劳分配的基本原则，这样企业的效益就同个人的物质利益结合起来了。

(5)定额是总结推广先进生产方法的手段。定额是在先进合理的条件下，通过对生产和施工过程的观察、实测、分析而综合制定的，它可以准确地反映出生产技术和劳动组织的先进合理程度。因此，我们可以用定额标定的方法，对同一产品在同一操作条件下的不同生产方法进行观察、分析，从而总结比较完善的生产方法，并经过试验、试点，然后在生产过程中予以推广，使生产效率得到提高。

第二节 工程定额的分类

工程定额种类繁多,按其性质、内容、管理体制和使用范围、建设阶段和用途可作以下分类。

一、按专业性质划分

(一)一般通用定额

一般通用定额是指工程性质、施工条件、方法相同的建设工程,各部门都应共同执行的定额。如工业与民用建筑工程定额。

(二)专业通用定额

专业通用定额是指某些工程项目,具有一定的专业性质,但又是几个专业共同使用的定额。如煤炭、冶金、化工、建材等部门共同编制的矿山、巷井工程定额。

(三)专业专用定额

专业专用定额是指一些专业性工程,只在某一专业内使用的定额。如水利工程定额、邮电工程定额、化工工程定额等。

二、按费用性质划分

(一)直接费定额

直接费定额是指直接用于施工生产的人工、材料、成品、半成品、机械消耗的定额。

(二)间接费定额

间接费定额是指施工企业经营管理所需费用定额。

(三)其他基本建设费用定额

其他基本建设费用定额是指不属于建筑安装工程量的独立费用定额,如勘测设计费定额。

(四)施工机械台班费定额

施工机械台班费定额是指各种施工机械在单位台班或台时中,为使机械正常运转所损耗和分摊的费用定额,如《水利工程施工机械台时费定额》。

三、按管理体制和使用范围划分

(一)全国统一定额

全国统一定额是指工程建设中,各行业、部门普遍使用,需要全国统一执行的定额。一般由国家计委或授权某主管部门组织编制颁发。如送电线路工程预算定额、电气工程预算定额、通信设备安装预算定额等。

(二)全国行业定额

全国行业定额是指在工程建设中,部分专业工程在某一个部门或几个部门使用的专业定额。经国家计委批准,由一个主管部门或几个主管部门组织编制颁发,在有关部属单位执行。如水利建筑工程预算定额、水利建筑工程概算定额、水力发电建筑工程概算定

额、公路工程预算定额等。

（三）地方定额

地方定额一般是指省、自治区、直辖市，根据地方工程特点，编制颁发的在本地区执行的地方通用定额和地方专业定额，如《江苏省水利工程预算定额》。

（四）企业定额

企业定额是指建筑、安装企业在其生产经营过程中，在国家统一定额、行业定额、地方定额的基础上，根据工程特点和自身积累资料，结合本企业具体情况自行编制的定额，供企业内部管理和企业投标报价用。

四、按定额的内容划分

（一）劳动定额

劳动定额又称人工定额，是指具有某种专长和规定的技术水平的工人，在正常施工技术组织条件下，单位时间内应当完成合格产品的数量或完成单位合格产品所需的劳动时间。

劳动定额有时间定额和产量定额两种表达形式。时间定额是指在正常施工组织条件下完成单位合格产品所需消耗的劳动时间，单位以“工日”或“工时”表示。产量定额是指在正常施工组织条件下，单位时间内所生产的合格产品的数量。时间定额与产量定额互为倒数。

（二）材料消耗定额

材料消耗定额是指在节约和合理使用材料的条件下，生产单位合格产品所必须消耗的一定规格的建筑材料、成品、半成品或配件的数量标准。

（三）机械使用定额

机械使用定额又称机械台班或台时定额，可分为机械产量定额和机械时间定额两种形式。施工机械在正常的施工组织条件下在单位时间内完成合格产品的数量，称机械产量定额。机械产量定额与机械时间定额互为倒数。完成单位合格产品所需的机械工作时间，称机械时间定额，以“台班”或“台时”表示。

（四）综合定额

综合定额是指在一定的施工组织条件下，完成单位合格产品所需人工、材料、机械台班或台时的数量。

五、按建设阶段和用途划分

（一）投资估算指标

投资估算指标是在可行性研究阶段作为技术经济比较或建设投资估算的依据，是由概算定额综合扩大和统计资料分析编制而成的。

（二）概算定额

概算定额是编制初步设计概算和修正概算的依据，是由预算定额综合扩大编制而成的。它规定生产一定计量单位的建筑工程扩大结构构件或扩大分项工程所需的人工、材料和施工机械台班或台时消耗量及其金额。主要用于初步设计阶段预测工程造价。

(三)预算定额

预算定额主要用于施工图设计阶段编制施工图预算或招标阶段编制标底,是在施工定额基础上综合扩大编制而成的。

(四)施工定额

施工定额主要用于施工阶段施工企业编制施工预算,是企业内部核算的依据。它是指一种工种完成某一计量单位合格产品(如砌砖、浇筑混凝土、安装水轮机等)所需的人工、材料和施工机械台班或台时消耗量的标准。是施工企业内部编制施工作业计划、进行工料分析、签发工程任务单和考核预算成本完成情况的依据。

第三节　定额的编制方法

一、定额的编制原则

(一)水平合理的原则

定额水平应反映社会平均水平,体现社会必要劳动的消耗量,也就是在正常施工条件下,大多数工人和企业能够达到和超过的水平,既不能采用少数先进生产者、先进企业所达到的水平,也不能以落后的生产者和企业的水平为依据。

所谓定额水平,是指规定消耗在单位合格产品上的劳动、机械和材料数量的多寡。定额水平要与建设阶段相适应,前期阶段(如可行性研究、初步设计阶段)定额水平宜反映平均水平,还要留有适当的余度;而用于投标报价的定额水平宜具有竞争力,合理反映企业的技术、装备和经营管理水平。

(二)基本准确的原则

定额是对千差万别的个别实践进行概括、抽象出一般的数量标准。因此,定额的“准”是相对的,定额的“不准”是绝对的。我们不能要求定额编得与自己的实际完全一致,只能要求基本准确。定额项目(节目、子目)按影响定额的主要参数划分,粗细应恰当,步距要合理。定额计量单位、调整系数设置应科学。

(三)简明适用的原则

在保证基本准确的前提下,定额项目不宜过细过繁,步距不宜太小、太密,对于影响定额的次要参数可采用调整系数等办法简化定额项目,做到粗而准确,细而不繁,便于使用。

二、定额的编制方法

编制水利工程建设定额以施工定额为基础,施工定额由劳动定额、材料消耗定额和机械使用定额三部分组成。在施工定额基础上,编制预算定额和概算定额。根据施工定额综合编制预算定额时,考虑各种因素的影响,对人工工时和机械台时按施工定额分别乘以1.10和1.07的幅度差系数。由于概算定额比预算定额有更大的综合性和包含了更多的可变因素,因此以预算定额为基础综合扩大编制概算定额时,一般对人工工时和机械台时乘以不大于1.05的扩大系数。

编制定额的基本方法有经验估算法、统计分析法、结构计算法和技术测定法。实际应用中常将这几种方法结合使用。

（一）经验估算法

经验估算法又称调查研究法。它是根据定额编制专业人员、工程技术人员和操作工人以往的实际施工及操作经验，对完成某一建筑产品分部工程所需消耗的人力、物力（材料、机械等）的数量进行分析、估计，并最终确定定额标准的方法。这种方法技术简单、工作量小、速度快，但精确性较差，往往缺乏科学的计算依据，对影响定额消耗的各种因素，缺乏具体分析，易受人为因素的影响。

（二）统计分析法

统计分析法是根据施工实际中的人工、材料、机械台班（时）消耗和产品完成数量的统计资料，经科学的分析、整理，剔去其中不合理的部分后，拟定成定额。这种方法简便，只需对过去的统计资料加以分析整理，就可以推算出定额指标。但由于统计资料不可避免地包含着施工生产和经营管理上的不合理因素和缺点，它们会在不同程度上影响定额的水平，降低定额工作的质量。所以，它也只适用于某些次要的定额项目以及某些无法进行技术测定的项目。

（三）结构计算法

结构计算法是一种按照现行设计规范和施工规范要求，进行结构计算，确定材料用量、人工及施工机械台班定额的方法，这种方法比较科学，计算工作量大，而且人工和台班（台时）还必须根据实际资料推算而定。

（四）技术测定法

技术测定法是根据现场测定资料制定定额的一种科学方法。其基本方法是：首先对施工过程和工作时间进行科学分析，拟定合理的施工工序，然后在施工实践中对各个工序进行实测、查定，从而确定在合理的生产组织措施下的人工、机械台班（台时）和材料消耗定额。这种方法具有充分的技术依据，合理性及科学性较强，但工作量大、技术复杂，普遍推广应用有一定难度，可是对关键性的定额项目却必须采用这种方法。

三、施工定额的编制

施工定额是直接应用于建筑工程施工管理的定额，是编制施工预算、实行内部经济核算的依据，也是编制预算定额的基础。施工定额由劳动定额、材料消耗定额和施工机械台班或台时定额组成。根据施工定额，可以直接计算出各种不同工程项目的人工、材料和机械合理使用量的数量标准。

在施工过程中，正确使用施工定额，对于调动劳动者的生产积极性，开展劳动竞赛和提高劳动生产率以及推动技术进步，都有积极的促进作用。

（一）施工定额编制的原则和依据

1. 施工定额水平

施工定额水平是指在一定时期内的建筑施工技术水平和条件下，定额规定的完成单位合格产品所消耗的人工、材料和施工机械的标准。定额水平的高低与劳动生产率的高低成正比。劳动生产率高，则完成单位合格产品所需的人工、材料和机械台班（台时）就少,说明定额水平就高;反之,消耗大,定额水平就低。

在建筑施工企业中,劳动生产率水平大致可分为三种情况:一是代表劳动生产率水平较高的先进企业和先进生产者;二是代表劳动生产率较低的落后企业和落后生产者;三是介于前两者之间,处于中间状态的企业和生产者。

施工定额是施工企业进行管理、考核和评定各班组及生产者劳动成果的依据,合理的施工定额应有利于调动劳动者的生产积极性,提高劳动效率,增产节约。因此,在确定施工定额水平时,既不能以少数先进企业和先进生产者所达到的水平为依据,也不能以落后企业及其生产者的水平为依据,而应该依据在正常的施工和生产条件下,大多数企业或生产者经过努力可以达到或超过,少数企业或生产者经过努力可以接近的水平,即平均先进水平。这个水平略高于企业和生产者的平均水平,低于先进企业的水平。实践证明,如果施工定额水平过高,大多数企业和生产者经过努力仍无法达到,则会挫伤生产和管理者的积极性;定额水平定得过低,企业和生产者不经努力也会达到和超额完成,则起不到鼓励和调动生产者积极性的作用。平均先进的定额水平,可望也可即,既有利于鼓励先进,又可以激励落后者积极赶上,有利于推动生产力向更高的水平发展。

定额水平有一定的时限性,随着生产力水平的发展,定额水平必须作相应的修订,使其保持平均先进的性质。但是,定额水平作为生产力发展水平的标准,又必须具有相对稳定性。定额水平如果频繁调整,会挫伤生产者的劳动积极性,在确定定额水平时,应注意妥善处理好这个问题。

2.施工定额的编制原则

1)确定施工定额水平要遵循平均先进的原则

在确定施工定额时,要注意处理以下五个方面的关系:

(1)要正确处理数量与质量的关系。要使平均先进的定额水平,不仅表现为数量,还包括质量,要在生产合格产品的前提下规定必要的劳动消耗标准。

(2)合理确定劳动组织。劳动组织对完成施工任务和定额影响很大,它包含劳动组合的人数和技术等级两个因素。人员过多,会造成工作面过小和窝工浪费,影响完成定额水平;人员过少又会延误工期,影响工程进度。人员技术等级过低,低等级组工人做高等级活,不易达到定额,也保证不了工程(产品)质量;人员技术等级过高,浪费技术力量,增加产品的人工成本。因此,在确定定额水平时,要按照工作对象的技术复杂程度和工艺要求,合理地配备劳动组织,使劳动组织的技术等级同工作对象的技术等级相适应,在保证工程质量的前提下,以较少的劳动消耗,生产较多的产品。

(3)明确劳动手段和劳动对象。任何生产过程都是生产者借助劳动手段作用于劳动对象,不同的劳动手段(机具、设备)和不同的劳动对象(材料、构件),对劳动者的效率有不同的影响。确定平均先进的定额水平,必须针对具体的劳动手段与劳动对象。因此,在确定定额时,必须明确规定达到定额时使用的机具、设备和操作方法,明确规定原材料和构件的规格、型号、等级、品种质量要求等。

(4)正确对待先进技术和先进经验。现阶段生产技术发展很不平衡,新的技术和先进经验不断涌现,其中有些新技术新经验虽已成熟,但只限于少数企业和生产者使用,没有形成社会生产力水平。因此,编制定额时应区别对待,对于尚不成熟的先进技术和经

验,不能作为确定定额水平的依据;对于成熟的先进技术和经验,但由于种种原因没有得到推广应用,可在保留原有定额项目水平的基础上,同时编制出新的定额项目。一方面照顾现有的实际情况,另一方面也起到了鼓励先进的作用。对于那些已经得到普遍推广使用的先进技术和经验,应作为确定定额水平的依据,把已经提高了的并得到普及的社会生产力水平确定下来。

(5)全面比较,协调一致。既要做到挖掘企业潜力,又要考虑在现有技术条件下,能够达到的程度,使地区之间和企业之间的水平相对平衡,尤其要注意工种之间的定额水平,要协调一致,避免出现苦乐不均的现象。

2)定额结构形式要结合实际、简明扼要

(1)定额项目划分要合理。要适应生产(施工)管理的要求,满足基层和工人班组签发施工任务书、考核劳动效率和结算工资及奖励的需要,并要便于编制生产(施工)作业计划。项目要齐全配套,要把那些已经成熟和推广应用的新技术、新工艺、新材料编入定额;对于缺漏项目要注意积累资料,组织测定,尽快补充到定额项目中。对于那些已过时,在实际工作中已不采用的结构材料、技术,则应删除。

(2)定额步距大小要适当。步距是指定额中两个相邻定额项目或定额子目的水平差距,定额步距大,项目就少,定额水平的精确度就低;定额步距小,精确度高,但编制定额的工作量大,定额的项目使用也不方便。为了既简明实用,又比较精确,一般来说,对于主要工种、主要项目、常用的项目,步距要小些;对于次要工种、工程量不大或不常用的项目,步距可适当大些。对于手工操作为主的定额,步距可适当小些;而对于机械操作的定额,步距可略大一些。

(3)定额的文字要通俗易懂,内容要标准化、规范化,计算方法要简便,容易为群众掌握运用。

3)定额的编制要专业和实际相结合

编制施工定额是一项专业性很强的技术经济工作,而且又是一项政策性很强的工作,需要有专门的技术机构和专业人员进行大量的组织、技术测定、分析和资料整理、拟定定额方案和协调等工作。同时,广大生产者是生产力的创造者和定额的执行者,他们对施工生产过程中的情况最为清楚,对定额的执行情况和问题也最了解。因此,在编制定额的过程中必须深入调查研究,广泛征求群众意见,充分发扬他们的民主权利,取得他们的配合和支持,这是确保定额质量的有效方法。

3.施工定额的编制依据

(1)国家的经济政策和劳动制度。如建筑安装工人技术等级标准、工资标准、工资奖励制度、工作日时制度、劳动保护制度等。

(2)有关规范、规程、标准、制度,如现行国家建筑安装工程施工验收规范、技术安全操作规程和有关标准图;全国建筑安装工程统一劳动定额及有关专业部劳动定额;全国建筑安装工程设计预算定额及有关专业部预算定额。

(3)技术测定和统计资料。主要指现场技术测定数据及工时消耗的单项和综合统计资料。技术测定数据和统计分析资料必须准确可靠。

(二)劳动定额

劳动定额是在合理的施工组织和施工条件下,为完成单位合格产品所必需的劳动消耗标准。劳动定额是人工的消耗定额,因此又称为人工定额。劳动定额按其表现形式不同又分为时间定额和产量定额。

1.时间定额

时间定额指在合理的劳动组织与一定的生产技术条件下,某种专业、某种技术等级的工人班组或个人,为完成单位合格产品所必须消耗的工作时间。定额时间包括准备时间与结束时间、基本生产时间、辅助生产时间、不可避免的中断时间及工人必需的休息时间。

时间定额的单位一般以“工日”“工时”表示,一个工日表示一个人工作一个工作班,每个工日工作时间按现行制度为每个人8小时。其计算公式为:

$$\text{单位产品时间定额(工日或工时)} = \frac{1}{\text{每工日或工时产量}} \tag{4-1}$$

2.产量定额

产量定额是指在合理的劳动组织与一定的生产技术条件下,某种专业、某种技术等级的工人班组或个人,在单位时间内完成的合格产品数量。其计算公式为:

$$\text{每工日或工时产量} = \frac{1}{\text{单位产品时间定额(工日或工时)}} \tag{4-2}$$

时间定额和产量定额互为倒数,使用过程中两种形式可以任意选择。一般情况下,生产过程中需要较长时间才能完成一件产品,以采用工时定额较为方便;若需要时间不长,或者在单位时间内产量很多的,则以产量定额较为方便。一般定额中常常采用工时定额。

劳动定额是根据国家的经济政策、劳动制度和有关技术文件及资料制定的。制定劳动定额常用经验估计法、统计分析法、比例类推法和技术测定法。

(三)材料消耗定额

材料消耗定额是指在既节约又合理地使用材料的条件下,生产单位合格产品所必须消耗的材料数量,它包括合格产品上的净用量以及在生产合格产品过程中的合理的损耗量。前者是指用于合格产品上的实际数量;后者指材料从现场仓库里领出,到完成合格产品的过程中的合理损耗量,包括场内搬运的合理损耗、加工制作的合理损耗、施工操作的合理损耗等。基本建设中建筑材料的费用约占建筑安装费用的60%,因此节约而合理地使用材料具有重要意义。

建筑工程使用的材料可分为直接性消耗材料和周转性消耗材料。材料消耗定额的编制方法有观察法、试验法、统计法和计算法。

1.直接性消耗材料定额

根据工程需要直接构成实体的消耗材料,为直接性消耗材料,包括不可避免的合理损耗材料。单位合格产品中某种材料的消耗量等于该材料的净耗量和损耗量之和。

$$\text{材料消耗量} = \text{净耗量} + \text{损耗量} \tag{4-3}$$

$$\text{损耗率} = \frac{\text{损耗量}}{\text{消耗量}} \times 100\% \tag{4-4}$$

材料的损耗量是指在合理和节约使用材料情况下的不可避免的损耗量,其多少常用

损耗率来表示。之所以用损耗率这种形式表示材料损耗定额，主要是因为净耗量需要根据结构图和建筑产品图来计算或根据试验确定，而往往在制定材料消耗定额时，有关图纸和试验结果还没有做出来。而且就是同样产品，其规格型号也各异，不可能在编制定额时把所有的不同规格的产品都编制材料损耗定额，否则这个定额就太繁琐了。用损耗率这种形式表示，则简单省事，在使用时只要根据图纸计算出净耗量，应用式(4-3)、式(4-4)就可以算出单位合格产品中某种材料的消耗量。计算公式如下：

$$材料消耗量=\frac{净耗量}{1-损耗率} \tag{4-5}$$

材料消耗定额是编制物资供应计划的依据，是加强企业管理和经济核算的重要工具，是企业确定材料需要量和储备量的依据，是施工队向工人班组签发领料的依据，是减少材料积压、浪费，促进合理使用材料的重要手段。

2. 周转性材料消耗量

前面介绍的是直接消耗在工程实体上的各种建筑材料、成品、半成品，还有一些材料是施工作业用料，也称为施工手段用料，如脚手架、模板等，这些材料在施工中并不是一次消耗完，而是随着使用次数的增加逐渐消耗，并不断得到补充，多次周转。这些材料称为周转性材料。

周转性材料的消耗量，应按多次使用、分次摊销的方法进行计算。周转性材料每一次在单位产品上的消耗量，称为周转性材料摊销量。周转性材料摊销量与周转次数有直接关系。

(1)现浇混凝土结构模板摊销量的计算：

$$摊销量=周转使用量-周转回收量 \tag{4-6}$$

$$周转使用量=\frac{一次使用量+一次使用量\times(周转次数-1)\times损耗率}{周转次数} \tag{4-7}$$

$$周转回收量=一次使用量\times\frac{1-损耗率}{周转次数} \tag{4-8}$$

式中　一次使用量——周转材料为完成产品每一次生产时所需要的材料数量；

损耗率——周转材料使用一次后因损坏而不能复用的数量占一次使用量的比例；

周转次数——指新的周转材料从第一次使用起，到材料不能再使用时的次数。

周转次数的确定是制定周转性材料消耗定额的关键。影响周转次数的因素有：材料性质(如木质材料在6次左右，而金属材料可达100次以上)，工程结构、形状、规格，操作技术，施工进度，材料的保管维修等。确定材料的周转次数，必须经过长期现场观测，获得大量的统计资料，按平均合理的水平确定。

(2)预制混凝土构件模板摊销量的计算。在水利工程定额中，预制混凝土构件模板摊销量的计算方法与现浇混凝土结构模板摊销量的计算方法基本相同。但在工业与民用建筑定额中，其计算方法与现浇混凝土结构模板摊销量的计算方法不同，预制混凝土构件的模板摊销量是按多次使用平均摊销的计算方法，不计算每次周转损耗率，摊销量直接按下式计算：

$$摊销量=\frac{一次使用量}{周转次数} \tag{4-9}$$

(四)机械台班使用定额

机械台班使用定额是施工机械生产效率的反映。在合理使用机械和合理的施工组织条件下,完成单位合格产品所必须消耗的机械台班的数量标准,称为机械台班使用定额,也称为机械台班消耗定额。

机械台班消耗定额的数量单位,一般用"台班""台时"或"机组班"表示。一个台班是指一台机械工作一个工作班,即按现行工作制工作8小时。一个台时是指一台机械工作1小时。一个机组班表示一组机械工作一个工作班。

机械台班使用定额与劳动消耗定额的表示方法相同,有时间和产量两种定额。

1.机械时间定额

机械时间定额就是在正常的施工条件和劳动组织条件下,使用某种规定的机械,完成单位合格产品所必须消耗的台班数量,用下式计算:

$$\text{机械时间定额(台班或台时)} = \frac{1}{\text{机械台班或台时产量定额}} \tag{4-10}$$

2.机械产量定额

机械产量定额就是在正常的施工条件和劳动组织条件下,某种机械在一个台班或台时内必须完成单位合格产品的数量。所以,机械时间定额和机械产量定额互为倒数。

四、预算定额的编制

预算定额是确定一定计量单位的分项工程或构件的人工、材料和机械台班消耗量的数量标准。全国统一预算定额由国家计委或其授权单位组织编制、审批并颁发执行。专业预算定额由专业部委组织编制、审批并颁发执行。地方定额由地方业务主管部门会同同级计委组织编制、审批并颁发执行。

预算定额是编制施工图预算的依据。建设单位按预算定额的规定,为建设工程提供必要的人力、物力和资金供应;施工单位则在预算定额范围内,通过施工活动,保证按期完成施工任务。

(一)预算定额编制的原则和依据

1.预算定额的编制原则

(1)按社会必要劳动时间确定预算定额水平。在市场经济条件下,预算定额作为确定建设产品价格的工具,应遵照价值规律的要求,按产品生产过程中所消耗的必要劳动时间确定定额水平,注意反映大多数企业的水平,在现实的中等生产条件、平均劳动熟练程度和平均劳动强度下,完成单位的工程基本要素所需要的劳动时间是确定预算定额的主要依据。

(2)简明适用、严谨准确。定额项目的划分要做到简明扼要、使用方便,同时要求结构严谨,层次清楚,各种指标要尽量固定,减少换算,少留"活口",避免执行中的争议。

2.预算定额的编制依据

(1)现行施工定额。现行预算定额应该在现行施工定额的基础上进行编制,只有参考现行施工定额,才能保证二者的协调性和可比性。

(2)现行的设计规范、施工及验收规范、质量评定标准和安全操作规程。这些文件是

确定设计标准和设计质量、施工方法和施工质量、保证安全施工的法规，确定预算定额，必须考虑这些法规的要求和规定。

（3）有关科学实验、测定、统计和经验分析资料，新技术、新结构、新材料、新工艺和先进经验等资料。

（4）现行的预算定额、过去颁发的预算定额和有关单位颁发的预算定额及其编制的基础材料。

（5）常用的施工方法和施工机具性能资料、现行的工资标准、材料市场价格与预算价格。

（二）预算定额与施工定额的关系

预算定额是以施工定额为基础的。但是，预算定额不能简单地套用施工定额，必须考虑到它比施工定额包含了更多的可变因素，需要保留一个合理的幅度差。此外，确定两种定额水平的原则是不相同的。预算定额是社会平均水平，而施工定额是平均先进水平。因此，确定预算定额时，水平要相对低一些，一般预算定额水平要低于施工定额5%～7%。

预算定额比施工定额包含了更多的可变因素，这些因素有以下三种：

（1）确定劳动消耗指标时考虑的因素。包括：①工序搭接的停歇时间；②机械的临时维修、小修、移动等所发生的不可避免的停工损失；③工程检查所需的时间；④细小的难以测定的不可避免工序和零星用工所需的时间等。

（2）确定机械台班消耗指标需要考虑的因素。包括：①机械在与手工操作的工作配合中不可避免的停歇时间；②在工作班内机械变换位置所引起的难以避免的停歇时间和配套机械相互影响的损失时间；③机械临时性维修和小修引起的停歇时间；④机械的偶然性停歇，如临时停水、停电、工作不饱和等所引起的间歇；⑤工程质量检查影响机械工作损失的时间。

（3）确定材料消耗指标时，考虑由于材料质量不符合标准或材料数量不足，对材料耗用量和加工费用的影响。这些不是由施工企业的原因造成的。

（三）预算定额的编制步骤和方法

1. 编制预算定额的步骤

（1）组织编制小组，拟定编制大纲，就定额的水平、项目划分、表示形式等进行统一研究，并对参加人员、完成时间和编制进度作出安排。

（2）调查熟悉基础资料，按确定的项目和图纸逐项计算工程量，并在此基础上，对有关规范、资料进行深入分析和测算，编制初稿。

（3）全面审查，组织有关基本建设部门讨论，听取基层单位和职工的意见，并通过新旧预算定额的对比，测算定额水平，对定额进行必要的修正，报送领导机关审批。

2. 编制预算定额的方法

（1）划分定额项目，确定工作内容及施工方法。预算定额项目应在施工定额的基础上进一步综合。通常应根据建筑的不同部位、不同构件，将庞大的建筑物分解为各种不同的、较为简单的、可以用适当计量单位计算工程量的基本构造要素。做到项目齐全、粗细适度、简明实用。同时，根据项目的划分，确定预算定额的名称、工作内容及施工方法，并使施工和预算定额协调一致,以便于相互比较。

(2)选择计量单位。为了准确计算每个定额项目中的消耗指标,并有利于简化工程量计算,必须根据结构构件或分项工程的特征及变化规律来确定定额项目的计量单位。若物体有一定厚度,而长度和宽度不定时,采用面积单位,如层面、地面等;若物体的长、宽、高均不一定时,则采用体积单位,如土方、砖石、混凝土工程等;若物体断面形状、大小固定,则采用长度单位,如管道、钢筋等。

(3)计算工程量。选择有代表性的图纸和已确定的定额项目计量单位,计算分项工程的工程量。

(4)确定人工、材料、机械台班的消耗指标。预算定额中的人工、材料、机械台班消耗指标,是以施工定额中的人工、材料、机械台班消耗指标为基础,并考虑预算定额中所包括的其他因素,采用理论计算与现场测试相结合、编制定额人员与现场工作人员相结合的方法确定的。

(四)预算定额项目消耗指标的确定

1.人工消耗指标的确定

预算定额中,人工消耗指标包括完成该分项工程必需的各种用工量。而各种用工量根据对多个典型工程测算后综合取定的工程量数据和国家颁发的《全国建筑安装工程统一劳动定额》计算求得。预算定额中,人工消耗指标是由基本用工和其他用工两部分组成的。

(1)基本用工。基本用工是指为完成某个分项工程所需的主要用工量。例如,砌筑各种墙体工程中的砌砖、调制砂浆以及运砖和运砂浆的用工量。此外,还包括属于预算定额项目工作内容范围内的一些基本用工量,例如在墙体中的门窗洞、预留抗震柱孔、附墙烟囱等工作内容。

(2)其他用工。是辅助基本用工消耗的工日或工时,按其工作内容分为三类:一是人工幅度差用工,是指在劳动定额中未包括的、而在一般正常施工情况下又不可避免的一些工时消耗。例如,施工过程中各种工种的工序搭接、交叉配合所需的停歇时间,工程检查及隐蔽工程验收而影响工人的操作时间,场内工作操作地点的转移所消耗的时间及少量的零星用工等。二是超运距用工,是指超过劳动定额所规定的材料、半成品运距的用工数量。三是辅助用工,是指材料需要在现场加工的用工数量,如筛砂子等需要增加的用工数量。

2.材料消耗指标的确定

材料消耗指标是指在正常施工条件下,用合理使用材料的方法,完成单位合格产品所必须消耗的各种材料、成品、半成品的数量标准。

(1)材料消耗指标的组成。预算中的材料用量由材料的净用量和材料的损耗量组成。预算定额内的材料,按其使用性质、用途和用量大小划分为主要材料、次要材料和周转性材料。

(2)材料消耗指标的确定。它在编制预算定额方案中已经确定的有关因素(如工程项目划分、工程内容范围、计量单位和工程量的计算)的基础上,可采用观测法、试验法、统计法和计算法确定。首先确定出材料的净用量,然后确定材料的损耗率,计算出材料的消耗量,并结合测定的资料,采用加权平均的方法计算出材料的消耗指标。

3. 机械台班消耗量的确定

1）编制依据

预算定额中的机械台班消耗指标是以台时为单位计算的，有的按台班计算，一台机械工作8小时为一个台班，其中：①以手工操作为主的工人班组所配备的施工机械（如砂浆、混凝土搅拌机，垂直运输的塔式起重机）为小组配合使用，因此应以小组产量计算机械台班量或台时量。②机械施工过程（如机械化土石方工程、打桩工程、机械化运输及吊装工程所用的大型机械及其他专用机械）应在劳动定额中的台班定额或台时定额的基础上另加机械幅度差。

2）机械幅度差

机械幅度差是指在劳动定额中机械台班或台时耗用量中未包括的，而机械在合理的施工组织条件下所必需的停歇时间。这些因素会影响机械的生产效率，因此应另外增加一定的机械幅度差的因素，其内容包括：①施工机械转移工作面及配套机械互相影响损失的时间；②在正常施工情况下，机械施工中不可避免的工序间歇时间；③工程质量检查影响机械的操作时间；④临时水、电线路在施工中移动位置所发生的机械停歇时间；⑤施工中工作面不饱满和工程结尾时工作量不多而影响机械的操作时间等。

机械幅度差系数，从本质上讲就是机械的时间利用系数，一般根据测定和统计资料取定。在确定补充机械台时费时，大型机械可参考以下幅度差系数：土方机械为1.25，打桩机械为1.33，吊装机械为1.30。其他分项工程机械，如木作、蛙式打夯机、水磨石机等专用机械，均为1.10。

3）预算定额中机械台班消耗指标的计算方法

具体有以下三种指标：

（1）操作小组配合机械台班消耗指标。操作小组和机械配合的情况很多，如起重机、混凝土搅拌机等。对于这种机械，计算台班消耗指标时以综合取定的小组产量计算，不另计机械幅度差。即

$$\text{机械台班消耗指标} = \frac{\text{分项定额的计算单位值}}{\text{小组总产量}} \tag{4-11}$$

$$\text{小组总产量} = \text{小组总人数} \times \sum(\text{分项计算取定的比重} \times \text{劳动定额综合每工产量数}) \tag{4-12}$$

（2）按机械台班产量计算机械台班消耗量。大型机械施工的土石方、打桩、构件吊装、运输等项目机械台班消耗量按劳动定额中规定的各分项工程的机械台班产量计算，再加上机械幅度差。即

$$\text{大型机械台班消耗量} = \frac{\text{工序工程量}}{\text{机械台班产量定额}} \times (1 + \text{机械幅度差}) \tag{4-13}$$

式中，机械幅度差一般为20%～40%。

（3）打夯、钢筋加工、木作、水磨石等各种专用机械台班消耗指标。专用机械台班消耗指标，有的直接将值计入预算定额中，也有的以机械费表示，不列入台班数量。其计算公式为：

$$\text{台班产量} = \text{机械配备人数} \times \text{每工产量} \tag{4-14}$$

$$台班消耗量=\frac{计量单位值}{台班产量}\times(1+机械幅度差) \quad (4\text{-}15)$$

五、概算定额的编制

建筑工程概算定额也叫扩大结构定额,它规定了完成一定计量单位的扩大结构构件或扩大分项工程的人工、材料和机械台班的数量标准。

概算定额是以预算定额为基础,根据通用图和标准图等资料,经过适当综合扩大编制而成的。定额的计量单位为体积(m^3)、面积(m^2)、长度(m),或以每座小型独立构筑物计算,定额内容包括人工工日或工时、机械台班或台时、主要材料耗用量。

(一)概算定额的内容和编制依据

1. 概算定额的内容

概算定额一般由目录、总说明、工程量计算规则、分部工程说明或章节说明、有关附录或附表等组成。

在总说明中主要阐明编制依据、使用范围、定额的作用及有关统一规定等。在分部工程说明中主要阐明有关工程量计算规则及本分部工程的有关规定等。在概算定额表中,分节定额的表头部分分列有本节定额的工作内容及计量单位,表格中列有定额项目的人工、材料和机械台班消耗量指标。

2. 概算定额的编制依据

(1)现行的设计标准及规范、施工验收规范。

(2)现行的工程预算定额和施工定额。

(3)经过批准的标准设计和有代表性的设计图纸等。

(4)人工工资标准、材料预算价格和机械台班费用等。

(5)有关的工程概算、施工图预算、工程结算和工程决算等经济资料。

3. 概算定额的作用

(1)是编制初步设计、技术设计的设计概算和修正设计概算的依据。

(2)是编制机械和材料需用计划的依据。

(3)是进行设计方案经济比较的依据。

(4)是编制建设工程招标标底、投标报价、评定标价以及进行工程结算的依据。

(5)是编制投资估算指标的基础。

(二)概算定额的编制步骤和编制方法

1. 概算定额的编制步骤

概算定额的编制步骤一般分为三个阶段,即编制概算定额准备阶段、编制概算定额初审阶段和审查定稿阶段。

(1)编制概算定额准备阶段。确定编制定额的机构和人员组成,进行调查研究,了解现行的概算定额执行情况和存在的问题,明确编制目的,并制定概算定额的编制方案和划分概算定额的项目。

(2)编制概算定额初审阶段。根据所制订的编制方案和定额项目,在收集资料和整理分析各种测算资料的基础上,选定有代表性的工程图纸计算出工程量,套用预算定额中

的人工、材料和机械消耗量，再加权平均得出概算项目的人工、材料、机械的消耗指标，并计算出概算项目的基价。

(3)审查定稿阶段。对概算定额和预算定额水平进行测算，以保证两者在水平上的一致性。如预算定额水平不一致或幅度差不合理，则需要对概算定额做必要的修改，经定稿批准后，颁布执行。

2. 概算定额的编制方法

概算定额的编制原则、编制方法与预算定额基本相似，由于在可行性研究阶段及初步设计阶段，设计资料尚不如施工图设计阶段详细和准确，设计深度也有限，要求概算定额具有比预算定额更大的综合性，所包含的可变因素更多。因此，概算定额与预算定额之间允许有5%以内的幅度差。在水利工程中，从预算定额过渡到概算定额，一般采用的扩大系数为1.03。

第四节　定额的使用

一、专业对口的原则

水利水电工程除水工建筑物和水利水电设备外，一般还有房屋建筑、公路、铁路、输电线路、通信线路等永久性设施。水工建筑物和水利水电设备安装应采用水利、电力主管部门颁发的定额。其他永久性工程应分别采用所属主管部门颁发的定额，如铁路工程应采用铁道部颁发的铁路工程定额，公路工程采用交通部颁发的公路工程定额。

二、设计阶段对口的原则

可研阶段编制投资估算应采用估算指标；初设阶段编制概算应采用概算定额；施工图设计阶段编制施工图预算应采用预算定额。如因本阶段定额缺项，须采用下一阶段定额时，应按规定乘以过渡系数。按现行规定，采用概算定额编制投资估算时，应乘一定的过渡系数(大部分为1.10)，采用预算定额编制概算时应乘1.03的过渡系数。

三、工程定额与费用定额配套的使用

在计算各类永久性设施工程时，采用的工程定额除应执行专业对口的原则外，其费用定额也应遵照专业对口的原则，与工程定额相适应。如采用公路工程定额计算永久性公路投资时，应相应采用交通部颁发的费用定额。对于实行招标承包制工程，编制工程标底时，应按照主管部门批准颁发的综合定额和扩大指标，以及相应的间接费定额的规定执行。施工企业投标、报价可根据条件适当浮动。

第五章 基础单价编制

在编制水利水电工程概预算时,要根据工程项目所在地区的有关规定、材料来源、当地的具体条件及施工技术等,编制人工预算单价、材料预算价格、砂石料单价、施工机械台时费和施工用水、电、风预算单价作为计算工程单价的基本依据。这些预算价统称基础单价。

第一节 人工预算单价

人工预算单价,是在编制概预算中计算各种生产工人人工费时所采用的人工费单价。它是计算建筑安装工程单价和施工机械使用费中人工费的基础单价。在编制概预算时,必须根据工程所在地区和工程类别,正确地确定生产工人人工预算单价。

一、人工预算单价的组成

人工预算单价由基本工资、辅助工资两项内容组成,划分为工长、高级工、中级工、初级工四个档次。现行《水利工程设计概(估)算编制规定》(水总〔2014〕429号)根据国家有关规定和水利部水利企业工资制度改革办法,并结合水利工程特点,将建设项目所在地区分为八种:一般地区、一类区、二类区、三类区、四类区、五类区(西藏二类区)、六类区(西藏三类区)和西藏四类区,分别确定了这八种地区枢纽工程、引水工程及河道工程的人工预算单价计算标准,见表5-1。

表5-1 人工预算单价计算标准 (单位:元/工时)

类别与等级	一般地区	一类区	二类区	三类区	四类区	五类区 西藏二类区	六类区 西藏三类区	西藏 四类区
枢纽工程								
工长	11.55	11.80	11.98	12.26	12.76	13.61	14.63	15.40
高级工	10.67	10.92	11.09	11.38	11.88	12.73	13.74	14.51
中级工	8.90	9.15	9.33	9.62	10.12	10.96	11.98	12.75
初级工	6.13	6.38	6.55	6.84	7.34	8.19	9.21	9.98
引水工程								
工长	9.27	9.47	9.61	9.84	10.24	10.92	11.73	12.11
高级工	8.57	8.77	8.91	9.14	9.54	10.21	11.03	11.40
中级工	6.62	6.82	6.96	7.19	7.59	8.26	9.08	9.45
初级工	4.64	4.84	4.98	5.21	5.61	6.29	7.10	7.47

续表 5-1

类别与等级	一般地区	一类区	二类区	三类区	四类区	五类区 西藏二类区	六类区 西藏三类区	西藏四类区
河道工程								
工长	8.02	8.19	8.31	8.52	8.86	9.46	10.17	10.49
高级工	7.40	7.57	7.70	7.90	8.25	8.84	9.55	9.88
中级工	6.16	6.33	6.46	6.66	7.01	7.60	8.31	8.63
初级工	4.26	4.43	4.55	4.76	5.10	5.70	6.41	6.73

注：1. 艰苦边远地区划分执行人事部、财政部《关于印发〈完善艰苦边远地区津贴制度实施方案〉的通知》（国人部发〔2006〕61 号）及各省（自治区、直辖市）关于艰苦边远地区津贴制度实施意见。一至六类地区的类别划分参见附录 1，执行时应根据最新文件进行调整。一般地区指附录 1 之外的地区。

2. 西藏地区的类别执行西藏特殊津贴制度相关文件规定，其二至四类区划分的具体内容见附录 2。

3. 跨地区建设项目的人工预算单价可按主要建筑物所在地确定，也可按工程规模或投资比例进行综合确定。

二、人工预算单价计算

人工预算单价应根据工程类型、所在地区，查表 5-1 确定工程的人工预算单价。若项目跨地区建设，可按主要建筑物所在地确定，也可按工程规模或投资比例进行综合确定。

需要注意的是，按照表 5-1 确定的是人工工时预算单价，人工工日预算单价按式(5-1)进行计算。

人工工日预算单价（元／工日）＝人工工时预算单价（元／工时）×日工作时间（工时／工日）　　(5-1)

式中，日工作时间为 8 工时/工日。

【例 5-1】 某工程为综合利用的大Ⅰ型水利水电枢纽工程，其所在地区为一般地区，试确定其人工预算单价。

解：参照表 5-1，得出该工程人工预算单价，见表 5-2。

表 5-2　一般地区不同工种人工预算单价表

工程类别	枢纽工程	
工长	92.40(元/工日)	11.55(元/工时)
高级工	85.36(元/工日)	10.67(元/工时)
中级工	71.20(元/工日)	8.90(元/工时)
初级工	49.04(元/工日)	6.13(元/工时)

第二节　材料预算单价

在工程建设过程中，直接为生产某建筑安装工程而耗用的原材料、半成品、成品、零件等统称为材料。水利水电工程建设中,材料用量大,材料费是构成建筑安装工程投资的主要组成部分,而材料预算价格则是编制建筑安装工程单价材料费的基础单价。

一、主要材料与其他材料的划分

水利水电工程建筑材料品种繁多,在编制概预算时不可能也没有必要对工程所需全部材料逐一编制预算价格,而是根据工程的具体情况选择用量大或用量小但价格昂贵、对工程投资有较大影响的一部分材料,作为主要材料;其他材料也称为次要材料。次要材料是相对主要材料而言的,两者之间并没有严格的界限,要根据工程对某种材料用量的多少及其在工程投资中的比重来确定。一般水利水电工程可选用水泥、钢材、木材、火工产品、油料、电缆及母线等为主要材料,但要根据工程具体条件增删。如建筑大体积混凝土坝特别是碾压混凝土坝,则可增加粉煤灰作为主要材料;大量采用沥青混凝土防渗的工程,可把沥青列为主要材料;石方开挖量很小的工程就不需要编制火工产品预算价格。

二、主要材料预算价格

(一)主要材料预算价格的组成

主要材料的预算价格指材料由供货地点到达工地分仓库或相当于工地分仓库的堆料场的价格。主要材料预算价格的组成一般包括:①材料原价;②运杂费;③运输保险费;④采购及保管费。计算公式为:

$$材料预算价格 = (材料原价 + 运杂费) \times (1 + 采购及保管费费率) + 运输保险费 \tag{5-2}$$

在计算材料预算单价时,材料原价、运杂费、运输保险费和采购及保管费等分别按不含增值税进项税额的价格计算。

(二)主要材料预算价格的计算

1. 材料原价

材料原价也称材料市场价或交货价格,是计算材料预算价格的基值,其价格一般均按不含增值税进项税额的市场调查价格计算。一般水利水电工程的主要材料原价可按下述方法确定:

(1)水泥。水泥产品价格由厂家根据市场供求状况和水泥生产成本自主定价。如设计采用早强水泥,可按设计确定的比例计入。在可行性研究阶段编制投资估算时,水泥市场价可统一按袋装水泥价格(不含税)计算。

(2)钢材。钢材按市场价(不含税)计算,钢筋预算价格由普通圆钢 A_3 φ15 ~ 18 mm、低合金钢 20 MnSiφ19 ~ 24 mm 按设计比例计算。各种型钢、钢板的预算价格按设计要求的代表型号、规格和比例确定。

(3)木材。凡工程所需的各种材料,由林区贮木场直接提供的,原则上均执行设计选定的贮木场的大宗市场批发价(不含税);由工程所在地木材公司供给的,执行地区木材公司提供的大宗市场批发价(不含税)。

木材市场价的代表规格,按二、三类树木各占 50%,Ⅰ、Ⅱ等材各占 50% 确定。长度按 2.0 ~ 3.8 m,原松木径级 φ20 ~ 28 cm,锯材按中板中枋,杉木径级根据设计由贮木场供

应情况确定。

(4)汽油、柴油。汽油、柴油全部按工程所在地区市场价(不含税)计算其预算价格,汽油代表规格为70#,柴油代表规格由工程所在地区气温条件确定。

(5)炸药及其他火工产品。按全部由工程选定的所在地区化工厂供应。按照《国家发展改革委 工业和信息化部 公安部关于放开民爆器材出厂价格有关问题的通知》(发改价格〔2014〕2936号),民爆器材出厂价格已经放开,实现市场调节价。因此,炸药及其他火工产品统一按化工厂的出厂价(不含税)计算。

2. 材料运杂费

材料运杂费是指材料由产地或交货地点运往工地分仓库或相当于工地分仓库的材料堆放场所需要的费用,包括各种运输工具的运费、调车费、装卸费、出入库费和其他费用。在编制材料预算价格时,应按施工组织设计中所选定的材料来源和运输方式、运输工具,以及厂家和交通部门规定的取费标准,计算材料的运输费。

(1)铁路运输费的计算。委托国有铁路部门运输的材料,在国有线路上行驶时,其运杂费按铁道部现行《铁路货物运价规则》及有关规定计算运输费;属于地方营运的铁路,执行地方的规定。

(2)施工单位自备机车车辆在自营专用线上行驶的运杂费,按列车台时费和台时货运量以及运行维护人员开支摊销费计算。其运杂费计算公式为:

$$\text{每吨运费} = \frac{\text{机车台时费} + \text{车辆台时费之和}}{\text{每列火车设计载重量} \times \text{装载系数} \times \text{列车每小时行驶次数}} + \text{每吨装卸费} + \text{现场管理人员开支的摊销费} \quad (\text{元/t}) \tag{5-3}$$

如果自备机车还要通过国有铁路,还应缴纳给铁路部门的过轨费。其运杂费计算公式为:

$$\text{每吨运费} = \frac{\text{机车台时费} + \text{车辆台时费之和} + \text{列车过轨费}}{\text{每列火车设计载重量} \times \text{装载系数} \times \text{列车每小时行驶次数}} + \text{每吨装卸费} + \text{现场管理人员开支的摊销费} \quad (\text{元/t}) \tag{5-4}$$

列车过轨费按铁道部门的规定计算。

火车整车运输货物,除特殊情况外,一律按车辆标记载重量装载计费。但在实际运输过程中经常出现不能满载的情况,在计算运杂费时,用装载系数来表示。据统计,火车整车装载系数如表5-3所示,供计算时参考。

在铁路运输方式中,要确定每一种材料运输中的整车与零担比例,据以分别计算其运杂费。整车运价较零担运价便宜,所以要尽可能以整车方式运输。根据已建大、中型水利水电工程实际情况,水泥、木材、炸药、柴油、汽油等可以全部按整车计算,钢材则要考虑一部分零担,其比例,大型工程可按10%～20%选取,中型工程可按20%～30%选取,如有实际资料,应按实际资料选取。

表5-3　火车整车装载系数

序号	材料名称		单位	装载系数
1	水泥、油料、木材		t/车皮 t	1.00
2			m^3/车皮 t	0.90
3	钢材	大型工程	t/车皮 t	0.90
4		中型工程	t/车皮 t	0.80~0.85
5	炸药		t/车皮 t	0.65~0.70

(3)公路运杂费的计算。按工程所在省(自治区、直辖市)交通部门现行规定或市场价计算,汽车运输轻浮货物时,按实际载重量计价。轻浮货物是指每立方米质量不足250 kg的货物。整车运输时,其长、宽、高不得超过交通部门的有关规定,以车辆标记吨位计重。零担运输时,以货物包装的长、宽、高各自最大值计算体积,按每立方米折算250 kg计价。

(4)水路运输包括内河运输和海洋运输,其运输费按工程所在省(自治区、直辖市)交通部门现行规定或市场价计算。

(5)特殊材料或部件运输,要考虑特殊措施费、改造路面和桥梁费等。

3.材料运输保险费

材料运输保险费是指向保险公司缴纳的货物保险费用。

材料运输保险费可按工程所在省、自治区、直辖市或中国人民保险公司的有关规定计算。其计算公式一般为

$$材料运输保险费 = 材料原价 \times 运输保险费费率 \tag{5-5}$$

4.材料采购及保管费

材料采购及保管费是指建设单位和施工单位的材料供应部门在组织材料采购、运输保管和供应过程中所需的各项费用。

材料采购及保管费以材料运到工地仓库的价格(不包括运输保险费)作为计算基数,其计算公式为

$$材料采购保管费 = (材料原价 + 运杂费) \times 采购及保管费费率 \tag{5-6}$$

材料采购及保管费费率见表5-4。

表5-4　采购及保管费费率表

序号	材料名称	费率(%)
1	水泥、碎(砾)石、砂、块石	3.3
2	钢材	2.2
3	油料	2.2
4	其他材料	2.75

(三)主要材料预算价格计算实例

【例 5-2】 某水电站大坝用水泥由某水泥厂直供,强度为 42.5,其中袋装水泥占 20%,散装水泥占 80%,袋装水泥市场价为 320 元/t,散装水泥市场价为 290 元/t。袋装水泥和散装水泥均通过公路由水泥厂运往工地仓库,袋装水泥运杂费为 22.0 元/t,散装水泥运杂费为 10.6 元/t;运输保险费费率按 1%计;材料采购及保管费费率按 3.3%计。以上价格均为不含税价格,试计算水泥预算价格。

解:水泥原价=袋装水泥市场价×20%+散装水泥市场价×80%

=320×20%+290×80%=296(元/t)

水泥运杂费=水泥厂至工地仓库运杂费

=22.0×20%+10.6×80%=12.88(元/t)

水泥运输保险费=水泥市场价×运输保险费费率

=296×1%=2.96(元/t)

水泥预算价格=(水泥原价+运杂费)×(1+采购及保管费费率)+运输保险费

=(296+12.88)×(1+3.3%)+2.96=322.03(元/t)

三、其他材料预算价格

其他材料一般品种较多,其费用在投资中所占比例很小,一般不必逐一详细计算其预算价格。其他材料预算价格可参考工程所在地区的工业与民用建筑安装工程材料预算价格或信息价格来确定,均为不含增值税进项税额的价格。

四、材料补差

主要材料预算价格超过表 5-5 规定的材料基价时,应按基价计入工程单价参与取费,预算价与基价的差值以材料补差形式计算,材料补差列入单价表中并计取税金,具体计算见第六章。

表 5-5　主要材料基价表

序号	材料名称	单位	基价(元)
1	柴油	t	2 990
2	汽油	t	3 075
3	钢筋	t	2 560
4	水泥	t	255
5	炸药	t	5 150

主要材料预算价格低于基价时,按预算价计入工程单价。

计算施工用电、风、水价格时,按预算价参与计算。

第三节 砂石料、混凝土材料单价

一、砂石料单价

砂石料是砂、卵(砾)石、块石、条石、料石等当地材料的统称。按其来源不同可分为天然砂石料和人工砂石料两种。天然砂石料是经岩石风化和水流冲刷而形成的,有河砂、山砂、海砂及河卵石、山卵石和海卵石等;人工砂石料是采用爆破等方式,开采岩体经机械加工而成的碎石和人工砂。外购砂石料的单价可按材料预算价格的编制方法进行编制。自行采备的砂石料必须单独编制单价。

(一)自行采备砂石料的单价编制

水利工程砂石料由施工企业自行采备时,砂石料单价根据料源情况、开采条件和工艺流程按相应定额和不含增值税进项税额的基础价格进行计算,并计取间接费、利润及税金。自采砂石料税率为3%。自采砂石料按不含税金的单价参与工程费用计算,具体计算见第六章第二节。

(二)外购砂石料的单价编制

外购砂、碎石(砾石)、块石、料石等材料预算价格(不包含增值税进项税额)超过70元/m^3时,应按基价70元/m^3计入工程单价参加取费,预算价格与基价的差额以材料补差形式进行计算,材料补差列入单价表中并计取税金。

二、混凝土材料单价

混凝土材料单价是指按级配计算的砂、水泥、水、掺合料和外加剂等每一立方米混凝土的不含增值税进项税额的材料价格,不包括拌制、运输、浇筑等工序的费用,也不包括除搅拌损耗外的施工操作损耗及超填量等。

根据设计确定的不同工程部位的混凝土强度等级、级配和龄期,分别计算出每立方米混凝土材料单价,计入相应的混凝土工程概算单价内。其混凝土配合比的各项材料用量,应根据工程试验提供的资料计算,若无试验资料,也可参照《水利建筑工程概算定额》中附录“混凝土材料配合表”计算。若砂石料预算价格超过70元/m^3,还应计算出每立方米混凝土的价差。

商品混凝土单价采用不含增值税进项税额的价格,基价为200元/m^3,预算价格与基价的差额以材料补差形式进行计算,材料补差列入单价表中并计取税金。

混凝土材料单价的计算具体见第六章第二节。

三、砂浆材料单价

砂浆材料单价计算方法除配合比中无石子外,与混凝土基本相同。具体见第六章第二节。

第四节　施工机械台时费

施工机械台时费指施工机械在一个台时内正常运行所损耗和分摊的各项费用之和。施工机械台时费根据《水利工程施工机械台时费定额》及有关规定进行编制，它是计算建筑安装工程单价中机械使用费的基础单价。随着施工机械化程度的提高，施工机械使用费在工程投资中所占比例越来越大。

一、施工机械台时费的分类和组成

施工机械台时费由三类费用组成。

（一）第一类费用

第一类费用包括折旧费、修理及替换设备费（含大修理费、经常性修理费）和安装拆卸费。现行定额中按2000年度价格水平计算并用金额表示。

（1）折旧费。指机械在寿命期内收回原值的台时折旧摊销费用。

（2）修理及替换设备费。指机械使用过程中，为了使机械保持正常功能而进行修理所需费用、日常保养所需润滑油料费、擦拭用品费、机械保管费以及替换设备、随机使用的工具附具等所需的台时摊销费用。

（3）安装拆卸费。指机械进出工地的安装、拆卸、试运转和场内转移及辅助设施的摊销费用。不需要安装拆卸的施工机械，例如，自卸汽车、船舶、拖轮等，台时费中不计列此项费用。

（二）第二类费用

第二类费用分为人工，动力、燃料或消耗材料，以工时数量和实物消耗量表示，其费用根据基础单价中的人工预算单价、材料预算单价确定。

（1）人工。指机械使用时机上操作人员的工时消耗。包括机械运转时间、辅助时间、用餐、交接班以及必要的机械正常中断时间。台时费中人工费按中级工计算。

（2）动力、燃料或消耗材料。指正常运转所需的风（压缩空气）、水、电、油及煤等。其中，机械消耗电量包括机械本身和最后一级降压变压器低压侧至施工用电点之间的线路损耗，风、水消耗包括机械本身和移动支管的损耗。

（三）第三类费用

第三类费用是指施工机械每台时所摊销的牌照税、车船使用税、养路费、保险费等。按各省、自治区、直辖市现行规定收费标准计算。不领取牌照、不缴纳养路费的非车船类施工机械不计算。

二、施工机械台时费的计算

施工机械台时费按调整后的施工机械台时费定额和不含增值税进项税额的基础价格计算。现执行2002年由水利部颁发的《水利工程施工机械台时费定额》，按照《水利部办公厅关于调整水利工程计价依据增值税计算标准的通知》（办财务函〔2019〕448号），对《水利工程施工机械台时费定额》进行以下调整：施工机械台时费定额的折旧费除以1.13

调整系数,修理及替换设备费除以1.09调整系数,安装拆卸费不变。掘进机及其他由建设单位采购、设备费单独列项的施工机械,设备费采用不含增值税进项税额的价格。

(1)根据施工机械型号、性级等参数,查阅定额可得第一类费用,按照调整办法,对一类费用中的折旧费除以1.13调整系数,修理及替换设备费除以1.09调整系数,安装拆卸费不变。

(2)根据定额中的人工工时,燃料、动力消耗量及各工程的人工预算单价、材料预算价格,计算出第二类费用。

(3)根据实际情况计算出第三类费用。

(4)第一类费用、第二类费用和第三类费用之和,即为施工机械台时费。

一般情况下不需支付第三类费用。如施工机械需通过公用车道,按工程所在地政府现行规定的收费标准计算车船使用税和养路费。计算方法为:

$$车船使用税(元/台时)=车船使用税标准[元/(a \cdot t)]\times 吨位(t)\div 年工作台时(台时/a) \tag{5-7}$$

$$养路费(元/台时)=养路费标准[元/(t \cdot 月)]\times 吨位(t)\times 12(月/a)\div 年工作台时(台时/a) \tag{5-8}$$

【例5-3】 试根据定额详细计算砂石料开采中所使用的推土机、圆振动筛、螺旋分级机、破碎机、给料机、直线振动筛、胶带输送机等施工机械的台时费。已知:柴油的预算价格2.8元/kg、电的预算价格0.6元/(kW·h)。

解:在计算施工机械台时费时,人工费按中级工计算。具体计算结果分列如下。

(1)两种常用施工机械的台时费,如表5-6所示。

表5-6 常用施工机械台时费计算表

定额编号			1011		3017	
机械名称			$2\ m^3$液压单斗挖掘机		15 t自卸汽车	
项目	单位	单价	定额	合计(元)	定额	合计(元)
(一)			147.3	132.54	72.54	65.16
折旧费	元	1/1.13	89.06	78.81	42.67	37.76
修理及替换设备费	元	1/1.09	54.68	50.17	29.87	27.40
安装拆卸费	元	1	3.56	3.56		
(二)				80.59		48.25
人工	元/工时	8.9	2.7	24.03	1.3	11.57
柴油	元/kg	2.8	20.2	56.56	13.1	36.68
总计			213.13		113.41	

(2)推土机的台时费,如表5-7所示。

表 5-7　推土机台时费计算表

定额编号			1043		1044		1047	
推土机功率(kW)			74		88		132	
项目	单位	单价	定额	合计(元)	定额	合计(元)	定额	合计(元)
(一)			42.67	38.60	56.85	51.38	89.5	80.84
折旧费	元	1/1.13	19	16.81	26.72	23.65	43.54	38.53
修理及替换设备费	元	1/1.09	22.81	20.93	29.07	26.67	44.24	40.59
安装拆卸费	元	1	0.86	0.86	1.06	1.06	1.72	1.72
(二)				51.04		56.64		74.28
人工	元/工时	8.9	2.4	21.36	2.4	21.36	2.4	21.36
柴油	元/kg	2.8	10.6	29.68	12.6	35.28	18.9	52.92
总计			89.64		108.02		155.12	

(3) 圆振动筛的台时费,如表 5-8 所示。

表 5-8　圆振动筛台时费计算表

定额编号			5056		5057		5059	
圆振动筛筛面(宽×长)(mm×mm)			1 500×3 600		1 500×4 800		1 800×4 200	
项目	单位	单价	定额	合计(元)	定额	合计(元)	定额	合计(元)
(一)			21.65	19.62	23.76	21.53	25.6	23.20
折旧费	元	1/1.13	8.04	7.12	8.82	7.81	9.5	8.41
修理及替换设备费	元	1/1.09	13.42	12.31	14.73	13.51	15.87	14.56
安装拆卸费	元	1	0.19	0.19	0.21	0.21	0.23	0.23
(二)				16.79		17.87		18.05
人工	元/工时	8.9	1.3	11.57	1.3	11.57	1.3	11.57
电	元/(kW·h)	0.6	8.7	5.22	10.5	6.30	10.8	6.48
总计			36.41		39.40		41.25	

(4) 螺旋分级机的台时费,如表 5-9 所示。

表5-9 螺旋分级机台时费计算表

定额编号			5050		5052	
单螺旋直径(mm)			1 000		1 500	
项目	单位	单价	定额	合计(元)	定额	合计(元)
(一)			16.29	14.76	29.73	26.93
折旧费	元	1/1.13	7.23	6.40	13.66	12.09
修理及替换设备费	元	1/1.09	8.45	7.75	14.92	13.69
安装拆卸费	元	1	0.61	0.61	1.15	1.15
(二)				14.81		15.77
人工	元/工时	8.9	1.3	11.57	1.3	11.57
电	元/(kW·h)	0.6	5.4	3.24	7	4.20
总计			29.57		42.70	

(5)破碎机的台时费,如表5-10所示。

表5-10 破碎机台时费计算表

定额编号			5014		5022		5030	
破碎机名称及规格			旋回破碎机 料口宽度(进/出)(mm) 500/70		圆锥破碎机 锥底直径(mm) 1 750		反击式破碎机 直径×长度(mm×mm) 1 200×1 000(双转子)	
项目	单位	单价	定额	合计(元)	定额	合计(元)	定额	合计(元)
(一)			126.01	113.83	168.68	152.84	43.15	39.10
折旧费	元	1/1.13	69.83	61.80	81.89	72.47	20.95	18.54
修理及替换设备费	元	1/1.09	50.27	46.12	77.79	71.37	19.9	18.26
安装拆卸费	元	1	5.91	5.91	9	9.00	2.3	2.30
(二)				67.91		78.77		52.79
人工	元/工时	8.9	1.3	11.57	1.3	11.57	1.3	11.57
电	元/(kW·h)	0.6	93.9	56.34	112	67.20	68.7	41.22
总计			181.74		231.61		91.89	

(6)给料机的台时费,如表5-11所示。

表 5-11　给料机台时费计算表

定额编号			5091		5094	
给料机名称及规格			重型槽式 1 100 mm×2 700 mm		电磁式 45DA	
项目	单位	单价	定额	合计(元)	定额	合计(元)
(一)			20.23	18.34	5.96	5.40
折旧费	元	1/1.13	7.86	6.96	2.34	2.07
修理及替换设备费	元	1/1.09	11.95	10.96	3.47	3.18
安装拆卸费	元	1	0.42	0.42	0.15	0.15
(二)				16.37		12.89
人工	元/工时	8.9	1.3	11.57	1.3	11.57
电	元/(kW·h)	0.6	8	4.8	2.2	1.32
总计			34.71		18.29	

(7) 直线振动筛的台时费,如表 5-12 所示。

表 5-12　直线振动筛台时费计算表

定额编号			5085		5086	
直线振动筛 筛面(宽×长)(mm×mm)			1 500×4 800		1 800×4 800	
项目	单位	单价	定额	合计(元)	定额	合计(元)
(一)			35.22	31.84	40.74	36.83
折旧费	元	1/1.13	15.8	13.98	18.27	16.17
修理及替换设备费	元	1/1.09	18.95	17.39	21.92	20.11
安装拆卸费	元	1	0.47	0.47	0.55	0.55
(二)				16.73		18.05
人工	元/工时	8.9	1.3	11.57	1.3	11.57
电	元/(kW·h)	0.6	8.6	5.16	10.8	6.48
总计			48.57		54.88	

(8)胶带输送机的台时费,如表 5-13 所示。

表5-13 胶带输送机台时费计算表

定额编号			3170		3173	
固定式胶带输送机(带宽×带长)(mm×m)			500×75		650×75	
项目	单位	单价	定额	合计(元)	定额	合计(元)
(一)			12.2	11.11	16.72	15.18
折旧费	元	1/1.13	4.53	4.01	7.14	6.32
修理及替换设备费	元	1/1.09	6.96	6.39	8.69	7.97
安装拆卸费	元	1	0.71	0.71	0.89	0.89
(二)				16.58		21.50
人工	元/工时	8.9	1	8.90	1	8.90
电	元/(kW·h)	0.6	12.8	7.68	21	12.60
总计			27.69		36.68	

定额编号			3178		3186	
固定式胶带输送机(带宽×带长)(mm×m)			800×75		1 000×75	
项目	单位	单价	定额	合计(元)	定额	合计(元)
(一)			19.28	17.50	24.48	22.23
折旧费	元	1/1.13	8.23	7.28	10.45	9.25
修理及替换设备费	元	1/1.09	10.02	9.19	12.72	11.67
安装拆卸费	元	1	1.03	1.03	1.31	1.31
(二)				25.1		25.76
人工	元/工时	8.9	1	8.9	1	8.90
电	元/(kW·h)	0.6	27	16.2	28.1	16.86
总计			42.60		47.99	

定额编号			3183		3191	
固定式胶带输送机(带宽×带长)(mm×m)			800×250		1 000×250	
项目	单位	单价	定额	合计(元)	定额	合计(元)
(一)			65.02	59.14	73.87	67.17
折旧费	元	1/1.13	25.8	22.83	29.39	26.01
修理及替换设备费	元	1/1.09	35.26	32.35	40.17	36.85
安装拆卸费	元	1	3.96	3.96	4.31	4.31
(二)				53.63		67.31
人工	元/工时	8.9	1.3	11.57	1.3	11.57
电	元/(kW·h)	0.6	70.1	42.06	92.9	55.74
总计			112.77		134.48	

(9) 其他机械的台时费,如表5-14所示。

表5-14　其他机械台时费计算表

定额编号			5096		5035	
机械名称及规格			双臂堆料机 生产率300 m^3/h		棒磨机 筒体直径2 100 mm、长度3 600 mm	
项目	单位	单价	定额	合计(元)	定额	合计(元)
(一)			36.38	33.12	96.68	87.19
折旧费	元	1/1.13	19.5	17.26	53.7	47.52
修理及替换设备费	元	1/1.09	12.36	11.34	40.04	36.73
安装拆卸费	元	1	4.52	4.52	2.94	2.94
(二)				16.55		100.31
人工	元/工时	8.9	1.3	11.57	1.3	11.57
电	元/(kW·h)	0.6	8.3	4.98	147.9	88.74
总计			49.67		187.50	

三、补充施工机械台时费计算

对于定额缺项的施工机械,可按有关规定和公式计算第一类和第二类费用,这一计算工作称为补充台时费计算。

(一)第一类费用

1.折旧费

计算公式为:

$$台时折旧费=\frac{机械预算价格\times(1-残值率)}{机械经济寿命总台时} \tag{5-9}$$

或

$$台时折旧费=\frac{机械预算价格\times年折旧率}{机械年工作台时} \tag{5-10}$$

$$机械预算价格=机械市场价+运杂费 \tag{5-11}$$

$$残值率=\frac{机械残值-清理费}{机械预算价格}\times100\% \tag{5-12}$$

$$机械经济寿命总台时=经济使用年限\times年工作台时 \tag{5-13}$$

式中　运杂费——一般按原价的5%~7%计算,若有实际资料则按实际资料计算;

残值率——机械达到使用寿命需要报废时的残值扣除清理费后占机械预算价格的百分率,残值率一般可取4%~5%;

机械经济寿命总台时——机械在经济使用期内所运转的总台时数;

经济使用年限——国家规定的该种机械从使用到报废的平均工作年数(在经济使用年限内该种机械花费的年费用最小);

年工作台时——该种机械在经济使用期内平均每年运行的台时数。

2. 大修理费

计算公式为:

$$台时大修理费 = \frac{一次大修费用 \times 大修理次数}{机械经济寿命总台时} \tag{5-14}$$

大修理次数是指机械在经济使用期限内需进行大修理的次数,其计算公式为:

$$大修理次数 = \frac{机械经济寿命总台时}{大修理间隔台时} - 1 \tag{5-15}$$

一次大修费用可按一次大修所需人工、材料、机械等进行计算,也可参考实际资料按占机械预算价格的百分率计算。

3. 经常性修理费

经常性修理费包括修理费、润滑及擦拭材料费。

(1)修理费。修理费包括中修和各级保养,一般按大修间隔内的平均修理费计算,计算公式为

$$修理费 = \frac{大修理间隔期内修理费之和}{大修理间隔台时}$$

$$= \frac{中修费用 + 各级保养费用}{大修理间隔台时} \tag{5-16}$$

中修、保养费用的简化计算可以大修理消耗工时、材料为基数,按资料确定出中修、保养所耗用工时和材料所占的比例。

(2)润滑及擦拭材料费。其计算公式为:

$$台时润滑及擦拭材料费 = \frac{机械年润滑及擦拭材料费}{年工作台时} \tag{5-17}$$

其中,润滑油脂的耗用量一般按机械台时耗用燃料油量的百分比计算,柴油机械按6%,汽油机械按5%,棉纱头及其他油等耗用量,可按实际情况计算。

上述两项费用虽然都可用公式计算,但式中一些数据往往又难以得到。因此,一些单位在实际计算经常性修理费时,通常用经常性修理费占大修理费的百分比来计算,百分比一般通过对典型机械的测算确定,然后求得同类其他机修的修理费。计算公式为:

$$台时经常性修理费 = 台时大修理费 \times 经常性修理费费率 \tag{5-18}$$

$$经常性修理费费率 = \frac{典型机械台时经常性修理费}{典型机械台时大修理费} \times 100\% \tag{5-19}$$

4. 替换设备及工具、附具费

替换设备及工具、附具费指机械正常运行所需更换的设备工具、附具摊销到台时费用中。计算公式为:

$$台时替换设备及工具、附具费 = \frac{年替换设备及工具附具费}{年工作台时} \tag{5-20}$$

几种施工机械替换设备及工具、附具数量可参考表5-15选取。

表 5-15　替换设备及工具、附具数量参数

机械名称	替换设备及工具、附具名称	年需要数量(m)
空压机	胶皮管	50
电焊机	橡皮软线 50 mm^2	100
对焊机	橡皮软线 50 mm^2	20
混凝土振捣器	软线	30
凿岩机	高压胶皮管	20
水泵	弹簧软管	8
塔式起重机:2 ~6 t	电缆线	80
15 t	电缆线	120
25 t	电缆线	140
40 t	电缆线	150
自升塔式起重机:10 t	电缆线	200
龙门起重机	电缆线	200
其他电动机	(小型)电缆线	10
其他电动机	(大型)电缆线	0

在资料不易取得的情况下,也可按上述占大修理费的百分比的方法计算。

5. 保管费

保管费计算公式为:

$$\text{台时保管费} = \frac{\text{机械预算价格}}{\text{机械年工作台时}} \times \text{保管费费率} \tag{5-21}$$

保管费费率的高低与机械预算价格有直接的关系。机械预算价格低,保管费费率高;反之,机械预算价格高,保管费费率低,保管费费率一般在0.15% ~1.5%范围内。

某水电工程局总结出修正的经验公式为:

$$\left.\begin{aligned} &\text{台时保管费} = K_{\text{保}} \times \text{台时机上人工数} \\ &K_{\text{保}} = HGZJ \\ &H = \left\{\text{年日历天数} - \frac{\text{年台时数}}{\text{日工作台时}}\right\} \times \frac{8}{\text{年台时数}} \\ &G = \text{小时人工预算单价} \div \text{出勤率} \end{aligned}\right\} \tag{5-22}$$

式中　H——闲置系数;

G——实际出勤小时人工预算单价;

Z——闲置期间人员调整系数,为70%;

J——闲置期间设备维修消耗的材料费用系数,一般取1.1。

6. 安装拆卸费

计算公式为:

$$台时安装拆卸费 = 台时大修费 \times 安拆费费率 \tag{5-23}$$

$$安拆费费率 = \frac{典型机械安装拆卸费}{典型机械台时大修理费} \times 100\% \tag{5-24}$$

特大型和部分大型施工机械的安装拆卸费,不在施工机械台班费中计列,而是另列于临时工程中。

上述2~6项费用计算比较烦琐,资料又难以实际取得,编制补充机械台时费时也可按相似机械相应定额(调整后)中的各项费用占基本折旧费的比例计算;其中第2~5项费用之和即为修理及替换设备费。

(二)第二类费用

1. 机上人工费

机上人工费计算公式为

$$台时机上人工费 = 机上人工工时数 \times 人工预算单价 \tag{5-25}$$

2. 燃料、动力费

(1)内燃机械台班燃料消耗量。计算公式为:

$$台时燃料消耗量(kg) = 1(h) \times 额定耗油量[kg/(kW \cdot h)] \times 额定功率(kW) \times 发动机综合利用系数$$

$$发动机综合利用系数 = 发动机时间利用系数 \times 发动机能量利用系数 \times 单位油耗修正系数 \times 油耗损耗增加系数 \tag{5-26}$$

发动机综合利用系数一般为0.20~0.40。

(2)电动机械台时电力消耗量。计算公式为:

$$台时电力消耗量(kW \cdot h) = KN \tag{5-27}$$

其中

$$K = \frac{K_1 K_2}{K_3 K_4}$$

式中 K——电动机综合利用系数;

K_1——电动机时间利用系数,一般取0.40~0.60;

K_2——电动机能量利用系数,一般取0.50~0.70;

K_3——低压线路电力损耗系数,一般取0.95;

K_4——平均负荷时电动机有效利用系数,一般取0.78~0.88;

N——电动机额定功率,kW。

(3)蒸汽机械台时水、煤消耗量。计算公式为:

$$台时水(煤)消耗量(kg) = 1(h) \times 蒸汽机械额定功率(kW) \times 额定水(煤)单位耗用量[kg/(kW \cdot h)] \times 蒸汽机械综合利用系数 \tag{5-28}$$

式中,综合利用系数机车取0.14~0.80,锅炉、打桩机取0.55~0.75。

(4)风动机械台时压气消耗量。计算公式为:

$$台时压气消耗量(m^3) = 60(min) \times 风动机械压气消耗量(m^3/min) \times 风动机械综合利用系数 \tag{5-29}$$

式中,综合利用系数一般可取0.60~0.70。

如果有第三类费用,再按规定进行计算。第一类费用、第二类费用和第三类费用之和即为所计算的施工机械台时费。

【例5-4】 试计算CA51型斜坡振动碾台时费。

已知:设备预算价格28万元,残值率5%,经济寿命台时30 000;额定功率88 kW,额定耗油量0.27 kg/(kW·h),动力燃料消耗综合系数0.38;柴油预算价格2.8元/kg,人工预算单价8.90元/工时。

解:参考2002年《水利工程施工机械台时费定额》中的BW-200振动碾定额,调整后的修理和替换设备费占基本折旧费的57.83%,机上人工1.3工时。台时费计算见表5-16,CA51型斜坡振动碾台时费为50.85元。

表5-16　斜坡振动碾台班费计算表

项目		金额(元)	计算式
一类费用	基本折旧费	8.87	$\frac{2.8\times10^5\times(1-5\%)}{30\,000}$
	修理及替换设备费	5.13	8.87×57.83%
	安装拆卸费	—	—
	小计	14	
二类费用	机上人工费(元)	11.57	1.3×8.90
	动力燃料费	25.28	88×0.27×0.38×2.8
	小计	36.85	
台时费合计(元)		50.85	

第五节　施工用电、风、水预算单价

电、风、水在水利水电工程施工中消耗量很大,其预算价格的准确程度直接影响概预算质量。在编制电、风、水预算单价时,要根据施工组织设计所确定的电、风、水供应方式、布置形式、设备情况和施工企业已有的实际资料分别计算其单价。

一、施工用电价格

(一)施工用电供电方式

水利水电工程施工用电的电源,一般有由国家及地方电网和其他企业电厂供电的电网供电、由施工企业自建发电厂供电的自发电和租赁列车发电站供电的租赁电等三种供电方式。后者一般很少采用,故本节主要讲述电网供电和自发电两种供电方式的电价计算。

(二)用电的分类

施工用电按用途可分为生产用电和生活用电两部分。生产用电系指直接进入工程成本的生产用电,包括施工机械用电、施工照明用电和其他生产用电。生活用电系指生活文化福利建筑的室内、外照明和其他生活用电。水利水电工程概算中的电价计算范围仅指生产用电,生活用电因不直接用于生产,应由职工负担,不在本电价计算范围内。

(三)电价的组成

电价由基本电价、供电设施维修摊销费和电能损耗摊销费组成。

1. 基本电价

电网供电的基本电价,指施工企业向外(供电单位)购电按规定所需支付的供电价格,应不含增值税进项税额。凡是国家电网供电的,执行国家规定的基本电网电价中的非工业标准电价(不含增值税进项税额);由地方电网或其他企业中、小型电网供电的,执行地方电价主管部门规定的电价(不含增值税进项税额)。自发电的基本电价,指施工企业自建发电厂(或自备发电机)的单位成本,自建发电厂的形式一般有柴油发电厂、燃煤发电厂、水力发电厂等。

2. 供电设施维修摊销费

供电设施维修摊销费指摊入电价的变配电设备的大修理折旧费、安装拆除费、设备及输配电线路的移设和运行维护费。

按现行编制规定,施工场外变配电设施设备可计入临时工程,故供电设施维修摊销费不包括基本折旧费。

3. 电能损耗摊销费

对外购电的电能损耗摊销费,指施工企业向外购电,应承担从施工企业与供电部门的产权分界处起到现场最后一级降压变压器低压侧止,在变配电设备和输配电线路上的所发生的电能损耗摊销费,包括由高压电网到施工主变压器高压侧之间的高压输电线路损耗和由主变压器高压侧至现场各施工点最后一级降压变压器低压侧之间的变配电设备及配电线路损耗部分。

自发电的电能损耗摊销费,指从施工企业自建发电厂的出线侧至现场各施工点最后一级降压变压器低压侧止,在所有变配电设备和输配电线路上发生的电能损耗摊销费用。若出线侧为低压供电,损耗已包括在台时耗电定额内;若出线侧为高压供电,则应计入变配电设备及线路损耗摊销费。

从最后一级降压变压器低压侧至施工用电点的线路损耗,已包括在各用电施工设备、工器具的台班耗电定额内,电价中不再考虑。

(四)电价计算

电价按以下各式计算:

$$\text{电网供电价格} = \text{基本电价} \div (1 - \text{高压输电线路损耗率}) \div (1 - 35\ \text{kV以下变配电设备及配电线路损耗率}) + \text{供电设施维修摊销费} \tag{5-30}$$

柴油发电机供电采用专用水泵供给冷却水,计算公式为:

$$\text{柴油发电机供电价格(自设水泵供冷却水)} = \frac{\text{柴油发电机组(台)时总费用} + \text{水泵组(台)时总费用}}{\text{柴油发电机额定容量之和} \times K} \div (1 - \text{厂用电率}) \div (1 - \text{变配电设备及配电线路损耗率}) + \text{供电设施维修摊销费} \tag{5-31}$$

柴油发电机供电如采用循环冷却水，不用水泵，电价计算公式为：

$$柴油发电机供电价格 = \frac{柴油发电机组(台)时总费用}{柴油发电机额定容量之和 \times K} \div (1-厂用电率) \div$$

$$(1-变配电设备及配电线路损耗率) + 单位循环冷却水费 + 供电设施维修摊销费 \qquad (5\text{-}32)$$

式中，K 为发电机出力系数，一般取0.80～0.85；厂用电率取3%～5%；高压输电线路损耗率取3%～5%；变配电设备及配电线路损耗率取4%～7%；供电设施维修摊销费取0.04～0.05元/(kW·h)；单位循环冷却水费取0.05～0.07元/(kW·h)。

柴油发电机组(台)时总费用应按调整后的施工机械台时费定额和不含增值税进项税额的基础价格计算。

(五)综合电价计算

若工程同时采用两种或两种以上供电电源，各用电量比例应按施工组织设计确定，采用加权平均法求得综合电价。

(六)施工用电价格计算实例

【例5-5】 某水利工程施工用电95%由电网供电，5%自备柴油机发电。已知电网供电基本电价为0.35元/(kW·h)(不含增值税进项税额)；损耗率高压线路取5%，变配电设备及配电线路损耗率取7%，供电设施维修摊销费取0.04元/(kW·h)。柴油发电机总容量为1 000 kW，其中200 kW一台，400 kW两台，并配备3.7 kW水泵三台，供给冷却水；以上三种机械台班费分别为140元/台时、248元/台时和12元/台时；厂用电率取5%，试计算电网供电、自发电电价和综合电价。

解：(1)电网供电价格。

由式(5-30)得：

$$\begin{aligned}电网供电价格 &= 0.35 \div (1-5\%) \div (1-7\%) + 0.04 \\ &= 0.40 + 0.04 \\ &= 0.44[元/(kW·h)]\end{aligned}$$

(2)自发电电价。

K 取0.83，由式(5-31)得：

$$\begin{aligned}柴油发电机供电价格 &= \frac{(140+248\times 2)+12\times 3}{1\,000\times 0.83} \div (1-5\%) \div (1-7\%) + 0.04 \\ &= 0.96[元/(kW·h)]\end{aligned}$$

(3)综合电价。

$$\begin{aligned}综合电价 &= 电网供电价格 \times 95\% + 自发电电价 \times 5\% \\ &= 0.44 \times 0.95 + 0.96 \times 0.05 \\ &= 0.47[元/(kW·h)]\end{aligned}$$

二、施工用水价格

水利水电工程施工用水包括生产用水和生活用水。生产用水主要包括施工机械用水、砂石料筛洗用水、混凝土拌制养护用水、土石坝砂石料压实用水、钻孔灌浆用水等。对生产用水计算水价是计算各种用水施工机械台班(时)费用和工程单价的依据。如果生产、生活用水采用同一系统供水,凡为生活用水而增加的费用(如净化药品费等)均不应摊入生产用水的单价内。

(一)施工用水价格

施工用水价格由基本水价、供水损耗和供水设施维修摊销费组成,根据施工组织设计所配置的供水系统设备组(台)时总费用和组(台)时总有效供水量计算。

水价计算公式为:

$$\text{施工用水价格} = \frac{\text{水泵组(台)时总费用}}{\text{水泵额定容量之和} \times K} \div (1 - \text{供水损耗率}) + \text{供水设施维修摊销费} \tag{5-33}$$

式中:K为能量利用系数,取0.75~0.85;供水损耗率取6%~10%;供水设施维修摊销费取0.04~0.05元/m^3;水泵组(台)时总费用按调整后的施工机械台时费定额和不含增值税进项税额的基础价格计算。

注:①施工用水为多级提水并中间有分流时,要逐级计算水价;②施工用水有循环用水时,水价要根据施工组织设计的供水工艺流程计算。

(二)施工用水价格计算实例

【例5-6】 某工程施工生产用水设两个供水系统,均为一级供水,一个设150D30×4水泵3台,其中备用1台,包括管路损失总扬程116 m,相应出水量150 m^3/台时,另一系统设3台100D45×3水泵,其中备用1台,总扬程120m,相应出水量90 m^3/台时。已知水泵台时费分别为92元/台时和72元/台时,供水损耗率取10%,维修摊销费取0.04元/m^3,求施工用水价格。

解:K取0.80,由式(5-33)得:

$$\text{施工用水价格} = \frac{92 \times 2 + 72 \times 2}{(150 \times 2 + 90 \times 2) \times 0.80} \div (1 - 10\%) + 0.04 = 0.99(\text{元}/m^3)$$

三、施工用风价格

施工用风主要指在水利水电工程施工过程中用于开挖石方、振捣混凝土、处理基础、输送水泥、安装设备等工程施工机械所需的压缩空气,如风钻、潜孔钻、风镐、凿岩台车、爬罐、装岩机、振动器等。这些压缩空气一般由自建压缩系统供给。常用的有移动式空压机和固定式空压机。在大中型工程中,一般都采用多台固定式空压机集中组成压气系统,并以移动式空压机为辅助。对于工程量小、布局分散的工程,常采用移动式空压机供风,此时可将其与不同施工机械配套,以空压机台时费乘台时使用量直接计入工程单价,不再单独计算风价,相应风动机械台时费中不再计算台时耗风价格。

(一)施工用风价格

施工用风价格由基本风价、供风损耗和供风设施维修摊销费组成。根据施工组织设计所配置的空气压缩机系统设备组(台)时总费用和组(台)时总有效供风量计算。

风价计算公式为:

$$\text{施工用风价格} = \frac{\text{空气压缩机组(台)时总费用} + \text{水泵组(台)时总费用}}{\text{空气压缩机额定容量之和} \times 60\ \text{min} \times K} \div$$

$$(1-\text{供风损耗率})+\text{供风设施维修摊销费} \tag{5-34}$$

空气压缩机系统如采用循环冷却水,不用水泵,则施工用风价格计算公式为:

$$\text{施工用风价格}=\frac{\text{空气压缩机组(台)时总费用}}{\text{空气压缩机额定容量之和}\times 60\ \text{min}\times K}\div$$

$$(1-\text{供风损耗率})+\text{单位循环冷却水费}+\text{供风设施维修摊销费} \tag{5-35}$$

式中:K为能量利用系数,取0.70～0.85;供风损耗率取6%～10%;单位循环冷却水费0.007元/m^3;供风设施维修摊销费0.004～0.005元/m^3;空气压缩机组(台)时总费用按调整后的施工机械台时费定额和不含增值税进项税额的基础价格计算。

(二)施工用风价格计算实例

【例5-7】 某水库大坝施工用风,共设置左坝区和右坝区两个压气系统,总容量为187 m^3/min。配置40 m^3/min的固定式空压机1台,台时预算价格为132元/台时;20 m^3/min的固定式空压机6台,台时预算价格为73元/台时;9 m^3/min的移动式空压机3台,台时预算价格为38元/台时;冷却用水泵7 kW 2台,台时预算价格为14元/台时。其他资料:空气压缩机能量利用系数0.85,供风损耗率10%,摊销费0.004元/m^3,试计算施工用风价格。

解:(1)空气压缩机组时总费用+水泵组时总费用=132+73×6+38×3+14×2=712(元)

(2)由式(5-34)得:

$$\text{风价}=\frac{712}{187\times 60\times 0.85}\div(1-10\%)+0.004=0.09(\text{元}/m^3)$$

第六章　建筑、安装工程单价编制

第一节　建筑、安装工程单价概念

建筑、安装工程单价，简称工程单价，系指完成建筑、安装工程单位工程量(如1 m^3、1 t、1台套等)所耗用的直接费、间接费、利润、材料补差和税金五部分的总和。工程单价是编制水利水电建筑、安装工程投资的基础，它直接影响工程总投资的准确程度。建筑、安装工程的主要项目均应计算概预算单价，据以编制工程概预算。

工程单价是工程概预算的一个特有的概念，由于建筑产品的特殊性及其定价的特点，没有相同的建筑产品及其价格，无法对整个建筑产品定价，但不同的建筑产品经过分解可以得到比较简单而相同的基本构成要素，完成相同基本构成要素的人工、材料、机械台时消耗量相同。因此，施工方法或工艺确定后，可以从确定其基本构成要素的费用入手，由工程定额查定完成单位(如1 m^3、1台、1 t)基本构成要素的人工、材料、机械消耗量，查定的各种基本构成要素的消耗量与各自的预算价格(基础单价)相乘再加起来就是单位基本构成要素的基本直接费(如元/m^3、元/台、元/t)，再按有关取费费率可计算其他直接费、间接费、利润、材料补差和税金，将求得的直接费(包括基本直接费和其他直接费)、间接费、利润、材料补差和税金相加，即得单位基本构成要素的价格，亦称为建筑、安装工程单价。上述计算工作称为工程单价的编制，也称为单价分析或单位估价。

在初步设计阶段使用概算定额查定人工、材料、机械台时消耗量，最终算得工程概算单价；在施工图设计阶段使用预算定额查定人工、材料、机械台时消耗量，最终算得工程预算单价。工程概算单价和工程预算单价统称为工程单价。

第二节　建筑工程单价编制

一、建筑工程单价的编制步骤和方法

(一)编制步骤

(1)了解工程概况，熟悉设计图纸，收集基础资料，弄清工程地质条件，确定取费标准。

(2)根据工程特征和施工组织设计确定的施工条件、施工方法及设备情况，正确选用定额子目。

(3)根据工程的基础单价和有关费用标准，计算直接费、间接费、利润、材料补差和税金，并加以汇总。

(二)编制方法

工程单价的编制通常采用列表法。所得表格称为建筑、安装工程单价表。编制工程单价有规定的表格格式。水利部现行规定的建筑工程单价计算程序如表6-1所示。按下

列方法编制建筑工程单价表：

(1)按项目名称、定额编号、定额单位、施工方法等分别填入表中相应栏内。其中："名称及规格"一栏，应填写详细和具体，如施工机械的型号、混凝土的标号等。

(2)将定额中的人工、材料、机械台时消耗量，以及相应的人工预算单价、材料预算价格和机械台时费分别填入表中各栏。

(3)按"消耗量×单价"的方法，得出相应的人工费、材料费和机械使用费，相加得出基本直接费。

(4)根据规定的费率标准，计算其他直接费、间接费、利润、材料补差和税金等，汇总即得出该工程单位产品的价格，即工程单价。

表6-1　建筑工程单价计算程序表

单价编号		项目名称			
定额编号		定额单位			
施工方法					
编号	名称及规格	单位	数量	单价(元)	合计(元)
		计算方法			
一	直接费	(一)+(二)			
(一)	基本直接费	1+2+3			
1	人工费	∑定额劳动量×人工预算单价			
2	材料费	∑定额材料量×材料预算单价			
3	机械使用费	∑定额机械台时×台时费			
(二)	其他直接费	(一)×其他直接费费率			
二	间接费	一×间接费费率			
三	利润	(一+二)×企业利润率			
四	材料补差	∑(材料预算价格-材料基价)×材料消耗量			
五	税金	(一+二+三+四)×税率			
六	建筑工程单价	一+二+三+四+五			

(三)编制建筑工程概算单价时应注意的问题

(1)使用定额时，必须熟悉定额的总说明、章节说明及定额表附注，根据设计所确定的有关技术条件(如石方开挖工程的岩石等级、断面尺寸、开挖与出渣方式、开挖与运输设备的型号、规格、弃渣运距等)，选用相应子目。

(2)定额中没有的工程项目，可编制补充定额。对于非水利水电专业工程，按照专业专用的原则，执行有关专业部颁发的相应定额，如公路工程执行交通部《公路工程设计概算定额》，铁路工程执行铁道部《铁路工程设计概算定额》等。

(3)定额虽有类似定额，但其技术条件有较大差异时，应编制补充定额，作为编制概算单价的依据。

(4)现行水利建筑工程概算定额，已按现行施工规范和有关规定，计入了不构成建筑工程单位实体的各种施工操作损耗、允许的超挖及超填量、合理的施工附加量及体积变化等所需增加的人工、材料及机械台班消耗量，编制设计概算时，应一律按设计结构工程量(按设计几何轮廓尺寸计算的工程量)作为编制建筑工程概算的依据。

(5)现行水利建筑工程概预算定额中的材料及其他材料费,按目前水利水电工程平均消耗水平列量;定额中的施工机械台(组)班(时)数量及其他机械使用费,按水利水电工程常用施工机械和典型施工方法的平均水平列量。编制概算单价时,除定额中规定允许调整外,均不得对定额中的人工、材料、施工机械台(组)班(时)数量及施工机械的名称、规格、型号进行调整。

(6)如定额参数(建筑物尺寸、运距等)介于概算定额两子目之间,可用插入法调整定额。调整方法如下:

$$A = B + \frac{(C - B) \times (a - b)}{c - b} \tag{6-1}$$

式中 A——所求定额数;

B——小于 A 而接近 A 的定额数;

C——大于 A 而接近 A 的定额数;

a——A 项定额参数;

b——B 项定额参数;

c——C 项定额参数。

(7)定额中有关共同性的规定:

①土壤、岩石分类。土壤和岩石的性质,根据勘探资料确定。编制土石方工程单价时,应按地质专业提供的资料,确定相应的土石方级别。岩石级别的划分,地质部门按十二类划分;而概预算定额中,土质级别及岩石级别均按土石十六类分级法划分。土质级别划分见表6-2,岩石级别划分见表6-3。岩石十二类分级与十六类分级对照见表6-4。

表6-2 一般工程土类分级表

土质级别	土质名称	自然湿密度(kg/m³)	外形特征	开挖方法
Ⅰ	1. 砂土 2. 种植土	1 650 ~ 1 750	疏松,黏着力差,或易透水,略有黏性	用锹或略加脚踩开挖
Ⅱ	1. 壤土 2. 淤泥 3. 含壤种植土	1 750 ~ 1 850	开挖时能成块,并易打碎	用锹且须用脚踩开挖
Ⅲ	1. 黏土 2. 干燥黄土 3. 干淤泥 4. 含少量砾石黏土	1 800 ~ 1 950	黏手,看不见砂粒,或干硬	用镐、三齿耙开挖或用锹需用力加脚踩开挖
Ⅳ	1. 坚硬黏土 2. 砾质黏土 3. 含卵石黏土	1 900 ~ 2 100	土壤结构坚硬,将土分裂后成块状或含黏粒砾石较多	用镐、三齿耙工具开挖

表 6-3　岩石类别分级表

岩石级别	岩石名称	实体岩石自然湿度时的平均容重（kg/m³）	净占时间（min/m）			极限抗压强度（kg/cm²）	强度系数 f
			用直径 30 mm 合金钻头，凿岩机打眼	用直径 30 mm 淬火钻头，凿岩机打眼	用直径 25 mm 钻杆，人工单人打眼		
1	2	3	4	5	6	7	8
Ⅴ	1. 砂藻土及软白垩岩。2. 硬的石炭纪黏土。3. 胶结不紧的砾岩。4. 各种不坚实的页岩	1 500 ~ 2 200		≤3.5	≤30	≤200	1.5 ~ 2
Ⅵ	1. 软的石灰岩及贝壳石灰岩。2. 密实的白垩。3. 中等坚实的页岩。4. 中等坚实的泥灰岩	2 200 ~ 2 700		3.5 ~ 4.5	30 ~ 60	200 ~ 400	2 ~ 4
Ⅶ	1. 水成岩卵石经石灰质胶结而成的砾石。2. 风化的、节理多的黏土质砂岩。3. 坚硬的泥质页岩。4. 坚实的泥灰岩	2 200 ~ 2 800		4.5 ~ 7	61 ~ 95	400 ~ 600	4 ~ 6
Ⅷ	1. 角粒状花岗岩。2. 泥灰质石灰岩。3. 黏土质砂岩。4. 云母页岩及砂质页岩。5. 硬石膏	2 200 ~ 2 900	5.7 ~ 7.7	7.1 ~ 10	96 ~ 135	600 ~ 800	6 ~ 8
Ⅸ	1. 软的花岗岩、片麻岩、正长岩。2. 滑石质蛇纹岩。3. 密实的石灰岩。4. 水成岩卵石经硅质胶结的砾岩。5. 砂岩。6. 砂质石灰质的页岩	2 400 ~ 2 500	7.8 ~ 9.2	10.1 ~ 13	136 ~ 175	800 ~ 1 000	8 ~ 10
Ⅹ	1. 白云岩。2. 坚实的石灰岩。3. 大理石。4. 石灰质胶结的、质密的砂岩。5. 坚硬的砂质页岩	2 600 ~ 2 700	9.3 ~ 10.8	13.1 ~ 17	176 ~ 215	1 000 ~ 1 200	10 ~ 12
Ⅺ	1. 粗粒花岗岩。2. 特别坚实的白云岩。3. 蛇纹石。4. 火成岩卵石经石灰质胶结的砾岩。5. 石灰质胶结的、坚实的砂岩。6. 粗粒正长岩	2 600 ~ 2 900	10.9 ~ 11.5	17.1 ~ 20	216 ~ 260	1 200 ~ 1 400	12 ~ 14

续表 6-3

岩石级别	岩石名称	实体岩石自然湿度时的平均容重(kg/m³)	净占时间(min/m)			极限抗压强度(kg/cm²)	强度系数 f
			用直径 30 mm 合金钻头，凿岩机打眼	用直径 30 mm 淬火钻头，凿岩机打眼	用直径 25 mm 钻杆，人工单人打眼		
Ⅻ	1. 有风化痕迹的安山岩及玄武岩。2. 片麻岩、粗面岩。3. 特别坚实的石灰岩。4. 火成岩卵石经硅质胶结的砾岩	2 600 ~ 2 900	11.6 ~ 13.3	20.1 ~ 25	261 ~ 320	1 400 ~ 1 600	14 ~ 16
XIII	1. 中粒花岗岩。2. 坚实的片麻岩。3. 辉绿岩。4. 玢岩。5. 坚实的粗面岩。6. 中粒正长岩	2 500 ~ 3 100	13.4 ~ 14.8	25.1 ~ 30	321 ~ 400	1 600 ~ 1 800	16 ~ 18
XIV	1. 特别坚实的细粒花岗岩。2. 花岗片麻岩。3. 闪长岩。4. 最坚实的石灰岩。5. 坚实的玢岩	2 700 ~ 3 300	14.9 ~ 18.2	30.1 ~ 40		1 800 ~ 2 000	18 ~ 20
XV	1. 安山岩、玄武岩、坚实的角闪岩。2. 最坚实的辉绿岩及闪长岩。3. 坚实的辉长岩及石英岩	2 800 ~ 3 100	18.3 ~ 24	40.1 ~ 60		2 000 ~ 2 500	20 ~ 25
XVI	1. 钙钠长石质橄榄石质玄武岩。2. 特别坚实的辉长岩、辉绿岩、石英岩及玢岩	3 000 ~ 3 300	>24	>60		>2 500	>25

表 6-4　岩石十二类分级与十六类分级对照表

十二类分级			十六类分级		
岩石级别	可钻性(m/h)	一次提钻长度(m)	岩石级别	可钻性(m/h)	一次提钻长度(m)
Ⅳ	1.6	1.7	Ⅴ	1.6	1.7
Ⅴ	1.15	1.5	Ⅵ Ⅶ	1.2 1.0	1.5 1.4
Ⅵ	0.82	1.3	Ⅷ	0.85	1.3
Ⅶ	0.57	1.1	Ⅸ Ⅹ	0.72 0.55	1.2 1.1
Ⅷ	0.38	0.85	Ⅺ	0.38	0.85

续表 6-4

十二类分级			十六类分级		
岩石级别	可钻性(m/h)	一次提钻长度(m)	岩石级别	可钻性(m/h)	一次提钻长度(m)
Ⅸ	0.25	0.65	Ⅻ	0.25	0.65
Ⅹ	0.15	0.5	ⅩⅢ	0.18	0.55
			ⅩⅣ	0.13	0.40
Ⅺ	0.09	0.32	ⅩⅤ	0.09	0.32
Ⅻ	0.045	0.16	ⅩⅥ	0.045	0.16

②土石方松实系数。土石方工程的计量单位,分别为自然方、松方和实方,这三者之间的体积换算关系通常称为土石方松实系数。其中,自然方是指未经扰动的自然状态下的体积,松方是指经过开挖松动了的体积,实方则指经过回填压实的体积。《水利建筑工程概算定额》(2002)附录中列示的土石方松实系数系参考资料,见表 6-5。编制概算单价时,宜按设计提供的干密度、空隙率等有关资料进行换算。

表 6-5　土石方松实系数换算表

项目	自然方	松方	实方	码方
土方	1	1.33	0.85	
石方	1	1.53	1.31	
砂方	1	1.07	0.94	
混合料	1	1.19	0.88	
块石	1	1.75	1.43	1.67

注:块石实方指堆石坝坝体方,块石松方指块石堆方。

③高原地区时间定额调整系数。海拔比较高的地区施工时,效率会受到一定影响。水利工程定额是按海拔小于或等于 2 000 m 地区条件确定的,在海拔超过 2 000 m 的地区施工时,应根据工程所在地的海拔高程及规定的调整系数计算。高原地区定额调整系数见表 6-6。

表 6-6　高原地区定额调整系数

项目	高程(m)					
	2 000 ~ 2 500	2 500 ~ 3 000	3 000 ~ 3 500	3 500 ~ 4 000	4 000 ~ 4 500	4 500 ~ 5 000
人工	1.10	1.15	1.20	1.25	1.30	1.35
机械	1.25	1.35	1.45	1.55	1.65	1.75

④现行《水利建筑工程概算定额》中其他材料费、零星材料费、其他机械费均以费率形式表示。其中:其他材料费以主要材料费之和为计算基础;零星材料费以人工费、机械

使用费之和为计算基础;其他机械费以主要机械费之和为计算基础。

二、土方工程单价编制

土方工程包括土方开挖,土方填筑两大类。土方工程按施工方法可分为机械施工和人力施工两种,后者适用工程数量较少的土方工程或地方水利工程。影响土方工程工效的主要因素有:土的级别、取(运)土的距离、施工方法、施工条件、质量要求。因此,土方定额大多按上述影响工效的参数来划分节和子目,所以正确确定这些参数和合理使用定额是编好土方工程单价的关键。

(一)土方开挖

土方开挖由“挖”“运”两个主要工序组成。

1. 挖土

影响“挖”这个工序工效的主要因素有:

(1)土的级别。从开挖的角度看,土的级别越高,开挖的阻力越大,工效越低。

(2)设计要求的开挖形状。设计有形状要求的沟、渠、坑等都会影响开挖的工效,尤其是当断面较小、深度较深时,机械开挖更会降低其正常效率。因此,定额往往按沟、渠、坑等分节,各节再分别按其宽度、深度、面积等划分子目。

(3)施工条件。不良施工条件,如水下开挖、冰冻等都将严重影响开挖的工效。

2. 运土

土方的运输包括集料、装土、运土、卸土、卸土场整理等工序。影响本工序的主要因素有:

(1)运土的距离。运土的距离越长,所需时间也越长,但在一定起始范围内,不是直线反比关系,而是对数曲线关系。

(2)土的级别。从运输的角度看,土的级别越高,其密度(t/m^3)也越大。由于土石方都习惯采用体积作单位,所以土的级别越高,运每立方米的产量越低。

(3)施工条件。装卸车的条件、道路状况、卸土场的条件等都影响运土的工效。

(二)土方填筑

水利工程的大坝、渠堤、道路、围堰等都有大量的土方要回填、压实。土方填筑主要由取土、压实两大工序组成。

1. 取土

(1)料场覆盖层清理。根据填筑土料的质量要求,料场上的树木及表面覆盖的乱石、杂草及不合格的表土等必须予以清除。清除所需的人工、材料、机械台班(时)的数量和费用,应按相应比例摊入土方填筑单价内。

$$\begin{aligned}\text{覆盖层清除摊销费} &= \text{覆盖层清除总费用} / \text{设计成品方量} \\ &= \text{覆盖层清除单价} \times \text{覆盖层清除量} / \text{设计成品方量} \\ &= \text{覆盖层清除单价} \times \text{覆盖层清除摊销率}\end{aligned} \tag{6-2}$$

(2)土料开采运输。土料的开采运输,应根据工程规模,尽量采用大料场、大设备,以提高机械生产效率,降低土料成本。土料开采单价的编制与土方开挖、运输单价相同,只是当土料含水量不符合规定时需增加处理费用,同时须考虑土料的损耗和体积变化因素。

(3)土料处理费用计算。当土料的含水量不符合规定标准时,应先采取挖排水沟,扩大取土面积、分层取土等施工措施。如仍不能满足设计要求,则应采取降低含水量(翻晒、分区集中堆存等)或加水处理措施。

(4)土料损耗和体积变化。土料损耗包括开采、运输、雨后清理、削坡、沉陷等的损耗,以及超填和施工附加量。体积变化是由设计要求的土体干密度和土方天然干密度的不同而产生的。

如设计要求的坝体的干密度为 1.650 t/m^3,而天然干密度为 1.403 t/m^3,则折实系数为 1.650/1.403 = 1.176,亦即该设计要求的 1 m^3 坝体的实方,需 1.176 m^3 自然方才能满足。从定额(或单价)的意义来讲,土方开挖、运输的人工、材料、机械台班(时)的数量(或单价)应扩大 1.176 倍。现行概算定额的综合定额,已计入了各项施工损耗、超填及施工附加量,体积变化也已在定额中考虑。凡施工方法适用于综合定额的,应采用综合定额,并不得加计任何系数或费用。当施工措施不是挖掘机、装载机挖装自卸汽车运输时,可以套用单项定额。此时,可根据不同施工方法的相应定额,按下式计算取土备料和运输土料的定额数量:

$$\text{成品实方定额数} = \text{自然方定额数} \times (1 + A) \times \text{设计干容重} / \text{天然干容重} \quad (6\text{-}3)$$

式中,A 为综合系数(%),包括开采、上坝运输、雨后清理、边坡削坡、接缝削坡、施工沉陷、试验坑和不可避免的压坏、超填及施工附加量等损耗因素。综合系数 A 可根据不同施工方法与坝型和坝体填料按定额规定选取。

2. 压实

土方压实的常用施工方法及压实机械有:

(1)碾压法:靠碾磙本身重量对静荷重的作用,使土粒相互移动而达到密实。采用羊足碾、气胎碾、平碾等机械,适用范围较广。

(2)夯实法:靠夯体下落的动荷重的作用,使土粒位置重新排列而达到密实。采用打夯机(人力打夯时,采用木石夯、石硪等工具),适用于无黏性土,能压实较厚的土层,所需工作面较小。

(3)振动法:借振动机械的振动作用,使土粒发生相对位移而得到压实。主要机械为振动碾。适用于无黏性土和砂砾石等土质及设计干密度要求较高的情况。

影响压实工效的主要因素有土料种类、级别、设计要求、碾压工作面等,土方压实定额大多按这些影响因素划分节、子目。

(1)土料种类、级别。土料种类一般有:土料、砂砾料、土石渣料等。土料的种类、级别对土方压实工效有较大的影响。

(2)设计要求。设计对填筑体的质量要求主要反映在压实后的干密度。干密度的高低直接影响到碾压参数(如铺土厚度、碾压次数),也直接影响压实工序的工效。

(3)碾压工作面。较小的碾压工作面(如反滤体、堤等)使机械不能正常发挥机械效率。

(三)计算土方工程单价要注意的问题

对于土石方工程,尽量利用开挖出的渣料用于填筑工程,对降低工程造价十分有利。但在计算工程单价时,要注意以下问题:

(1)对于开挖料直接运至填筑工作面的,以开挖为主的工程,出渣运输宜计入开挖单价。对以填筑为主的工程,宜计入填筑工程单价中,但一定要注意,不得在开挖和填筑单价中重复或遗漏计算土方运输工序单价。

(2)在确定利用料数量时,应充分考虑开挖和填筑在施工进度安排上的时差,一般不可能完全衔接,二次转运(即开挖料卸至某堆料场,填筑时再从某堆料场取土)是经常发生的。对于需要二次转运的,土方出渣运输、取土运输应分别计入开挖和填筑工程单价中。

(3)要注意开挖与填筑的单位不同,前者是自然方,后者是压实方,故要计入前述的体积变化和各种损耗。

【例6-1】 某华东地区水电站(一般地区)挡水工程为黏土心墙坝,坝长2 000 m,心墙设计工程量为150万 m^3,设计干密度1.70 t/m^3,天然干密度1.55 t/m^3。土料场中心位于坝址左岸坝头8 km处,翻晒场中心位于坝址左岸坝头5 km处,土类级别Ⅲ类。已知:

覆盖层清除量6万 m^3,单价3.2元/m^3(自然方);土料开采运输至翻晒场单价10.80元/m^3(自然方);土料翻晒单价2.96元/m^3(自然方);取土备料及运输计入施工损耗的综合系数 $A=6.7\%$。柴油单价6.5元/kg,电价0.83元/(kW·h)。

试计算:(1)翻晒后用5 m^3挖载机配25 t自卸汽车运至坝上的概算单价;

(2)74 kW拖拉机碾压概算单价;

(3)黏土心墙的综合概算单价。

解:1. 确定基础单价

包括人工费、材料费和机械台时费,其中人工费的取值见表5-2。机械台时费的计算方法见第五章第四节,此处略去计算过程。

2. 确定费率

(1)其他直接费费率:

①冬雨季施工增加费:1%;

②夜间施工增加费:0.5%;

③特殊地区施工增加费:0;

④临时设施费:3%;

⑤安全生产措施费:2%;

⑥其他:1%。

合计,其他直接费费率为:7.5%。

(2)间接费费率:

查间接费费率表,土方工程的间接费费率为8.5%。

(3)利润:7%。

(4)税率:按最新增值税税率9%。

3. 计算翻晒后用5 m^3装载机配25 t自卸汽车运至坝上的概算单价

已知坝长2 000 m,翻晒场中心位于坝址左岸坝头5 km,故自卸汽车运距为6 km。根据《水利工程设计概(估)算编制规定》(水总〔2014〕429号)、《水利工程营业税改征增值税计价依据调整办法》(办水总〔2016〕132号)和《水利部办公厅关于调整水利工程计价

依据增值税计算标准的通知》(办财务函〔2019〕448 号),并查《水利建筑工程概算定额》(2002)、《水利建筑工程施工机械台时费定额》(2002),列表计算如表 6-7 所示。

表 6-7　建筑工程单价表(挖装、运输)

单价编号	1	项目名称	土料运输 6 km		
定额编号	10788 + 10789			定额单位	100 m^3
施工方法	5 m^3 装载机挖装,25 t 自卸汽车运输,运距 6 km,Ⅲ类土				
编号	名称及规格	单位	数量	单价(元)	合计(元)
一	直接费				1 471.20
(一)	基本直接费				1 368.56
1	人工费				14.10
	初级工	工时	2.30	6.13	14.10
2	材料费				26.83
	零星材料费(人、机之和)	%	2.00	1 341.73	26.83
3	机械使用费				1 327.63
	装载机 5 m^3	台时	0.43	351.84	151.29
	推土机 88 kW	台时	0.22	110.40	24.29
	自卸汽车 25 t	台时	6.09	189.17	1 152.05
(二)	其他直接费	%	7.50	1 368.56	102.64
二	间接费	%	8.50	1 471.20	125.05
三	利润	%	7.00	1 596.25	111.74
四	材料补差				513.83
	柴油			138.29 × 0.43 + 44.23 × 0.22 + 73.01 × 6.09	513.83
五	税金	%	9.00	2 221.82	199.96
六	建筑工程单价				2 421.78

注:5 m^3 装载机柴油需补差 138.29 元/台时;88 kW 推土机柴油需补差 44.23 元/台时;25 t 自卸汽车柴油需补差 73.01元/台时。

4. 计算 74 kW 拖拉机碾压概算单价

查《水利建筑工程概算定额》(2002)、《水利建筑工程施工机械台时费定额》(2002),列表计算如表 6-8 所示。

5. 计算黏土心墙综合概算单价

(1)覆盖层清除单价为 3.2 元/m^3(自然方),清除摊销率为 6/150 = 4%;

(2)土料开采、运输单价为 10.80 元/m^3(自然方);

(3)土料翻晒单价为 2.96 元/m^3(自然方);

(4)翻晒后挖装、运输上坝单价为24.22元/m^3(自然方);

表6-8 建筑工程单价表(土料压实)

单价编号	2	项目名称	土料压实工程		
定额编号	30075			定额单位	100 m^3
施工方法	拖拉机压实:干密度1.7 t/m^3				
编号	名称及规格	单位	数量	单价(元)	合计(元)
一	直接费				459.14
(一)	基本直接费				427.11
1	人工费				133.63
	初级工	工时	21.80	6.13	133.63
2	材料费				38.83
	零星材料费(人、机之和)	%	10.00	388.28	38.83
3	机械使用费				254.65
	拖拉机74 kW	台时	2.06	70.48	145.19
	推土机74 kW	台时	0.55	91.65	50.41
	蛙式打夯机2.8 kW	台时	1.09	20.95	22.84
	刨毛机	台时	0.55	61.25	33.69
	其他机械费	主要机械费之和的1%	1.00	252.13	2.52
(二)	其他直接费	%	7.50	427.11	32.03
二	间接费	%	8.50	459.14	39.03
三	利润	%	7.00	498.17	34.87
四	材料补差				106.33
	柴油			34.75×2.06+37.21×0.55+25.97×0.55	106.33
五	税金	%	9.00	639.37	57.54
六	建筑工程单价				696.91

注:拖拉机74 kW柴油需补差34.75元/台时;推土机74 kW柴油需补差37.21元/台时;刨毛机柴油需补差25.97元/台时。

(5)土料压实单价为6.97元/m^3(压实方);

(6)定额换算系数:

折算成品方综合系数$=(1+A)\times$设计干密度/天然干密度

$$=(1+6.7\%)\times1.70/1.55=1.17$$

(7)黏土心墙综合单价:

(10.80 + 2.96 + 24.22) × 1.17 + 3.2 × 4% + 6.97 = 51.53(元/m^3)(压实方)

三、石方工程单价编制

水利工程建设项目的石方工程数量很大，且多为基础和洞井工程，尽量采用先进技术，合理安排施工，减少二次出渣，充分利用石渣作块石、碎石原料等，对加快工程进度，降低工程造价有重要意义。

石方工程单价包括开挖、运输和支护等工序的费用。开挖及运输均以自然方为计量单位。

(一)石方开挖

1. 石方开挖分类

按施工条件分为明挖石方和暗挖石方两大类。按施工方法可分人工硬打、钻孔爆破法和掘进机开挖几种。人工硬打耗工费时，适用于有特殊要求的开挖部位。钻孔爆破方法一般有浅孔爆破法、深孔爆破法、洞室爆破法和控制爆破法(定向、光面、预裂、静态爆破等)。钻孔爆破法是一种传统的石方开挖方法，在水利工程施工中使用十分广泛，故以下将重点介绍这种方法。掘进机是一种新型的开挖专用设备，与传统的钻孔爆破法的区别，在于掘进机开挖改钻孔爆破为对岩石进行纯机械的切割或挤压破碎，并使掘进与出渣、支护等作业能平行连续地进行，施工安全、工效较高。但掘进机一次性投入大，费用高。

2. 影响开挖工序的因素

开挖工序由钻孔、装药、爆破、翻渣、清理等工序组成。影响开挖工序的主要因素有：

(1)岩石级别。岩石按其成分、性质划分级别，现行部颁定额将岩、土划分成16级，其中Ⅴ至ⅩⅥ级为岩石。岩石级别越高，其强度越高，钻孔的阻力越大，钻孔工效越低。岩石级别越高，对爆破的抵抗力也越大，所需炸药也越多。所以，岩石级别是影响开挖工序的主要因素之一。

(2)设计对开挖形状及开挖面的要求。设计对有形状要求的开挖，如沟、槽、坑、洞、井等，其爆破系数(每平方米工作面上的炮孔数)较没有形状要求的一般石方开挖要大得多，对于小断面的开挖尤甚。爆破系数越大，爆破效率越低，耗用爆破器材(炸药、雷管、导线)也越多。设计对开挖面有要求(如爆破对建基面的损伤限制、对开挖面平整度的要求等)时，为了满足这些要求，对钻孔、爆破、清理等工序必须在施工方法和工艺上采取措施。例如：为了限制爆破对建基面的损伤，往往在建基面以上设置一定厚度的保护层，保护层开挖大多采用浅孔小炮，爆破系数很高，爆破效率很低，有的甚至不允许放炮，采用人工开挖。例如有的为了满足开挖面平整度的要求，需在开挖面进行专门的预裂爆破。

综上所述，设计对开挖形状及开挖面的要求，也是影响开挖工序的主要因素。因此，石方开挖定额大多按开挖形状及部位分节，各节再按岩石级别分子目。

现将现行部颁石方定额分节简介如下：

(1)一般石方开挖：指一般明挖石方、底宽超过 7 m 的沟槽石方，上口面积大于 160 m^2的坑挖石方，以及倾角小于或等于 20°并垂直于设计开挖面的平均厚度大于 5 m 的坡面石方等开挖工程。

(2)一般坡面石方开挖:指倾角大于20°、垂直于设计开挖面的平均厚度小于或等于5 m的石方开挖工程。这是由于坡度大、开挖层薄要影响工效,且未含保护层的因素,故坡面石方开挖应单列项目。

(3)沟槽石方开挖:指底宽小于或等于7 m、两侧垂直或有边坡的长条形石方开挖工程,如渠道、排水沟、地槽、截水槽等。

(4)坡面沟槽石方开挖:指槽底轴线与水平夹角大于20°的沟槽石方开挖工程。

(5)坑挖石方:指上口面积小于或等于160 m^2、深度小于或等于上口短边长度(或直径)的石方开挖工程,如机座基础、墩柱基础、混凝土基坑、集水坑等。

(6)基础石方开挖:指不同开挖深度的基础石方开挖工程,如混凝土坝、水闸、厂房、溢流道、消力池等不同开挖深度的基础石方开挖工程。

(7)平洞石方开挖:指水平夹角小于或等于6°的洞挖工程。

(8)斜井石方开挖:指水平夹角为6°~75°的井挖工程。现行定额适用于水平夹角为45°~75°的井挖工程,水平夹角6°~45°的斜井,按斜井石方开挖定额乘以0.9系数计算。

(9)竖井石方开挖:指水平夹角大于75°、上口面积大于5 m^2、深度大于上口短边长度(或直径)的洞挖工程。如调压井、闸门井等。

(10)地下厂房石方开挖:指地下厂房或窑洞式厂房的开挖工程。

3. 使用现行概算定额编制开挖单价时应注意的问题

(1)石方开挖各节定额中,均包括了允许的超挖量和合理的施工附加量用工、材料、机械,使用本定额时,不得在工程量计算中另行计取超挖量和施工附加量。

(2)各节石方开挖定额,均已按各部位的不同要求,根据规范的规定,分别考虑了保护层开挖等措施。如预裂、光面爆破等,编制概算单价时一律不作调整。

(3)石方开挖定额中的其他材料费,包括脚手架、排架、操作平台、棚架、漏斗等的搭拆摊销费,冲击器、钻杆、空心钢的摊销费,炮泥、燃香、火柴等次要材料费。

(4)石方开挖定额中的炸药,一般情况下应根据不同施工条件和开挖部位按下述品种、规格选取:一般石方开挖,按2号岩石铵梯炸药选取;露天石方开挖(基础、坡面、沟槽、坑),按2号岩石铵梯炸药和4号抗水岩石铵梯炸药各半选取;洞挖石方(平洞、斜井、竖井、地下厂房等),按4号抗水岩石铵梯炸药选取。

(5)洞井石方开挖定额中的通风机台时量是按一个工作面长度400 m拟定的。如工作面长度超过400 m,应按表6-9(用插值法计算)的系数调整通风机台时定额量。

表6-9　通风机台时调整系数

工作面长度(m)	系数	工作面长度(m)	系数	工作面长度(m)	系数
400	1.00	1 000	1.80	1 600	2.50
500	1.20	1 100	1.91	1 700	2.65
600	1.33	1 200	2.00	1 800	2.78
700	1.43	1 300	2.15	1 900	2.90
800	1.50	1 400	2.29	2 000	3.00
900	1.67	1 500	2.40		

【例6-2】 某平洞开挖断面15 m^2，X级岩石，手风钻钻孔。洞长650 m，一个工作面（单边掘进）。试调整通风机台时量。

解：先计算调整系数K：

$$K = 1.33 + (1.43 - 1.33) \times (650 - 600) / (700 - 600) = 1.38$$

再套用概算定额20214子目，37 kW轴流式通风机为26.48台时/100 m^3，则：

调整后的通风机台时量＝26.48×1.38＝36.54（台时/100 m^3）。

（二）石方运输

1.运输方案的选择

施工组织设计应根据施工工期、运输数量、运距远近等因素，选择既能满足施工强度要求，又能做到费用最省的最优方案。一般说，人力运输（挑抬、双胶轮车、轻轨斗车）适用于工作面狭小、运距短、施工强度低的工程或工程部位；自卸汽车运输的适应性较大，故一般工程都可采用；电瓶机车可用于洞井出渣，而内燃机车适于较长距离的运输。在作方案和单价分析时，应充分注意所采用方案的全部工程投资的比较。如内燃机车运输单价较低，但其轨道的建造、运行管理（道口、道岔）维护等费用支出较大，需经过全面分析后方可确定，以取得最佳的经济效益。

2.影响石方运输工序的主要因素

影响石方运输工序的主要因素与土方工程基本相同，不再赘述。

3.使用定额应注意的问题

（1）石方运输单价与开挖综合单价。在概算中，石方运输费用不单独表示，而是在开挖费用中体现。反映在概算定额中，则是石方开挖各节定额子目中均列有“石渣运输”项目。该项目的数量，已包括完成每一定额单位有效实体所需增加的超挖量、施工附加量的数量。编制概算单价时，按定额石渣运输量乘石方运输单价（仅计算直接费）计算开挖综合单价。

（2）洞内运输与洞外运输。各节运输定额，一般都有“露天”“洞内”两部分内容。当有洞内外运输时，应分别套用。洞内运输部分，套用“洞内”定额基本运距（装运卸）及“增运”子目；洞外运输部分，套用“露天”定额“增运”子目（仅有运输工序）。

（三）支撑与支护

为防止隧洞或边坡在开挖过程中，因山岩压力变化而发生软弱破碎地层的坍塌，避免个别石块跌落，确保施工安全，必须对开挖后的空间进行必要的临时支撑或支护，以确保施工顺利进行。

1.临时支撑

临时支撑包括木支撑、钢支撑及预制混凝土或钢筋混凝土支撑。木支撑重量轻，加工及架立方便，损坏前有显著变形而不会突然折断，因此应用较广泛。在破碎或不稳定岩层中，山岩压力巨大，木支撑不能承受，或支撑不能拆下须留在衬砌层内时，常采用钢支撑，但钢支撑费用较高。当围岩不稳定，支撑又必须留在衬砌层中时，可采用预制混凝土或钢筋混凝土支撑。这种支撑刚性大，能承受较大的山岩压力，耐久性好，但构件重量大，运输安装不方便。

2. 支护

支护有锚杆支护、喷混凝土支护、喷混凝土与锚杆或钢筋网联合支护等,适用于各种跨度的洞室和高边坡保护,既可作临时支撑,又可作永久支护。使用锚杆支护定额要注意锚定方法(机械、药卷、砂浆)、作业条件(洞内、露天)、锚杆的长度和直径、岩石级别等影响因素。

【例6-3】 某枢纽工程(一般地区)一般石方开挖,采用手风钻钻孔爆破,1 m^3油动挖掘机装8 t自卸汽车运2 km弃渣,岩石类别为X级,试计算石方开挖运输综合概算单价。

基本资料:材料预算价格:合金钻头50元/个,炸药综合价4.5元/kg,电雷管0.8元/个,导电线0.5元/m;施工用风0.17元/m^3。台时费:手风钻33.12元/台时,1 m^3油动挖掘机125.65元/台时,88 kW推土机110.40元/台时,8 t自卸汽车74.49元/台时;台时费补差:1 m^3油动挖掘机柴油补差52.3元/台时,88 kW推土机柴油补差44.23元/台时,8 t自卸汽车柴油补差35.80元/台时。

解:石方开挖定额采用《水利建筑工程概算定额》(2002)20002子目,石渣运输采用20458子目,计算过程见表6-10和表6-11。由表6-10可得石方开挖运输综合单价为52.12元/m^3。

表6-10 建筑工程单价表(石方开挖)

单价编号	1	项目名称	一般石方开挖		
定额编号	20002			定额单位	100 m^3(自然方)
施工方法	手风钻钻孔爆破,岩石级别X级				
编号	名称及规格	单位	数量	单价(元)	合计(元)
一	直接费				3 353.60
(一)	基本直接费				3 119.63
1	人工费				639.04
	工长	工时	2.00	11.55	23.10
	中级工	工时	18.10	8.90	161.09
	初级工	工时	74.20	6.13	454.85
2	材料费				403.91
	合金钻头	个	1.74	50.00	87.00
	炸药	kg	34.00	4.50	153.00
	雷管	个	31.00	0.80	24.80
	导线	m	155.00	0.50	77.50
	其他材料费(主材之和)	%	18.00	342.30	61.61
3	机械使用费				296.20
	手持式风钻	台时	8.13	33.12	269.27

续表 6-10

单价编号	1	项目名称	一般石方开挖		
编号	名称及规格	单位	数量	单价(元)	合计(元)
	其他机械费	主要机械费之和的 1%	10.00	269.27	26.93
4	石渣运输	m^3	104.00	17.12	1 780.48
(二)	其他直接费	%	7.50	3 119.63	233.97
二	间接费	%	12.50	3 353.60	419.20
三	利润	%	7.00	3 772.80	264.10
四	材料补差				745.08
	柴油	kg	716.42/100 × 104		745.08
五	税金	%	9.00	4 781.98	430.38
六	建筑工程单价				5 212.36

注:石渣运输直接费由表 6-11 求得,其中石渣运输柴油补差 716.42 元/100 m^3。

表 6-11　建筑工程单价表(石渣运输)

单价编号	子定额	项目名称	石渣运输		
定额编号	20458			定额单位	100 m^3(自然方)
施工方法	1 m^3 挖掘机挖装,8 t 自卸汽车运输,运距 2 km				
编号	名称及规格	单位	数量	单价(元)	合计(元)
一	直接费				
(一)	基本直接费				1 712.22
1	人工费				114.63
	初级工	工时	18.70	6.13	114.63
2	材料费				33.57
	零星材料费(人、机之和)	%	2.00	1 678.65	33.57
3	机械使用费				1 564.02
	挖掘机 1 m^3	台时	2.82	125.65	354.33
	推土机 88 kW	台时	1.41	110.40	155.66
	自卸汽车 8 t	台时	14.15	74.49	1 054.03
4	材料补差	柴油	52.3 × 2.82 + 44.23 × 1.41 + 35.8 × 14.15		716.42

四、堆砌石工程单价编制

堆砌石工程包括堆石、砌石、抛石等。因其能就地取材,施工技术简单,造价低而在我国应用较普遍。

(一)堆石坝

堆石坝填筑受气候影响小,能大量利用开挖石渣筑坝,利于大型机械作业,工程进度快、投资省。随着设计理论的发展、施工机械化程度的提高和新型压实机械的采用,国内外的堆石坝从数量上和高度上都有了很大的发展。

1.堆石坝施工

堆石坝施工主要为备料作业和坝上作业两部分。

(1)备料作业。指堆石料的开采运输。石料开采前先清理料场覆盖层,开采时一般采用深孔阶梯微差挤压爆破。缺乏大型钻孔设备,又要大规模开采时,也可进行洞室大爆破。要重视堆石料级配,按设计要求控制坝体各部位的石料粒(块)径,以保证堆石体的密实程度。

石料运输同土坝填筑。由于堆石坝的铺填厚度大,填筑强度高,挖运机械应尽可能采用大容量、大吨位的机械。挖掘机或装载机装自卸汽车运输直接上坝方法是目前最为常用的一种堆石坝施工方法。

(2)坝上作业。包括基础开挖处理、工作场地准备、铺料、填筑等。堆石铺填厚度,视不同碾压机具,一般为0.5~1.5 m。振动碾是堆石坝的主要压实机械,一般重3.5~17 t。碾压遍数视机具及层厚通过压实试验确定,一般为4~10遍。碾压时为使填料足够湿润,提高压实效率,需加水浇洒,加水量通常为堆料方量的20%~50%。

2.堆石单价

堆石单价包括备料单价、压实单价和综合单价。

(1)备料单价。堆石坝的石料备料单价计算,同一般块石开采一样,包括覆盖层清理,石料钻孔爆破和工作面废渣处理。覆盖层的清理费用,以占堆石料的百分率摊入计算。石料钻孔爆破施工工艺同石方工程。堆石坝分区填筑对石料有级配要求,主、次堆石区石料最大粒(块)径可达1.0 m及以上,而垫层料、过渡层料仅为0.08 m、0.3 m左右,虽在爆破设计中尽可能一次获得级配良好的堆石料,但不少石料还需分级处理(如轧制加工等)。因此,各区料所耗工料相去甚远,而一般石方开挖定额很难体现这一因素,单价编制时要注意这一问题。

石料运输,根据不同的施工方法,套用相应的定额计算。现行概算定额的综合定额,其堆石料运输所需的人工、机械等数量,已计入压实工序的相应项目中,不在备料单价中体现。爆破、运输采用石方工程开挖定额时,须加计损耗和进行定额单位换算。石方开挖单位为自然方,填筑单位为坝体压实方。

(2)压实单价。压实单价包括平整、洒水、压实等费用。同土方工程,压实定额中均包括了体积换算、施工损耗等因素,考虑到各区堆石料粒(块)径大小、层厚尺寸、碾压遍数的不同,压实单价应按过渡料、堆石料等分别编制。

(3)综合单价。堆石单价计算有以下两种形式:①综合定额:采用现行概算定额编制

堆石单价时，一般应按综合定额计算。这时，将备料单价视作堆石料（包括反滤料、过渡料）材料预算价格，计入填筑单价即可。②单项定额：采用其他定额，或施工方法与现行概算综合定额不同，需套用单项定额时，其备料单价换算方法与前述土方填筑相同。

（二）砌筑工程

水利工程中的护坡、墩墙、涵洞等均有用块石、条石或料石砌筑的，地方工程中应用尤为广泛。砌筑单价包括干砌石和浆砌石两种。

1. 砌筑材料

砌筑材料包括石材、填充胶结材料等。

1）石材

（1）卵石。指最小粒径在 20 cm 以上的河滩卵石，呈不规则圆形。卵石较坚硬，强度高，常用其砌筑护坡或墩墙，定额按码方计量。

（2）块石。指厚度大于 20 cm，长、宽各为厚度的 2 ~ 3 倍，上下两面平行且大致平整，无尖角、薄边的石块，定额以码方计量。

（3）片石。指厚度大于 15 cm，长、宽各为厚度的 3 倍以上，无一定规则形状的石块，定额以码方计量。

（4）条料石。包括条石和料石。人工开采，形状规则，未经加工的称毛条石。根据石料表面加工的精度，又可分为粗料石和细料石。定额计量单位为清料方。

2）填充胶结材料

（1）水泥砂浆。强度高，防水性能好，多用于重要建筑物及建筑物的水下部位。

（2）混合砂浆。在水泥砂浆中掺入一定数量的石灰膏、黏土或壳灰（蛎贝壳烧制），适用于强度要求不高的小型工程或次要建筑物的水上部位。

（3）细骨料混凝土。用水泥、砂、水和 40 mm 以下的骨料按规定级配配合而成，可节省水泥，提高砌体强度。

2. 砌筑单价

砌筑单价编制步骤如下：

（1）计算备料单价。覆盖层及废渣清除费用计算同堆石料。套用砂石备料工程定额相应开采、运输定额子目计算（以不含税单价计入）。如因施工方法不同，采用石方开挖工程定额计算块石备料单价时，须进行自然方与码方的体积换算。如为外购块石、条石或料石，按材料预算价格计算。

（2）计算胶结材料价格。如为浆砌石或混凝土砌石，则需先计算胶结材料的半成品价格。

（3）计算砌筑单价。套用相应定额计算。砌筑定额中的石料数量，均已考虑了施工操作损耗和体积变化（码方、清料方与实方间的体积变化）因素。

（三）编制堆砌石工程单价应注意的问题

（1）自料场至施工现场堆放点的运输费用应包括在石料单价内。施工现场堆放点至工作面的场内运输已包括在砌石工程定额内。编制砌石工程概算单价时，不得重复计算石料运输费。

（2）编制堆砌石工程概算单价时，应考虑在开挖石渣中捡集块（片）石的可能性，以节省开采费用,其利用数量应根据开挖石渣的多少和岩石质量情况合理确定。

(3)浆砌石定额中已计入了一般要求的勾缝,如设计有防渗要求的开槽勾缝,应增加相应的人工和材料费。

(4)料石砌筑定额包括了砌体外露面的一般修凿,如设计要求作装饰性修凿,应另行增加修凿所需的人工费。

(5)对于浆砌石拱圈和隧洞砌石定额,要注意是否包括拱架及支撑的制作、安装、拆除、移设的费用。

【例6-4】 某枢纽工程(一般地区)M7.5浆砌块石挡土墙,所有砂石材料均需外购,其外购单价:砂110元/m^3,块石134元/m^3,计算M7.5浆砌块石挡土墙工程概算单价。

基本资料:M7.5水泥砂浆配合比(每立方米):32.5级普通硅酸盐水泥261.00 kg,砂1.11 m^3,水0.157 m^3;材料价格:32.5级普通硅酸盐水泥370元/t,施工用水0.98元/m^3,电价0.83元/(kW·h)。

解:根据砂浆材料配合比计算砂浆单价,见表6-12。

表6-12 砂浆材料单价计算表

编号	名称及规格	单位	预算量		调整系数	单价(元)	合价(元)		材料补差(元)	
1	M7.5砂浆32.5	m^3	水泥(t)	0.261	1.00	255.00	66.56	144.41	(370-255)×0.261	30.02
			砂(m^3)	1.11	1.00	70.00	77.70		(110-70)×1.11	44.4
			水(m^3)	0.157	1.00	0.98	0.15			

注:此处水泥和砂子以基价计算砂浆单价,超出部分计入材料补差。

查《水利建筑工程概算定额》(2002),浆砌块石挡土墙定额子目为30033。列表计算浆砌块石挡土墙单价,见表6-13。由表6-13可得,浆砌块石挡土墙单价为371.88元/m^3。

表6-13 建筑工程单价表(浆砌块石挡土墙)

单价编号	1	项目名称	浆砌块石挡土墙		
定额编号	30033			定额单位	100 m^3(砌方体)
施工方法	选石、修石、冲洗、拌制砂浆、砌筑、勾缝				
编号	名称及规格	单位	数量	单价(元)	合计(元)
一	直接费				20 473.69
(一)	基本直接费				19 045.29
1	人工费				6 146.76
	工长	工时	16.70	11.55	192.89

续表 6-13

编号	名称及规格	单位	数量	单价(元)	合计(元)
	中级工	工时	339.40	8.90	3 020.66
	初级工	工时	478.50	6.13	2 933.21
2	材料费				12 590.34
	块石	m^3	108.00	70.00	7 560.00
	砂浆	m^3	34.40	144.41	4 967.70
	其他材料费(主材之和)	%	0.50	12 527.70	62.64
3	机械使用费				308.19
	砂浆拌和机 0.4 m^3	台时	6.38	27.59	176.02
	胶轮车	台时	161.18	0.82	132.17
(二)	其他直接费	%	7.50	19 045.29	1 428.40
二	间接费	%	12.50	20 473.69	2 559.21
三	利润	%	7.00	23 032.90	1 612.30
四	材料补差				9 472.05
	块石	m^3	108.00	64.00	6 912.00
	水泥	t		30.02×34.4	1 032.69
	砂	m^3		44.4×34.4	1 527.36
五	税金	%	9	34 117.25	3 070.55
六	建筑工程单价				37 187.80

五、混凝土工程单价编制

混凝土具有强度高、抗渗性好、耐久等优点，在水利工程建设中应用十分广泛。混凝土工程投资在水利工程总投资中常常占有很大的比重。混凝土按施工工艺可分为现浇混凝土和预制混凝土两大类。现浇混凝土又可分为常态混凝土和碾压混凝土两种。

现浇混凝土的主要生产工序有模板的制作、安装、拆除，混凝土的拌制、运输、入仓、浇筑、养护、凿毛等。对于预制混凝土，还要增加预制混凝土构件的运输、安装工序。

现行定额将模板制作、安拆定额单独计列，在混凝土浇筑定额中不包含模板定额，这样便于工程概预算和招标标底及投标报价编制，也符合国际招标工程模板单独计量计价的惯例。

(一)现浇混凝土单价编制

1. 混凝土材料单价

混凝土材料单价指按级配计算的砂、石、水泥、水、掺合料及外加剂等每一立方米混凝土的材料费用，不包括拌制、运输、浇筑等工序的人工、材料和机械费用，也不包含除搅拌损耗外的施工操作损耗及超填量等。

混凝土材料单价在混凝土工程单价中占有较大比重，编制概算单价时，应按本工程的混凝土级配试验资料计算。如无试验资料，可参照定额附录混凝土级配表计算混凝土材

料单价。为节省工程材料消耗,降低工程投资,使用现行《水利建筑工程概算定额》(2002)时,须注意下列问题:

(1)编制拦河坝等大体积混凝土概算单价时,需掺加适量的粉煤灰以节省水泥用量,其掺量比例应根据设计对混凝土的温度控制要求或试验资料选取。如无试验资料,可根据一般工程实际掺用比例情况,按现行《水利建筑工程概算定额》(2002)附录7"掺粉煤灰混凝土材料配合表"选取。

(2)现浇水工混凝土标号的选取,应根据设计对不同水工建筑物的不同运用要求,尽可能利用混凝土的后期强度(60 d、90 d、180 d、360 d)以降低混凝土标号,节省水泥用量。现行定额中,不同混凝土配合比所对应的混凝土强度等级均以28 d龄期的抗压强度为准,如设计龄期超过28 d,应进行换算,当换算结果介于两种标号之间时,应选用高一级标号。各龄期标号换算为28 d龄期标号的换算系数如表6-14所示。

表6-14 混凝土龄期与标号换算系数

设计龄期(d)	28	60	90	180	360
标号换算系数	1.00	0.83	0.77	0.71	0.65

按照国际标准(ISO 3893)的规定,且为了与其他规范相协调,将原规范混凝土及砂浆标号的名称改为混凝土及砂浆强度等级。新强度等级与原标号对照见表6-15和表6-16。

表6-15 混凝土新强度等级与原标号对照

原标号(kgf/cm^2)	100	150	200	250	300	350	400
新强度等级C	C9	C14	C19	C24	C29.5	C35	C40

表6-16 砂浆新强度等级与原标号对照

原标号(kgf/cm^2)	30	50	75	100	125	150	200	250	300	350	400
新强度等级M	M3	M5	M7.5	M10	M12.5	M15	M20	M25	M30	M35	M40

(3)现行《水利建筑工程概算定额》(2002)附录7列出了不同强度混凝土、砂浆配合比。表中混凝土配合比是卵石、粗砂混凝土,如改用碎石或中、细砂,需按表6-17中的系数进行换算。

表6-17 碎石或中、细砂配合比换算系数

项目	水泥	砂	石子	水
卵石换为碎石	1.10	1.10	1.06	1.10
粗砂换为中砂	1.07	0.98	0.98	1.07
粗砂换为细砂	1.10	0.96	0.97	1.10
粗砂换为特细砂	1.16	0.90	0.95	1.16

埋块石混凝土，应按配合比表的材料用量，扣除埋块石实体的数量计算。

$$埋块石混凝土材料量 = 配合比表列材料用量 \times (1 - 埋块石率\%) \tag{6-4}$$

$$1\ 块石实体方 = 1.67\ 码方$$

因埋块石增加的人工工时见表6-18。

表6-18　埋块石混凝土人工工时增加量

埋块石率(%)	5	10	15	20
每100 m^3埋块石混凝土增加人工工时	24.0	32.0	42.4	56.8

注：不包括块石运输及影响浇筑的工时。

(4)混凝土材料单价按混凝土配合比表中各项材料的数量和不含增值税进项税额的材料价格进行计算。当采用商品混凝土时，预算价格采用不含增值税进项税额的价格，按基价200元/m^3计入工程单价参加取费，预算价格与基价的差额以材料补差形式进行计算，材料补差列入单价表中并计取税金。

2. 混凝土拌制单价

混凝土的拌制包括配料、运输、搅拌、出料等工序。混凝土搅拌系统布置视工程规模大小、工期长短、混凝土数量多少，以及地形位置条件、施工技术要求和设备拥有情况，采用简单的混凝土搅拌站（一台或数台搅拌机组成），或设置规模较大的搅拌系统（由搅拌楼和骨料、水泥系统组成的一个或数个系统）。一般定额中，混凝土拌制所需人工、机械都已在浇筑定额的相应项目中体现。如浇筑定额中未列混凝土搅拌机械，则需套用拌制定额编制混凝土拌制单价。在使用定额时，要注意：

(1)混凝土拌制定额按拌制常态混凝土拟定，若拌制加冰、加掺合料等其他混凝土，则应按定额说明中的系数对混凝土拌制定额进行调整。

(2)各节用搅拌楼拌制现浇混凝土定额子目中，以组时表示的"骨料系统"和"水泥系统"是指骨料、水泥进入搅拌楼之前与搅拌楼相衔接而必须配备的有关机械设备，包括自搅拌楼骨料仓下廊道内接料斗开始的胶带输送机及其供料设备，自水泥罐开始的水泥提升机械或空气输送设备，胶带运输机和吸尘设备，以及袋装水泥的拆包机械等。其组时费用根据施工组织设计选定的施工工艺和设备配备数自行计算。当不同容量搅拌机械代换时，骨料和水泥系统也应乘相应系数进行换算。

3. 混凝土运输单价

混凝土运输是指混凝土自搅拌机（楼）出料口至浇筑现场工作面的运输，是混凝土工程施工的一个重要环节，包括水平运输和垂直运输两部分。由于混凝土拌制后不能久存，运输过程又对外界影响十分敏感，工作量大，涉及面广，故常成为制约施工进度和工程质量的关键。

水利工程多采用数种运输设备相互配合的运输方案。不同的施工阶段，不同的浇筑部位，可能采用不同的运输方式。在大体积混凝土施工中，垂直运输常起决定性作用。定额编制时，都将混凝土水平运输和垂直运输单列章节，以供灵活选用。但使用现行概算定额时须注意：

(1)由于混凝土入仓与混凝土垂直运输这两道工序,大多采用同一机械连续完成,很难分开,因此在一般情况下,大多将混凝土垂直运输并入混凝土浇筑定额内,使用时不要重复计列混凝土垂直运输。

(2)各节现浇混凝土定额中"混凝土运输"的数量,已包括完成每一定额单位有效实体所需增加的超填量和施工附加量等的数量。为统一表现形式,编制概算单价时,一般应根据施工设计选定的运输方式,按混凝土运输数量乘以每立方米混凝土运输费用基本直接费计入单价。

4. 混凝土浇筑单价

混凝土的浇筑主要子工序有基础面清理、施工缝处理、入仓、平仓、振捣、养护、凿毛等。

影响浇筑工序的主要因素有仓面面积、施工条件等。仓面面积大,便于发挥人工及机械效率,工效高。施工条件对混凝土浇筑工序的影响很大。例如,隧洞混凝土浇筑的入仓、平仓、振捣的难度较露天浇筑混凝土要大得多,工效也低得多。

(1)现行混凝土浇筑定额中包括浇筑和工作面运输(不含浇筑现场垂直运输)所需全部人工、材料和机械的数量和费用。

(2)混凝土浇筑仓面清洗用水、地下工程混凝土浇筑施工照明用电,已分别计入浇筑定额的用水量及其他材料费中。

(3)平洞、竖井、地下厂房、渠道等混凝土衬砌定额中所列示的开挖断面和衬砌厚度按设计尺寸选取。定额与设计厚度不符时,可用插入法计算。

(4)混凝土材料定额中的"混凝土",系指完成单位产品所需的混凝土成品量,其中包括干缩、运输、浇筑和超填等损耗量在内。

以上介绍的是现浇常态混凝土。碾压混凝土在工艺和工序上与常规混凝土不同,碾压混凝土的主要工序有:刷毛、冲洗、清仓,铺水泥砂浆,模板制作、安装、拆除、修整,混凝土配料、拌制、运输,平仓、碾压、切缝、养护等,与常规混凝土有较大差异。故定额中碾压混凝土单独成节。

混凝土拌制和浇筑定额中,不包括骨料预冷、加冰、通水等温控所需人工、材料、机械的数量和费用。

(二)混凝土温度控制措施费用的计算

为防止拦河坝等大体积混凝土由于温度应力而产生裂缝和坝体接缝灌浆后接缝再度拉裂,根据现行设计规程和混凝土设计及施工规范的要求,高、中拦河坝等大体积混凝土工程的施工,都必须进行混凝土温控设计,提出温控标准和降温防裂措施。根据不同地区的气温条件,不同坝体结构的温控要求,不同工程的特定施工条件及建筑材料的要求等综合因素,分别采取风或水预冷骨料,加冰或加冷水拌制混凝土,对坝体混凝土进行一、二期通水冷却及表面保护等措施。

1. 编制原则及依据

为统一温控措施费用标准,简化费用计算办法,提高概算的准确性,在计算温控费用时,应根据坝址区月平均气温、设计要求温控标准、混凝土冷却降温后的降温幅度和混凝

土浇筑温度，参照下列原则计算和确定混凝土温控措施费用。

(1)月平均气温在20 ℃以下。当混凝土拌和物的自然出机口温度能满足设计要求不需采用特殊降温措施时，不计算温控措施费用。对个别气温较高时段，设计有降温要求的，可考虑一定比例的加冰或加冷水拌制混凝土的费用，其占混凝土总量的比例一般不超过20%。当设计要求的降温幅度为5 ℃左右，混凝土浇筑温度约18 ℃时，浇筑前需采用加冰和加冷水拌制混凝土的温控措施，其占混凝土总量的比例，一般不超过35%；浇筑后尚需采用坝体预埋冷却水管，对坝体混凝土进行一、二期通水冷却及混凝土表面保护等措施。

(2)月平均气温为20～25 ℃。当设计要求降温幅度为5～10 ℃时，浇筑前需采用风或水预冷大骨料，加冰和加冷水拌制混凝土等温控措施。其占混凝土总量的比例，一般不超过40%；浇筑后需采用坝体预埋冷却水管，对坝体混凝土进行一、二期通低温水冷却及混凝土表面保护等措施。当设计要求降温幅度大于10 ℃时，除将风或水预冷大骨料改为风冷大、中骨料外，其余措施同上。

(3)月平均气温在25 ℃及以上。当设计要求降温幅度为10～20 ℃时，浇筑前需采用风和水预冷大、中、小骨料，加冰和加冷水拌制混凝土等措施，其占混凝土总量的比例，一般不超过50%；浇筑后必须采用坝体预埋冷却水管，对坝体混凝土进行一、二期通低温水冷却及混凝土表面保护等措施。

2. 混凝土温控措施费用的计算步骤

1)基本参数的选定

(1)工程所在地区的多年月平均气温、水温、设计要求的降温幅度及混凝土的浇筑温度和坝体容许温差。

(2)拌制1 m^3混凝土需加冰或加冷水的数量、时间及相应措施的混凝土数量。

(3)混凝土骨料预冷的方式，平均预冷每立方米骨料所需消耗冷风、冷水的数量，温度与预冷时间，每立方米混凝土需预冷骨料的数量，需进行骨料预冷的混凝土数量。

(4)设计的稳定温度，坝体混凝土一、二期通水冷却的时间、数量及冷水温度。

(5)各制冷或冷冻系统的工艺流程，配置设备的名称、规格、型号和数量及制冷剂的消耗指标等。

(6)混凝土表面保护材料的品种、规格与保护方式及应摊入每立方米混凝土的保护材料数量。

2)温控措施费用计算

(1)温控措施单价的计算。包括风或水预冷骨料，制片冰，制冷水，坝体混凝土一、二期通低温水和坝体混凝土表面保护等温控措施的单价。一般可按各系统不同温控要求所配置设备的台班(时)总费用除以相应系统的台班(时)净产量计算，从而可得各种温控措施的费用单价。当计算条件不具备或计算有困难时，亦可参照《水利建筑工程概算定额》(2002)附录10“混凝土温控费用计算参考资料”计算。

(2)混凝土温控措施综合费用的计算。混凝土温控措施综合费用，可按每立方米坝体或大体积混凝土应摊销的温控费计算。根据不同温控要求，按工程所需预冷骨料、加冰或加冷水拌制混凝土、坝体混凝土通水冷却及进行混凝土表面保护等温控措施的混凝土量占坝体等大体积混凝土总量的比例,乘以相应温控措施单价再相加,即为每立方米坝体或大体积混凝土应摊销的温控措施综合费用。其各种温控措施的混凝土量占坝体等大体积混凝土总量的比例,应根据工程施工进度、混凝土月平均浇筑强度、温控时段的长短等具体条件确定。其具体计算办法与参数的选用,亦可参照《水利建筑工程概算定额》(2002)附录10"混凝土温控费用计算参考资料"确定。

(三)预制混凝土单价

预制混凝土有混凝土预制、构件运输、安装三个工序。混凝土预制的工序与现浇混凝土基本相同。

混凝土构件的预制及安装应根据预制构件的类型选择相应的定额;混凝土预制构件运输包括装车、运输、卸车,应按施工组织设计确定的运输方式、装卸和运输机械、运输距离选择定额。

混凝土预制构件安装与构件重量、设计要求的准确度以及构件是否分段等有关。当混凝土构件单位重量超过定额中起重机械起重量时,可用相应起重机械替换,台时量不变。

预制混凝土定额中的模板材料为单位混凝土成品方的摊销量,已考虑了周转。

(四)钢筋制作安装单价编制

钢筋是水利工程的主要建筑材料,由普通碳素钢(3号钢)或普通低合金钢加热到塑性,再热轧而成,故又称热轧钢筋。常用钢筋直径多为6~40 mm。建筑物或构筑物所用钢筋,一般须先按设计图纸在加工场内加工成型,然后运到施工现场绑扎安装。

1.钢筋制作安装的内容

钢筋制作安装包括钢筋加工、绑扎、焊接及场内运输等工序。

(1)钢筋加工:加工工序主要为调直、除锈、划线、切断、弯制、整理等。采用手工或调直机、除锈机、切断机及弯曲机等进行。

(2)绑扎、焊接:绑扎是将弯曲成型的钢筋,按设计要求组成钢筋骨架。一般用18~22号铅丝人工绑扎。人工绑扎简单方便,无须机械和动力,是水利工程钢筋连接的主要方法。

由于人工绑扎劳动量大,质量不易保证,因而大型工程多用焊接方法连接钢筋。焊接有电弧焊(通常称的电焊)和接触焊两类。电弧焊主要用于焊接钢筋骨架。接触焊包括对焊和点焊,对焊用于接长钢筋,点焊用于制作钢筋网。

钢筋安装方法有散装法和整装法两种。散装法是将加工成型的散钢筋运到工地,再逐根绑扎或焊接。整装法是在钢筋加工厂内制作好钢筋骨架,再运至工地安装就位。水利工程因结构复杂,断面庞大,多采用散装法。

2.钢筋制作安装单价计算

水利工程除施工定额按上述各工序内容分部位编有加工、绑扎、焊接等定额外,概预算定额及投资估算指标大多不分工程部位和钢筋规格型号综合成一节"钢筋制作与安装"定额。

现行概算定额该节适用于现浇及预制混凝土的各部位,以"t"为计量单位。定额已包

括切断及焊接损耗、截余短头废料损耗，以及搭接帮条等附加量。

六、模板工程单价

模板用于支承具有塑流性质的混凝土拌合物的重量和侧压力，使之按设计要求的形状凝固成型。混凝土浇筑立模的工作量很大，其费用和耗用的人工较多，故模板作业对混凝土质量、进度、造价影响较大。

《水利建筑工程概算定额》(2002)单独列出一章模板工程定额，可根据不同工程的实际计算模板工程单价。

（一）模板类型

模板按型式可分为平面模板、曲面模板、异形模板(如渐变段、厂房蜗壳及尾水管等)、针梁模板、滑模、钢模台车。

模板按材质可分为木模板、钢模板、预制混凝土模板。木模板的周转次数少、成本高、易于加工，大多用于异形模板。钢模板的周转次数多，成本低，广泛用于水利工程建设中。预制混凝土模板的优点是不需拆模，与浇筑混凝土构成整体，因成本较高，一般用于闸墩、廊道等特种部位。

模板按安装性质可分为固定模板和移动模板。固定模板每使用一次，就拆除一次。移动模板的模板与支承结构构成整体，使用后整体移动，如隧洞中常用的钢模台车或针梁模板。使用这种模板能大大缩短模板安装拆除的时间和人工、机械费用，也提高了模板的周转次数，故广泛应用于较长的隧洞中。边浇筑边移动的模板称滑动模板或简称滑模，采用滑模浇筑具有进度快、浇筑质量高、整体性好等优点，故广泛应用于大坝及溢洪道的溢流面、闸(桥)墩、竖井、闸门井等部位。

模板按使用性质可分为通用模板和专用模板。通用模板制作成标准形状，经组合安装至浇筑仓面，是水利工程建设中最常用的一种模板。专用模板按需要制成后，不再改变形状，如上述钢模台车、滑模。专用模板成本较高，可使用次数多，故广泛应用于工厂化生产的混凝土预制厂。

（二）模板工程量计算

模板工程量应根据设计图纸及混凝土浇注分缝图计算。在初步设计之前没有详细图纸时，可参考《水利建筑工程概算定额》(2002)附录9“水利工程混凝土建筑物立模面系数参考表”中的数据进行估算。立模面系数是指每单位混凝土(100 m^3)所需的立模面积(m^2)。立模面系数与混凝土的体积、形状有关，也就是与建筑物的类型和混凝土的工程部位有关。

（三）编制模板工程单价应注意的问题

模板单价包括模板及其支承结构的制作、安装、拆除、场内运输及修理等全部工序的人工、材料和机械费用。

(1)模板制作与安装拆除定额，均以100 m^2立模面积为计量单位，立模面积即为混凝土与模板的接触面积。

(2)模板材料均按预算消耗量计算，包括了制作、安装、拆除、维修的损耗和消耗，并考虑了周转和回收。

(3)模板定额中的材料,除模板本身外,还包括支撑模板的立柱、围囹、桁(排)架及铁件等。对于悬空建筑物(如渡槽槽身)的模板,计算到支撑模板结构的承重梁为止。承重梁以下的支撑结构应包括在“其他施工临时工程”中。

(4)隧洞衬砌钢模台车、针梁模板台车,竖井衬砌的滑模台车及混凝土面板滑模台车,包括行走机构、构架、模板及支撑型钢、电动机、卷扬机、千斤顶的动力设备,均作为整体设备,以工作台时计入定额。但定额中未包括轨道及埋件,只有溢流面滑模定额中含轨道及支撑轨道的埋件、支架等材料。

(5)坝体廊道预制混凝土模板,按混凝土工程中有关定额子目计算。

(6)概算定额中列有模板制作定额,并将模板安装拆除定额子目中嵌套模板制作数量100 m^2,这样便于计算模板综合工程单价。而预算定额中将模板制作和安装拆除定额分别计列,使用预算定额时将模板制作及安装拆除工程单价算出后再相加,即为模板综合单价。

(7)使用概算定额计算模板综合单价时,模板制作单价有两种计算方法:

①若施工企业自制模板,按模板制作定额计算出基本直接费(不计入其他直接费、间接费、利润和税金),作为模板的预算价格代入安装拆除定额,统一计算模板综合单价。

②若外购模板,安装拆除定额中的模板预算价格计算公式为:(外购模板预算价格 - 残值)÷周转次数×综合系数。公式中残值为10%,周转次数为50次,综合系数为1.15(含露明系数及维修损耗系数)

(8)概算定额中凡嵌套有模板100 m^2的子目,计算“其他材料费”时,计算基数不包括模板本身的价值。

【例6-5】 某枢纽工程(一般地区)的隧洞(平洞)混凝土衬砌,设计开挖直径3.5 m(不包括超挖),衬砌厚度50 cm,混凝土拌和地点距隧洞进口50 m,隧洞长300 m,采用钢模板单向衬砌作业。0.4 m^3拌和机拌制混凝土,人工推胶轮架子车运输至浇筑现场,混凝土泵入仓。试计算隧洞混凝土衬砌综合概算单价。

基本资料:设计混凝土强度为C25,采用42.5级普通硅酸盐水泥二级配。人工预算单价同表5-2。材料价格:42.5级普通硅酸盐水泥380元/t,粗砂110元/m^3,卵石134元/m^3,施工用水0.98元/m^3,施工用电0.83元/(kW·h),汽油7.87元/kg,施工用风0.17元/m^3,锯材1 800元/m^3,组合钢模板6.50元/kg,型钢3.45元/kg,卡扣件4.5元/kg,铁件6.5元/kg,电焊条7.0元/kg,预制混凝土柱328元/m^3,以上均为未含增值税进项税额的价格。

台时费补差:载重汽车5 t柴油补差34.52元/台时,汽车起重机5 t柴油补差27.81元/台时。

解:(1)计算混凝土材料单价。

查水利部《水利建筑工程概算定额》(2002)附录7,可知C25混凝土、42.5级普通硅酸盐水泥二级配混凝土材料配合比(1 m^3):42.5级水泥289 kg,粗砂733 kg(0.49 m^3),卵石1 382 kg(0.81m^3),水0.15 m^3。根据混凝土材料配合比计算混凝土材料单价,见表6-19。

表 6-19　混凝土材料单价计算表

编号	名称及规格	单位	预算量		调整系数	基价（元）	预算单价（元）	预算价（元）		价差（元）
1	C25 混凝土 42.5 普通硅酸盐水泥二级配	m^3	水泥(t)	0.289	1.00	255.00	380.00	73.70	164.85	36.13
			粗砂(m^3)	0.49	1.00	70.00	110.00	34.30		19.60
			卵石(m^3)	0.81	1.00	70.00	134.00	56.70		51.84
			水(m^3)	0.15	1.00		0.98	0.15		

(2)计算模板制作单价。

查水利部《水利建筑工程概算定额》(2002)，直径小于 6 m 的圆形隧洞钢模板制作定额子目为 50086。根据人工预算单价(见第五章第一节)、材料单价和水利部《水利工程施工机械台时费定额》(2002)列表计算钢模板制作单价，见表 6-20。由表 6-20 可知圆形隧洞混凝土钢模板制作单价为 42.62 元/m^2，其中基本直接费为 30.96 元/m^2。

表 6-20　建筑工程单价表(圆形隧洞钢模板制作)

单价编号	1	项目名称	圆形隧洞钢模板制作		
定额编号	50086			定额单位	100 m^2
施工方法	木模板及钢架制作、铁件制作、模板运输				
编号	名称及规格	单位	数量	单价(元)	合计(元)
一	直接费				3 327.76
(一)	基本直接费				3 095.59
1	人工费				237.37
	工长	工时	1.70	11.55	19.64
	高级工	工时	4.00	10.67	42.68
	中级工	工时	16.50	8.90	146.85
	初级工	工时	4.60	6.13	28.20
2	材料费				2 664.14
	锯材	m^3	0.80	1 800.00	1 440.00
	组合钢模板	kg	78.00	6.50	507.00
	型钢	kg	90.00	3.45	310.50
	卡扣件	kg	26.00	4.50	117.00
	铁件	kg	32.00	6.50	208.00
	电焊条	kg	4.20	7.00	29.40
	其他材料费	%	2.00	2 611.90	52.24
3	机械使用费				194.08

续表 6-20

编号	名称及规格	单位	数量	单价(元)	合计(元)
	圆盘锯	台时	0.77	28.73	22.12
	双面刨床	台时	0.76	21.09	16.03
	型钢剪断机 13 kW	台时	0.78	33.42	26.07
	型材弯曲机	台时	1.74	22.26	38.73
	钢筋切断机 20 kW	台时	0.04	28.74	1.15
	钢筋弯曲机 $\phi 6-40$	台时	0.08	18.59	1.49
	载重汽车 5 t	台时	0.32	50.55	16.18
	电焊机 25 kVA	台时	4.97	12.69	63.07
	其他机械费	%	5.00	184.84	9.24
(二)	其他直接费	%	7.50	3 095.59	232.17
二	间接费	%	9.50	3 327.76	316.14
三	利润	%	7.00	3 643.90	255.07
四	材料补差				11.05
	汽油		0.32×34.52		11.05
五	税金	%	9.00	3 910.02	351.90
六	建筑工程单价				4 261.92

(3)计算钢模板制作安装综合单价。

查水利部《水利建筑工程概算定额》(2002),直径小于6 m的圆形隧洞钢模板安装定额子目为50026。根据人工预算单价、材料单价和水利部《水利工程施工机械台时费定额》(2002)列表计算钢模板安装单价,见表6-21。由于模板制作是模板安装工程材料定额的一项内容,为避免后面重复计算,模板安装材料定额中只计入模板的制作基本直接费30.96元/m²。由表6-21可得模板制作安装工程单价为158.53元/m²,再查水利部《水利建筑工程概算定额》(2002)附录9,圆形混凝土隧洞立模面系数参考值为1.45 m²/m³,由此可得圆形混凝土隧洞钢模板制作安装综合单价为:158.53元/m² × 1.45 m²/m³ = 229.87元/m³。

表 6-21 建筑工程单价表(钢模板)

单价编号	2	项目名称	钢模板		
定额编号	50026			定额单位	100 m²
施工方法	模板及钢架安装、拆除、除灰、刷脱模剂,维修、倒仓				
编号	名称及规格	单位	数量	单价(元)	合计(元)
一	直接费				12 030.85
(一)	基本直接费				11 191.49

续表 6-21

编号	名称及规格	单位	数量	单价(元)	合计(元)
1	人工费				5 201.98
	工长	工时	28.30	11.55	326.87
	高级工	工时	79.20	10.67	845.06
	中级工	工时	445.10	8.90	3 961.39
	初级工	工时	11.20	6.13	68.66
2	材料费				4 894.97
	模板	m^2	100.00	30.96	3 096.00
	铁件	kg	249.00	6.50	1 618.50
	预制混凝土柱	m^3	0.40	328.00	131.20
	电焊条	kg	2.00	7.00	14.00
	其他材料费(主材之和)	%	2.00	1 763.70	35.27
3	机械使用费				1 094.54
	汽车起重机 5 t	台时	15.71	64.69	1 016.28
	电焊机 25 kVA	台时	2.06	12.69	26.14
	其他机械费	%	5.00	1 042.42	52.12
(二)	其他直接费	%	7.50	11 191.49	839.36
二	间接费	%	9.50	12 030.85	1 142.93
三	利润	%	7.00	13 173.78	922.16
四	材料补差				447.95
	汽油		15.71 × 27.81 + 100 × 11.05/100		447.95
五	税金	%	9.00	14 543.89	1 308.95
六	建筑工程单价				15 852.84

注：表中材料费中的模板预算价格采用表 6-20 中的模板制作基本直接费。

(4)计算混凝土拌制单价。

查水利部《水利建筑工程概算定额》(2002)，0.4 m^3 拌和机拌制混凝土定额子目为 40171。列表计算混凝土拌制工程单价，见表 6-22。由表 6-22 可知：0.4 m^3 拌和机拌制混凝土单价为 38.38 元/m^3，其中基本直接费为 27.96 元/m^2。

表6-22 建筑工程单价表(混凝土拌制)

单价编号	3	项目名称		混凝土拌制	
定额编号	40171			定额单位	100 m³
施工方法	混凝土拌制				
编号	名称及规格	单位	数量	单价(元)	合计(元)
一	直接费				3 005.54
(一)	基本直接费				2 795.85
1	人工费				2 148.12
	中级工	工时	126.20	8.90	1 123.18
	初级工	工时	167.20	6.13	1 024.94
2	材料费				54.82
	零星材料费(人、机之和)	%	2.00	2 741.03	54.82
3	机械使用费				592.91
	搅拌机	台时	18.90	27.59	521.45
	胶轮车	台时	87.15	0.82	71.46
(二)	其他直接费	%	7.50	2 795.85	209.69
二	间接费	%	9.50	3 005.54	285.53
三	利润	%	7.00	3 291.07	230.37
四	材料补差				0.00
五	税金	%	9.00	3 521.44	316.93
六	建筑工程单价				3 838.37

(5)计算混凝土运输单价。

混凝土运输分洞内和洞外两种类型,其中洞外运输距离指混凝土拌和地点距隧洞进口的距离即50 m;洞外运输距离与作业面个数和洞长有关,本工程隧洞长300 m,采用钢模板单向衬砌作业,因此混凝土洞内运输距离应按洞长的一半计算,即150 m。查水利部《水利建筑工程概算定额》(2002)。人工推胶轮架子车混凝土运输定额为洞外运输定额,洞内运输时,人工、胶轮车定额需乘以1.5的系数。由于洞内外运输是一个连续过程,在选用定额时,洞内运输段应采用洞内增运定额(每增运50 m),根据运距选用定额子目,本例洞内外综合运输定额为:洞外运输定额 + 洞内增运定额,即[40180] + [40185] × 3 × 1.5。根据洞内外综合运输定额计算混凝土运输单价,见表6-23。由表6-23可知,人工推胶轮架子车混凝土运输单价为20.41 元/m³,其中基本直接费为14.87 元/m³。

表 6-23　建筑工程单价表(混凝土运输)

单价编号	4	项目名称	混凝土运输		
定额编号	[40180] + [40185] ×3 ×1.5			定额单位	100 m^3
施工方法	胶轮车运输,洞外 50 m,洞内 150 m				
编号	名称及规格	单位	数量	单价(元)	合计(元)
一	直接费				1 598.51
(一)	基本直接费				1 486.99
1	人工费				1 272.28
	初级工	工时	207.55	6.13	1 272.28
2	材料费				84.17
	零星材料费(人、机之和)	%	6.00	1 402.82	84.17
3	机械使用费				130.54
	胶轮车	台时	159.20	0.82	130.54
(二)	其他直接费	%	7.50	1 486.99	111.52
二	间接费	%	9.50	1 598.51	151.86
三	利润	%	7.00	1 750.37	122.53
四	材料补差				0.00
五	税金	%	9.00	1 872.90	168.56
六	建筑工程单价				2 041.46

(6)计算混凝土浇筑单价。

由设计开挖直径3.5 m,可得设计开挖断面为9.62 m^2,根据设计开挖断面和隧洞衬砌厚度,查水利部《水利建筑工程概算定额》(2002),圆形隧洞混凝土浇筑定额子目为40035。根据人工预算单价、材料单价和水利部《水利工程施工机械台时费定额》(2002)列表计算圆形隧洞混凝土浇筑单价,见表6-24。由于混凝土拌制和运输是混凝土浇筑定额的内容,为避免重复计算,表中混凝土拌制和运输定额只计入定额基本直接费。由表6-24可知圆形隧洞混凝土浇筑单价为750.89 元/m^3。

(7)计算隧洞混凝土衬砌综合单价。

本工程圆形隧洞混凝土衬砌综合单价包括混凝土材料单价、模板制作及安装单价、混凝土拌制单价、混凝土运输单价和混凝土浇筑单价。本例混凝土材料、混凝土拌制及运输单价已计入混凝土浇筑单价中。

因此,隧洞混凝土衬砌综合单价为:229.87 元/m^3 +750.89 元/m^3 =980.76 元/m^3。

表6-24　建筑工程单价表(混凝土浇筑)

单价编号	5	项目名称	混凝土浇筑		
定额编号	40035			定额单位	100 m^3
施工方法	平洞衬砌混凝土浇筑				
编号	名称及规格	单位	数量	单价(元)	合计(元)
一	直接费				45 116.38
(一)	基本直接费				41 968.73
1	人工费				7 233.18
	工长	工时	27.10	11.55	313.01
	高级工	工时	45.10	10.67	481.22
	中级工	工时	487.30	8.90	4 336.97
	初级工	工时	342.90	6.13	2 101.98
2	材料费				24 765.24
	混凝土	m^3	149.00	164.85	24 562.65
	水	m^3	81.00	0.98	79.38
	其他材料费	%	0.50	24 642.03	123.21
3	机械使用费				3 588.64
	混凝土泵30 m^3/h	台时	17.52	91.52	1 603.43
	振动器1.1 kW	台时	60.98	2.07	126.23
	风水枪	台时	44.94	39.04	1 754.46
	其他机械费	%	3.00	3 484.12	104.52
4	混凝土拌制	m^3	149.00	27.96	4 166.04
	混凝土运输	m^3	149.00	14.87	2 215.63
(二)	其他直接费	%	7.50	41 968.73	3 147.65
二	间接费	%	9.50	45 116.38	4 286.06
三	利润	%	7.00	49 402.44	3 458.17
四	材料补差				16 027.93
	水泥	t	149×36.13		5 383.37
	粗砂	m^3	149×19.60		2 920.40
	卵石	m^3	149×51.84		7 724.16
五	税金	%	9.00	68 888.54	6 199.97
六	建筑工程单价				75 088.51

注:表中混凝土拌制和运输基本直接费见表6-22、表6-23。

七、沥青混凝土工程单价编制

沥青是一种能溶于有机溶剂，常温下呈固态、半固态或液体状态的有机胶结材料。沥青具有良好的黏结性、塑性和不透水性，且有加热后融化、冷却后黏性增大等特点，因而被广泛用于建筑物的防水、防潮、防渗、防腐等工程中。水利工程中，沥青常用于防水层、伸缩缝、止水及坝体防渗工程。

沥青有地沥青(包括天然沥青和石油沥青)和焦油沥青(烟煤炼制焦炭后的副产品，俗称“柏油”)两类。按针入度，道路石油沥青分为200、180、140、100甲、100乙、60甲、60乙等7个牌号，建筑石油沥青分为30甲、30乙、10等3个牌号。

(一)沥青混凝土的分类

沥青混凝土是由粗骨料(碎石、卵石)、细骨料(砂、石屑)、填充料(矿粉)和沥青按适当比例配制的。水工常用的沥青混凝土为碾压式沥青混凝土，分开级配和密级配。

1. 按骨料粒径划分

(1)粗粒式沥青混凝土(最大粒径35 mm)；

(2)中粒式沥青混凝土(最大粒径25 mm)；

(3)细粒式沥青混凝土(最大粒径15 mm)；

(4)砂质沥青混凝土(最大粒径5 mm)。

2. 按施工方法划分

(1)碾(夯)压式沥青混凝土(混合料流动性小)；

(2)灌注式沥青混凝土(混合料流动性大)。

3. 按密实程度划分

(1)开级配沥青混凝土，孔隙率大于5%，含少量或不含矿粉，适用于防渗斜墙的整平胶结层和排水层。

(2)密级配沥青混凝土，孔隙率小于5%，级配良好，含一定量的矿粉，适用于防渗斜墙的防渗层沥青混凝土和岸边接头沥青混凝土。

(二)沥青混凝土单价

1. 半成品单价

沥青混凝土半成品单价，系指组成沥青混凝土配合比的多种材料的价格。其组成主要为：

(1)沥青。按施工规范要求，北方地区采用低温抗裂性能较好的100甲沥青，南方地区可用60甲沥青。

(2)粗骨料。须采用石灰石、大理石、白云石等轧制的碱性骨料。

(3)细骨料。可用天然砂或人工砂。

(4)石屑、矿粉。石屑为碱性料。矿粉指小于0.075 mm的石灰石粉、磨细的矿渣、粉煤灰、滑石粉等。

应根据设计要求、工程部位选取配合比计算半成品单价。配合比的各项材料用量，应按试验资料计算。如无试验资料，可参照《水利建筑工程概算定额》(2002)附录8“沥青混凝土材料配合表”确定。

2. 沥青混凝土运输单价

沥青混凝土运输单价计算同普通混凝土。根据施工组织设计选定的施工方案,分别计算水平运输和垂直运输单价,再按沥青混凝土运输数量乘以每立方米沥青混凝土运输费用计入沥青混凝土单价。这里,应注意包括垂直运输单价的计算(普通混凝土在现行概算浇筑定额中已含垂直运输因素,不单独计算),水平和垂直运输单价都只能计算基本直接费,以免重复。

3. 沥青混凝土铺筑单价

(1)沥青混凝土心墙。沥青混凝土心墙铺筑内容,包括模板制作、安装、拆除、修理,配料、加温、拌和,铺筑、夯压及施工层铺筑前处理等工作。现行概算定额按心墙厚度、施工方法(夯压或灌注)、立模型式(木模或干砌石模)分列子目,以成品方为计量单位。

(2)沥青混凝土斜墙。斜墙铺筑包括配料、加温、拌制、摊铺、碾压、接缝加热等工作内容。定额按开级配、密级配及岸边接头、人工摊铺和机械摊铺分列子目。

八、自行采备砂石料的单价编制

自行采备砂石料的单价,需参照定额,计取其他直接费、间接费、利润及税金。自采砂石料税率为3%。自采砂石料按不含税金的单价参与工程费用计算。

(一)基本资料的收集

主要内容有:

(1)料场的位置、分布、地形条件、工程地质和水文地质特点、岩石种类及其物理特性等。

(2)料场的储量及可开采量,设计砂石料用量。

(3)砂石料场的天然级配与设计级配,级配平衡计算成果。

(4)各料场覆盖层清理厚度、数量及其占毛料开采量的比例和清理方法。

(5)毛料的开采、运输、堆存方式。

(6)砂石料加工工序流程、成品堆放、运输方式及废渣处理方法。

(二)砂石料生产的工艺流程

1. 覆盖层清除

天然砂石料场表面层的杂草、树木、腐殖土或风化及半风化岩石等覆盖物,在毛料开采前必须清理干净。该工序单价应根据施工组织设计确定的开挖方式、套用相应概预算定额计算,然后摊入砂石料成品单价中。

2. 毛料开采运输

毛料开采运输指毛料从料场开采、运输到毛料暂存处的整个过程。该工序费用应根据施工组织设计确定的施工方法,选用概预算定额进行计算。

3. 毛料的破碎、筛分、冲洗加工

天然砂石料的破碎、筛分、冲洗加工包括预筛分、超径石破碎、筛洗、中间破碎、二次筛分、堆存及废料清除等工序。人工砂石料的加工包括破碎(一般分粗碎、中碎、细碎)、筛分(一般分预筛、初筛、复筛)、清洗等过程。

编制破碎筛洗加工单价时,应根据施工组织设计确定的施工机械、施工方法,套用相

应概预算定额进行计算。

4. 成品的运输

经过筛洗加工后的成品料,运至混凝土搅拌楼前调节料仓或与搅拌楼上料胶带输送机相接为止。运输方式根据施工组织设计确定,运输单价采用概预算相应的子目计算。2002 年定额按不同规模,列出了通用工艺设备,砂石的加工工艺可进行模块化组合。工程概预算阶段计算砂石料单价,可参考图 6-1 ~ 图 6-6 等工艺流程图❶。

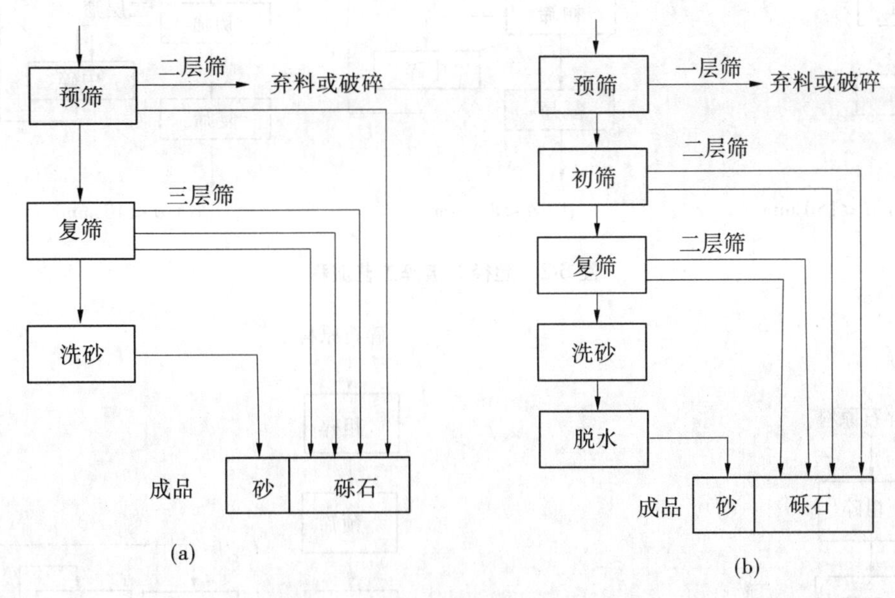

图 6-1 天然砂砾料筛洗工艺流程

这些流程图只是通常应用过的一部分,不是唯一的,也不是最优,对某个特定工程未必合适,仅仅是为了工程概算阶段计算砂石料单价。

(三)砂石料单价计算方法

(1)根据施工组织设计确定的砂石备料方案和工艺流程,按相应定额计算各加工工序单价,然后累计计算成品单价。骨料成品单价自开采、加工、运输,一般计算至搅拌楼前调节料仓或与搅拌楼上料胶带输送机相接为止。

砂石料加工过程中如需进行超径砾石破碎或含泥碎石原料预洗,以及骨料需进行二次筛洗时,可根据有关定额子目计算其费用,摊入骨料成品单价。

(2)天然砂砾料加工过程中,由于生产或级配平衡需要进行中间工序处理的砂石料,包括级配余料、级配弃料、超径弃料等,应以料场勘探资料和施工组织设计级配平衡计算结果为依据。

计算砂石料单价时,弃料处理费用应按处理量与骨料总量的比例摊入骨料成品单价。余弃料单价应为选定处理工序处的砂石料单价。在预筛时产生的超径石弃料单价,可按相关定额中的人工和机械台时数量各乘 0.2 系数计价,并扣除用水。若余弃料需转运至

❶ 水利部水利建设经济定额站,新编水利工程系列定额宣贯班授课提纲,2002 年 7 月。

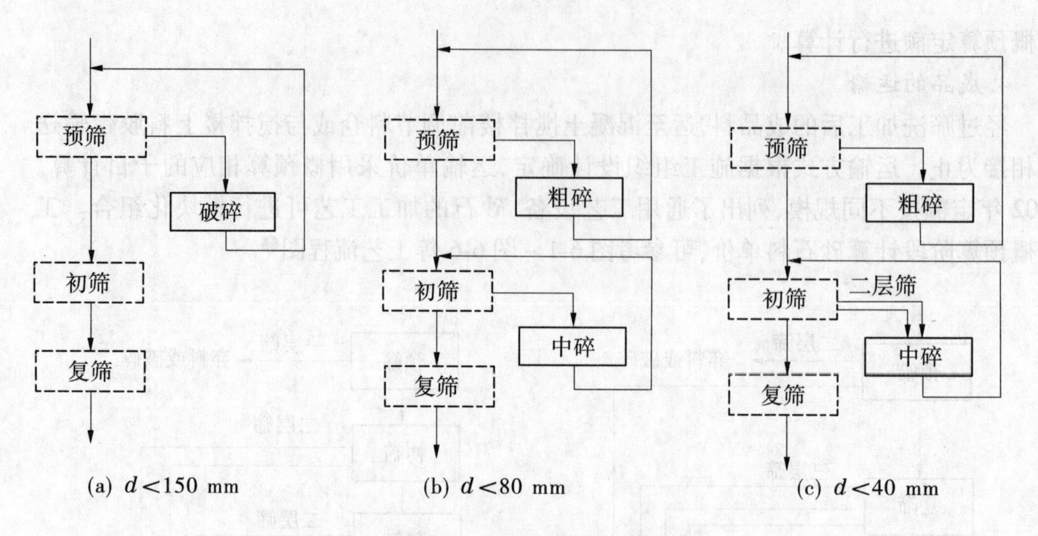

图6-2　超径石破碎工艺流程

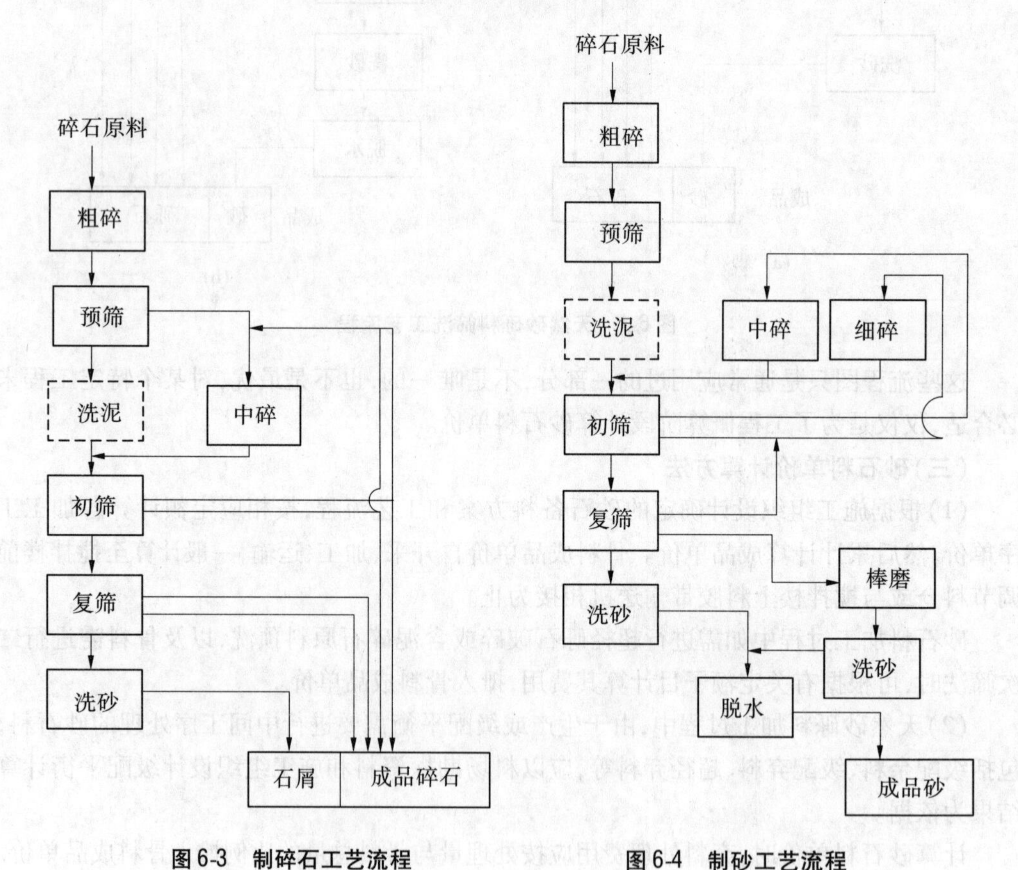

图6-3　制碎石工艺流程　　　　图6-4　制砂工艺流程

指定弃料地点,其运输费用应按有关定额子目计算,并按比例摊入骨料成品单价。

(3)料场覆盖层剥离和无效层处理,按一般土石方工程定额计算费用,并按设计工程量比例摊入骨料成品单价。

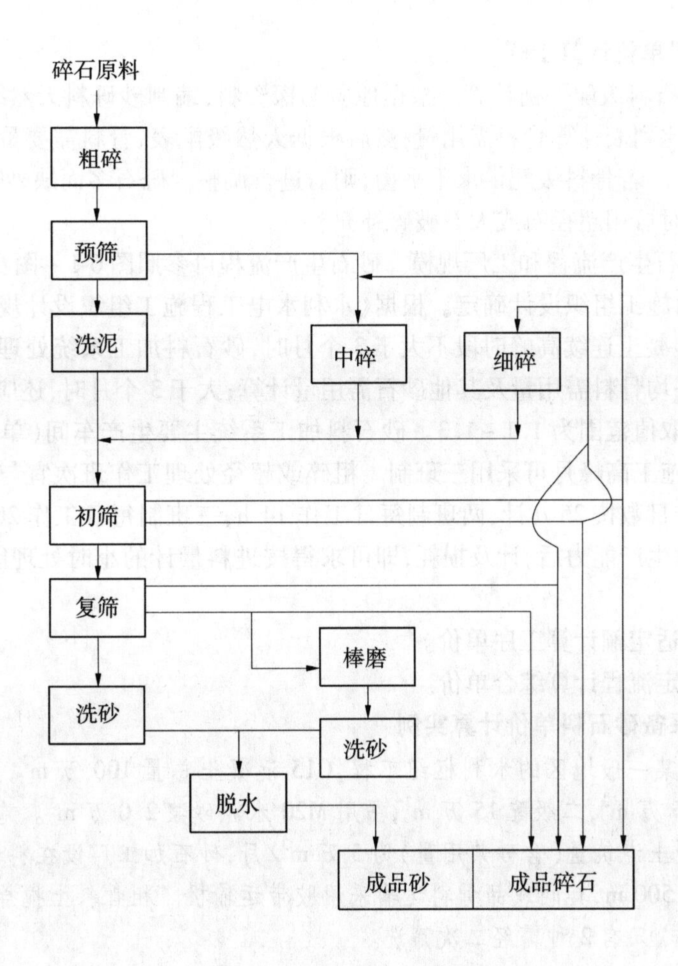

图 6-5　制碎石和砂工艺流程

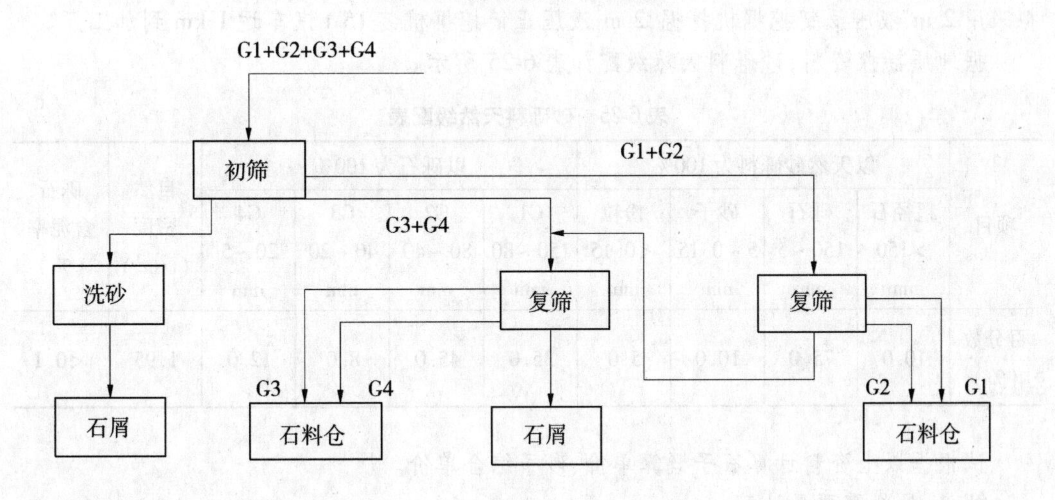

图 6-6　骨料二次筛分工艺流程

(四)砂石料单价计算步骤

(1)进行砂石料级配平衡计算。根据地质勘探资料,编制砂砾料天然级配表;根据混凝土、砂浆的配比列表计算骨料需用量;然后根据天然级配表、骨料需要量表列表进行骨料级配平衡计算。若骨料级配供求不平衡,则需进行调整。砾石多而缺砂时,可用砾石制砂,中小石不足时可用超径石或大石破碎补充。

(2)拟定砂石生产流程和工厂规模。砂石生产流程可参照图6-1~图6-6来拟定。砂石加工厂规模由施工组织设计确定。根据《水利水电工程施工组织设计规范》(SL 303—2017)规定,当混凝土连续高峰时段不大于3个月时,砂石料加工系统处理能力应按混凝土高峰时段月平均骨料需用量及其他砂石需用量计算;大于3个月时,还应计入相应的不均匀系数,对应取值范围为1.1~1.3。砂石料加工系统主要生产车间(单元)工作制度,宜采用两班制,施工高峰月可采用三班制。粗碎或超径处理工作班次宜与材料场作业相一致。每月工作日数按25 d计,两班制每日工作14 h,三班制每日工作20 h。计算求得需要成品的小时生产能力后,计及损耗,即可求得按进料量计的小时处理能力,据此套用相应定额。

(3)选用合适定额计算工序单价。

(4)根据拟定流程计算综合单价。

(五)自行采备砂石料单价计算实例

【例6-6】 某一般地区的水利枢纽工程,C15混凝土总量100万m^3,其中四级配50万m^3,三级配35万m^3,二级配15万m^3,另用M20水泥砂浆2.0万m^3。施工组织设计确定高峰时段混凝土浇筑量(含砂浆用量)为5万m^3/月,砂石加工厂设在料场附近,与混凝土搅拌楼相距2 500 m,其间成品骨料运输采用胶带运输机。粗骨料上搅拌楼之前设二次筛分,4种骨料中,只有2种需经二次筛洗。

该工程天然砂砾料场距坝址3 km,为水下中厚层料场,有效层平均厚度4 m,无覆盖,拟采用2 m^3液压反铲挖掘机挖掘,2 m^3液压正铲挖掘机装15 t汽车运1 km到加工厂。

据地质勘探资料,砂砾料天然级配如表6-25所示。

表6-25 砂砾料天然级配表

项目	以天然砂砾料为100%				以砾石为100%				自然密度(t/m^3)	砾石含泥率(%)
	超径石 >150 mm	砾石 150~5 mm	砂子 5~0.15 mm	粉粒 <0.15 mm	G1 150~80 mm	G2 80~40 mm	G3 40~20 mm	G4 20~5 mm		
百分数(%)	10.0	75.0	10.0	5.0	35.0	45.0	8.0	12.0	1.95	<0.1

试根据以上资料计算石子概算单价、砂子综合单价。

解:1.骨料需要量计算

参考水利部《水利建筑工程概算定额》(2002)附录7,C15混凝土水泥强度等级为32.5(附表7-7),接缝水泥砂浆标号为M20(附表7-15),骨料需要量计算如表6-26所示。

表 6-26　骨料需要量计算表

序号	项目	混凝土量（万 t）	骨料量（万 t）	砂子		砾石		石子级配（%）			
				单位用量（t/m³）	合计用量（万 t）	单位用量（t/m³）	合计用量（万 t）	G1 150～80 mm	G2 80～40 mm	G3 40～20 mm	G4 20～5 mm
1	砂浆	2.0	3.10	1.55	3.10						
2	二级配	15.0	32.25	0.78	11.70	1.37	20.55			50	50
3	三级配	35.0	79.10	0.62	21.70	1.64	57.40		40	30	30
4	四级配	50.0	116.50	0.53	26.50	1.80	90.00	30	30	20	20
5	合计	102.0	230.95	0.62	63.00	1.65	167.95				
6	百分比（%）		100		27.30		72.70	16.08	29.74	27.09	27.09

2. 级配平衡计算

天然砂砾料中小于 0.15 mm 的粉粒在加工过程中随水冲洗走，大于 150 mm 超径石有 2% 无法利用，预筛之后作弃料处理。由表 6-25 知天然砂砾石可利用率为 100% - 5% - 2% = 93%，骨料需用量与天然级配平衡情况如表 6-27 所示。

表 6-27　骨料级配平衡表

序号	项目	总量（万 t）	其中有用量（万 t）		砾石分量（万 t）				>150 mm 超径石利用量（万 t）	弃料量（万 t）
			砂量	砾石	G1 150～80 mm	G2 80～40 mm	G3 40～20 mm	G4 20～5 mm		
1	骨料需用量	230.95	63.00	167.95	27.00	49.95	45.50	45.50		
2	天然产出量	248.33	24.84	206.11	65.18	83.81	14.90	22.35	19.87	17.38
3	平衡情况	+17.38	-38.16	+38.16	+38.18	+33.86	-30.60	-23.15	+19.87	

注：其中超径石弃料量 4.97 万 t。

由表 6-27 可见，骨料级配供求不平衡：砾石多，砂缺 38.16 万 t，占需用量的 60.57%，需用砾石制砂；另外，G3、G4 石子缺 53.75 万 t，需用超径石和大石破碎补充，破碎量为（19.87 + 38.18 + 33.86）= 91.91（万 t），占砾石总量的 44.6%。

3. 工厂规模计算

（1）砂砾石筛洗厂生产能力：

$$Q = 1.16 \times 50\ 000 \times 2.26 \div 350 = 374.51\ (\text{t/h})$$

式中：50 000 为月浇混凝土量（m³）；2.26 为 1 m³ 混凝土骨料用量（t/m³）；350 为月生产时数（h）；1.16 为损耗系数。

故砂砾料筛洗的工厂规模可取为 $Q_1 = 2 \times 220$（t/h）。

（2）超径石破碎的工厂规模，与超径石的破碎率和砂砾料筛洗厂的生产能力有关，即

$$Q = (91.91 \div 248.33) \times 2 \times 220 = 162.8\ (\text{t/h})$$

故可取

$$Q_2 = 1 \times 160\ \text{t/h}$$

(3)砾石制砂的工厂规模,与制砂率和砂砾料筛洗厂的生产能力有关,即

$$Q=1.28\times(38.16\div248.33)\times2\times220=86.5(t/h)$$

故可取 $Q_3=2\times50\ t/h$

其中1.28为损耗系数。

(4)二次筛分能力需按混凝土搅拌能力计算,即

$$Q=50\,000\div350\times2.26=322.86\ t/h$$

故可取 $Q_4=300\ t/h$

确定工厂规模为:

砂砾石筛洗 $Q_1=2\times220\ t/h$

超径石破碎 $Q_2=1\times160\ t/h$

砾石制砂 $Q_3=2\times50\ t/h$

二次筛分 $Q_4=300\ t/h$

4. 各工序单价计算

砂石料的加工过程包括砂砾料的开采、运输、筛洗、二次筛分,成品骨料的运输等。因小石子和砂量不足,还需要用超径石和大石破碎补充。其中人工预算单价计算见例5-1所示,各工序单价计算中所用到机械的台时费的详细计算见第五章第四节施工机械台时费中例5-4。

(1)砂砾料开采单价。具体计算如表6-28所示。

表6-28 砂砾料开采单价计算表

单价编号	1	项目名称	砂砾料开采		
定额编号	60047			定额单位	100 m^3 成品堆方
施工方法	2 m^3液压反铲挖掘机水下挖砂砾料				
编号	名称及规格	单位	数量	单价(元)	合计(元)
一	直接费				215.38
(一)	基本直接费				214.31
1	人工费				31.88
	初级工	工时	5.20	6.13	31.88
2	材料费				19.48
	零星材料费(人、机之和)	%	10.00	194.83	19.48
3	机械使用费				162.95
	挖掘机2 m^3	台时	0.63	213.13	134.27
	推土机74 kW	台时	0.32	89.64	28.68
(二)	其他直接费	%	0.50	214.31	1.07
二	间接费	%	5.00	215.38	10.77
三	利润	%	7.00	226.15	15.83
四	税金	%	3.00	241.98	7.26
五	建筑工程单价				249.24

注:零星材料费以人工费与机械费之和为计算基数。

计算得：砂砾料含税开采单价 249.24/100≈2.49（元/m^3）；

砂砾料不含税开采单价 241.98/100≈2.42（元/m^3）。

（2）砂砾料运输单价。具体计算如表6-29所示。

表6-29　砂砾料运输单价计算表

单价编号	2	项目名称	砂砾料运输		
定额编号	60212			定额单位	100 m^3 成品堆方
施工方法	15 t自卸汽车运输砂砾料1 km；工作内容：挖装、运输、卸除、空回				
编号	名称及规格	单位	数量	单价（元）	合计（元）
一	直接费				620.74
（一）	基本直接费				617.65
1	人工费				23.29
	初级工	工时	3.80	6.13	23.29
2	材料费				6.12
	零星材料费（人、机之和）	%	1.00	611.53	6.12
3	机械使用费				588.24
	挖掘机2 m^3	台时	0.63	213.13	134.27
	推土机74 kW	台时	0.32	89.64	28.68
	自卸汽车15 t	台时	3.75	113.41	425.29
（二）	其他直接费	%	0.50	617.65	3.09
二	间接费	%	5.00	620.74	31.04
三	利润	%	7.00	651.78	45.62
四	税金	%	3.00	697.40	20.92
五	建筑工程单价				718.32

计算得：砂砾料运输含税单价 718.32/100≈7.18（元/m^3）；

砂砾料运输不含税单价 697.40/100≈6.97（元/m^3）。

（3）砂砾料筛洗单价。具体计算如表6-30所示。

砂砾料筛洗分级采用机械振动筛，纵向分层设置，从上到下分别为：圆振动筛1 500 mm×3 600 mm、直线振动筛1 500 mm×4 800 mm、圆振动筛1 800 mm×4 200 mm，螺旋分级机1 500 mm，并配备槽式给料机1 100 mm×2 700 mm一台，筛洗完毕后用胶带输送机把成品运至骨料堆存处。胶带输送机分别采用宽度 $B=500$ mm、$B=650$ mm、$B=800$ mm、$B=1\ 000$ mm，长度为75 m，分层设置，运至堆料地点时，分层堆料。在筛洗过程中需用大量的水，水的预算价格取为0.98元/m^3。

表6-30 砂砾料筛洗单价计算表

单价编号	3		项目名称	砂砾料筛洗	
定额编号	60075			定额单位	100 t成品
施工方法	处理能力为220 t/h的2筛组砂砾料筛洗;工作内容:上料、筛洗、成品运输、堆存				
编号	名称及规格	单位	数量	单价(元)	合计(元)
一	直接费				578.70
(一)	基本直接费				575.82
1	人工费				59.47
	中级工	工时	3.10	8.90	27.59
	初级工	工时	5.20	6.13	31.88
2	材料费				118.78
	天然砂砾料	t	110.00		0.00
	水	m^3	120.00	0.98	117.60
	其他材料费	%	1.00	117.60	1.18
3	机械使用费				397.57
	圆振动筛1 500 mm×3 600 mm	台时	0.30	36.41	10.92
	圆振动筛1 800 mm×4 200 mm	台时	1.21	41.25	49.91
	螺旋分级机1 500 mm	台时	0.61	42.70	26.05
	直线振动筛1 500 mm×4 800 mm	台时	0.30	48.57	14.57
	槽式给料机1 100 mm×2 700 mm	台时	0.61	34.71	21.17
	胶带输送机 $B=500$ mm	米时	52.00	0.37	19.24
	胶带输送机 $B=650$ mm	米时	52.00	0.49	25.48
	胶带输送机 $B=800$ mm	米时	176.00	0.57	100.32
	胶带输送机 $B=1\ 000$ mm	米时	35.00	0.64	22.40
	推土机88 kW	台时	0.82	108.02	88.58
	其他机械费	%	5.00	378.64	18.93
(二)	其他直接费	%	0.50	575.82	2.88
二	间接费	%	5.00	578.70	28.94
三	利润	%	7.00	607.64	42.53
四	税金	%	3.00	650.17	19.51
五	建筑工程单价				669.68

注:1. 其他材料费以主要材料费之和为计算基数;其他机械费以主要机械费之和为计算基数。

2. 因无外购天然砂砾料,故天然砂砾料一项不计材料费。

3. 胶带输送机的每米时单价等于机械台时费定额除以75。

计算得：砂砾料筛洗含税单价 669.68/100≈6.70(元/t)；

砂砾料筛洗不含税单价 650.17/100≈6.50(元/t)。

(4)超径石破碎单价。具体计算如表 6-31 所示。

表 6-31　超径石破碎单价计算表

单价编号	4	项目名称		超径石破碎	
定额编号	60092			定额单位	100 t 成品
施工方法	用 1 台 160 t/h 粗碎机进行超径石破碎，成品粒度 $d<40$ mm；工作内容：进料、破碎、返回筛分				
编号	名称及规格	单位	数量	单价(元)	合计(元)
一	直接费				393.47
(一)	基本直接费				391.51
1	人工费				21.77
	中级工	工时	1.00	8.90	8.90
	初级工	工时	2.10	6.13	12.87
2	机械使用费				369.74
	旋回破碎机 500 mm/70 mm	台时	0.76	181.74	138.12
	圆锥破碎机 1 750 mm	台时	0.76	231.61	176.02
	胶带输送机 $B=650$ mm	米时	106.00	0.49	51.94
	其他机械费	%	1.00	366.08	3.66
(二)	其他直接费	%	0.50	391.51	1.96
二	间接费	%	5.00	393.47	19.67
三	利润	%	7.00	413.14	28.92
四	税金	%	3.00	442.06	13.26
五	建筑工程单价				455.32

注：胶带输送机的每米时单价等于机械台时费定额除以 75。

计算得：超径石破碎含税单价 455.32/100≈4.55(元/t)；

超径石破碎不含税单价 442.06/100≈4.42(元/t)。

(5)成品骨料运输单价。具体计算如表 6-32 所示。

高峰时段混凝土浇筑量为 5 万 m^3/月，每月有效工作时间按 350 h 计，混凝土系统生产能力需达到 50 000/350 = 143(m^3/h)，运送成品骨料时可选用生产率为 300 m^3/h 的双臂堆料机。因为运输成品骨料的运距 L 为 2 500 m，胶带运输机可选用固定式 800×250 型号，10 台为一组，每台运输机用 1 台电磁给料机，共用 10 台电磁给料机。

表6-32　骨料运输单价计算表

单价编号	5		项目名称	成品骨料运输	
定额编号	60164		定额单位	100 m³成品堆方	
施工方法	用一组10台宽度为800 mm的胶带输送机运输成品骨料,运距为2 500 m;工作内容:漏斗进料、运输、堆存				
编号	名称及规格	单位	数量	单价(元)	合计(元)
一	直接费				653.05
(一)	基本直接费				649.80
1	人工费				31.88
	初级工	工时	5.20	6.13	31.88
2	材料费				84.76
	零星材料费(人、机之和)	%	15.00	565.04	84.76
3	机械使用费				533.16
	电磁给料机	组时	0.36	182.94	65.86
	胶带输送机 $B=800$ mm	组时	0.36	1 127.70	405.97
	推土机132 kW	台时	0.18	155.12	27.92
	堆料机	台时	0.36	49.67	17.88
	其他机械费	%	3.00	517.63	15.53
(二)	其他直接费	%	0.50	649.80	3.25
二	间接费	%	5.00	653.05	32.65
三	利润	%	7.00	685.70	48.00
四	税金	%	3.00	733.70	22.01
五	建筑工程单价				755.71

注:电磁给料机、胶带输送机的每组时单价等于机械台时费定额乘以10。

计算得:成品骨料运输含税单价 755.71/100≈7.56(元/m³);

成品骨料运输不含税单价 733.70/100≈7.34(元/m³)。

(6)骨料二次筛分单价。具体计算如表6-33所示。

表 6-33　骨料二次筛分单价计算表

单价编号	6		项目名称	骨料二次筛分	
定额编号	60411			定额单位	100 t 成品
施工方法	车间规模(按进料机处理能力)为 300 t/h,混凝土系统生产能力为 140 m^3,进行骨料二次筛分				

编号	名称及规格	单位	数量	单价(元)	合计(元)
一	直接费				370.44
(一)	基本直接费				368.60
1	人工费				16.53
	中级工	工时	1.10	8.90	9.79
	初级工	工时	1.10	6.13	6.74
2	材料费				41.16
	水	m^3	40.00	0.98	39.20
	其他材料费	%	5.00	39.20	1.96
3	机械使用费				310.91
	圆振动筛 1 500 mm×4 800 mm	台时	1.59	39.40	62.65
	螺旋分级机 1 000 mm	台时	0.53	29.57	15.67
	电磁振动给料机 GZ6S	台时	4.22	18.290	77.18
	胶带输送机 $B=500$ mm	米时	233.00	0.37	86.21
	胶带输送机 $B=650$ mm	米时	111.00	0.49	54.39
	其他机械费	%	5.00	296.10	14.81
(二)	其他直接费	%	0.50	368.60	1.84
二	间接费	%	5.00	370.44	18.52
三	利润	%	7.00	388.96	27.23
四	税金	%	3.00	416.19	12.49
五	建筑工程单价				428.68

注: * 表示因定额中没有给出电磁振动给料机 GZ6S 的台时费,故在此处取用了电磁给料机 45DA 的台时费。

计算得:骨料二次筛分含税单价 428.68/100≈4.29(元/t);

骨料二次筛分不含税单价 416.19/100≈4.16(元/t)。

(7)机制砂单价。具体计算如表6-34所示。

表6-34 机制砂单价计算表

单价编号	7		项目名称		机制砂
定额编号	60133			定额单位	100 t 成品
施工方法	用2台处理能力为50 t/h的棒磨机把 $d<40$ mm的砾石制成砂子;工作内容:上料、细碎、棒磨制砂、转运、堆存脱水				
编号	名称及规格	单位	数量	单价(元)	合计(元)
一	直接费				2 513.87
(一)	基本直接费				2 501.36
1	人工费				263.03
	中级工	工时	17.50	8.90	155.75
	初级工	工时	17.50	6.13	107.28
2	材料费				317.58
	碎石原料	t	128.00		0.00
	水	m^3	200.00	0.98	196.00
	钢棒	kg	40.00	3.00	120.00
	其他材料费	%	0.50	316.00	1.58
3	机械使用费				1 920.75
	圆锥破碎机1 750 mm	台时	1.55	231.61	359.00
	棒磨机2 100 mm×3 600 mm	台时	3.09	187.51	579.41
	反击式破碎机1 200 mm×1 000 mm	台时	1.55	91.89	142.43
	螺旋分级机1 500 mm	台时	3.09	42.70	131.94
	直线振动筛1 800 mm×4 800 mm	台时	3.09	54.88	169.58
	振动给料机45DA	台时	3.09	18.29	56.52
	胶带输送机 $B=500$ mm	米时	77.00	0.37	28.49
	胶带输送机 $B=650$ mm	米时	371.00	0.49	181.79
	胶带输送机 $B=800$ mm	米时	255.00	0.57	145.35
	推土机88 kW	台时	0.82	108.02	88.58
	其他机械费	%	2.00	1 883.09	37.66
(二)	其他直接费	%	0.50	2 501.36	12.51
二	间接费	%	5.00	2 513.87	125.69
三	利润	%	7.00	2 639.56	184.77
四	税金	%	3.00	2 824.33	84.73
五	建筑工程单价				2 909.06

注:因机制砂工序不需要外购碎石原料,故不计碎石原料一项。

计算得:机制砂含税单价2 909.06/100≈29.09(元/t);

机制砂不含税单价2 824.33/100≈28.24(元/t)。

5. 砂石概算单价计算

(1)石子单价计算，如表6-35所示，表中各计量单位的换算可参见定额。天然砂石料中：松散砂砾混合料密度1.74 t/m^3，分级砾石1.65 t/m^3，砂1.55 t/m^3；人工砂石料中：碎石原料1.76 t/m^3，成品碎石1.45 t/m^3，成品砂1.50 t/m^3。

表6-35　砾石单价计算表

序号	项目	定额编号	工序单价(元/t)	系数	复价(元/t)	备注
1	砂砾料开采	60047	2.42/1.74	1.16	1.61	
2	砂砾料运输	60212	6.97/1.74	1.16	4.65	运1 km
3	砂砾料筛洗	60075	6.50	1	6.50	
4	超径破碎	60092	4.42	0.446	1.97	
5	成品运输	60164	7.34/1.65	1	4.45	L=2 500 m
6	二次筛分	60411	4.16	0.5	2.08	1/2石子过筛
7	超径石弃料	60047 60212 60075	1.61+4.65+ 6.50×0.2=7.56	0.022	0.17	就地弃料
8	合计				21.43	21.43×1.65= 35.36(元/m^3)

注：1. 1.16为损耗系数；

2. 0.446表示超径石破碎的摊销率，为破碎量91.91×10^4 t与砾石总量206.11×10^4 t之比。

3. 0.022表示超径石弃料的摊销率，为超径石弃料量4.97×10^4 t与骨料总用量230.95×10^4 t之比，下同。

(2)砂子单价计算，如表6-36、表6-37所示。

表6-36　天然砂单价计算表

序号	项目	定额编号	工序单价(元/t)	系数	复价(元/t)	备注
1	砂砾料开采	60047	2.42/1.74	1.16	1.61	
2	砂砾料运输	60212	6.97/1.74	1.16	4.65	
3	砂砾料筛洗	60075	6.50	1	6.50	
4	成品运输	60164	7.34/1.55	1	4.74	L=2 500 m
5	超径石 弃料摊销	60047 60212 60075	1.61+4.65+ 6.50×0.2=7.56	0.022	0.17	就地弃料
6	合计				17.67	17.67×1.55= 27.39(元/m^3)

表6-37 砾石制砂单价计算表

序号	项目	定额编号	工序单价(元/t)	系数	复价(元/t)	备注
1	砂砾原料		1.61 + 4.65 + 6.50 + 1.97 = 14.73	1.28	18.85	$d<40$ mm
2	机制砂	60133	28.24	1	28.24	
3	成品运输	60164	7.34/1.5	1	4.89	$L=2\ 500$ m
4	合计				51.98	51.98 × 1.5 = 77.97(元/m^3)

注:1.28为定额中给出的损耗系数。

砂子综合单价(不含税):39.43% ×27.39 +60.57% ×77.97 =58.03(元/m^3)。

九、基础处理工程单价的编制

基础处理工程指为提高地基承载能力、改善和加强其抗渗性及整体性所采取的处理措施。从施工角度讲,主要是开挖、回填、灌浆或桩(井)墙等几种方法的组合应用。其中灌浆是水利工程基础处理中最常用的有效手段,下面重点介绍。

(一)钻孔灌浆

灌浆就是利用灌浆机施加一定的压力,将浆液通过预先设置的钻孔或灌浆管,灌入岩石、土或建筑物中,使其胶结成坚固、密实而不透水的整体。

1.灌浆的分类

按照灌浆材料分类,主要有水泥灌浆、水泥黏土灌浆、黏土灌浆、沥青灌浆和化学灌浆等。按灌浆作用分类,主要有:

(1)帷幕灌浆。为在坝基形成一道阻水帷幕以防止坝基及绕坝渗漏,降低坝底扬压力而进行的深孔灌浆。

(2)固结灌浆。为提高地基整体性、均匀性和承载能力而进行的灌浆。

(3)接触灌浆。为加强坝体混凝土和基岩接触面的结合能力,使其有效传递应力,提高坝体的抗滑稳定性而进行的灌浆。接触灌浆多在坝体下部混凝土固化收缩基本稳定后进行。

(4)接缝灌浆。大体积混凝土由于施工需要而形成了许多施工缝,为了恢复建筑物的整体性,利用预埋的灌浆系统,对这些缝进行的灌浆。

(5)回填灌浆。为使隧道顶拱岩面与衬砌的混凝土面,或压力钢管与底部混凝土接触面结合密实而进行的灌浆。

2.灌浆工艺流程

一般为:施工准备→钻孔→冲洗→表面处理→压水试验→灌浆→封孔→质量检查。

(1)施工准备。包括场地清理、劳动组合、材料准备、孔位放样、电风水布置、机具设备就位、检查等。

(2)钻孔。采用手风钻、回转式钻机和冲击钻等钻孔机械进行。

(3)冲洗。用水将残存在孔内的岩粉和铁砂末冲出孔外,并将裂隙中的充填物冲洗干净,以保证灌浆效果。

(4)表面处理。为防止有压情况下浆液沿裂隙冒出地面而采取的塞缝、浇盖面混凝土等措施。

(5)压水试验。压水试验目的是确定地层的渗透特性,为岩基处理设计和施工提供依据。压水试验是在一定压力下将水压入壁四周缝隙,根据压入流量和压力,计算出代表岩层渗透特性的技术参数。规范规定,渗透特性用透水率表示,单位为吕容(Lu),定义为:压水压力为1 MPa时,每米试段长度每分钟注入水量1 L时,称为1 Lu。

(6)灌浆。按照灌浆时浆液灌注和流动的特点,可分为纯压式和循环式灌浆两种灌浆方式。

纯压式灌浆:单纯地把浆液沿灌浆管路压入钻孔,再扩张到岩层裂隙中。适用于裂隙较大,吸浆量多和孔深不超过15m的岩层。这种方式设备简单,操作方便,当吃浆量逐渐变小时,浆液流动慢,易沉淀,影响灌浆效果。循环式灌浆:浆液通过进浆管进入钻孔后,一部分被压入裂隙,另一部分由回浆管返回拌浆筒。这样可使浆液始终保持流动状态,防止水泥沉淀,保证了浆液的稳定和均匀,提高灌浆效果。

按照灌浆顺序,灌浆方法有一次灌浆法和分段灌浆法。后者又可分为自上而下分段、自下而上分段及综合灌浆法。

一次灌浆法:将孔一次钻到设计深度,再沿全孔一次灌浆。施工简便,多用于孔深10 m内,基岩较完整、透水性不大的地层。

分段灌浆法:①自上而下分段灌浆法:自上而下钻一段(一般不超过5 m)后,冲洗、压水试验、灌浆。待上一段浆液凝结后,再进行下一段钻灌工作。如此钻灌交替,直至设计深度。此法灌浆压力较大,质量好,但钻灌工序交叉,工效低。多用于岩层破碎、竖向节理裂隙发育地层。②自下而上分段灌浆法:一次将孔钻到设计深度,然后自下而上利用灌浆塞逐段灌浆。这种方法钻灌连续,速度较快,但不能采用较高压力,质量不易保证。一般适用于岩层较完整坚固的地层。③综合灌浆法:通常接近地表的岩层较破碎,越往下则越完整,上部采用自上而下分段,下部采用自下而上分段,使之既能保证质量,又可加快速度。

(7)封孔。人工或机械(灌浆及送浆)用砂浆封填孔口。

(8)质量检查。质量检查的方法较多,最常用的是打检查孔检查,取岩芯、做压水试验检查透水率是否符合设计和规范要求。

3.影响灌浆工效的主要因素

(1)岩石(地层)级别。岩石(地层)级别是钻孔工序的主要影响因素。岩石级别越高,对钻进的阻力越大,钻进工效越低,钻具消耗越多。

(2)岩石(地层)的透水性。透水性是灌浆工序的主要影响因素。透水性强(透水率高)的地层可灌性好,吃浆量大,单位灌浆长度的耗浆量大。反之,灌注每吨浆液干料所需的人工、机械台班(时)用量越少。

(3)施工方法。前述一次灌浆法和自下而上分段灌浆法的钻孔和灌浆两大工序互不干扰,工效高。自上而下分段灌浆法钻孔与灌浆相互交替,干扰大、工效低。

(4)施工条件。露天作业,机械的效率能正常发挥。隧洞(或廊道)内作业影响机械效率的正常发挥,尤其是对较小的隧洞(或廊道),限制了钻杆的长度,增加了接换钻杆次数,降低了工效。

(二)混凝土防渗墙

建筑在冲积层上的挡水建筑物,一般设置混凝土防渗墙,是有效的防渗处理方式。防渗墙施工包括造孔和浇筑混凝土两部分内容。

1.造孔

防渗墙的成墙方式大多采用槽孔法。造孔采用冲击钻机、反循环钻、液压开槽机等机械进行。一般用冲击钻较多,其施工程序包括造孔前的准备、泥浆制备、造孔、终孔验收、清孔换浆等。冲击钻造孔工效不仅受地层土石类别影响,而且与钻孔深度大有关系。随着孔深的增加,钻孔效率下降较大。

2.浇筑

防渗墙采用导管法浇筑水下混凝土。其施工程序有浇筑前的准备、配料拌和、浇筑混凝土、质量验收。由于防渗墙混凝土不经振捣,因而混凝土应具有良好的和易性。要求入孔时坍落度为18~22 cm,扩散度为34~38 cm,最大骨料不大于4 cm。

3.定额表现形式

一般都将造孔和浇筑分列,概算定额均以阻水面积(100 m^2)为单位,按墙厚分列子目;而预算定额中,造孔成槽定额单位为100折算米或100 m^2,防渗墙浇筑定额单位为100 m^3。定额中,混凝土用量均在浇筑定额中列示。

(三)桩基工程

桩基工程是地基加固的主要方法之一,目的是提高地基承载力、抗剪强度和稳定性。

1.振冲桩

软弱地基中,利用能产生水平向振动的管状振冲器,在高压水流下边振边冲成孔,再在孔内填入碎石或水泥、碎石等坚硬材料成桩,使桩体和原来的土体构成复合地基,这种加固技术称振冲桩法。

(1)施工机具:振冲桩主要机具为振冲器、吊机(或专用平车)和水泵。振冲器是利用一个偏心体的旋转产生一定频率和振幅的水平向振动力进行振冲挤密或置换施工的专用机械。我国用于施工的主要有ZCQ-30、ZCQ-55、ZCQ-75、ZCQ-150等,其潜水电机功率分别为30 kW、55 kW、75 kW和150 kW。起吊机械包括履带或轮胎吊机、自行井架或专用平车等。吊机的起吊能力需大于100~200 kN。水泵规格为出口水压0.4~0.6 MPa,流量20~30 m^3/h。每台振冲器配一台水泵。

(2)制桩步骤:①振冲器对准桩位,开水、开电。②启动吊机,使振冲器徐徐下沉,并记录振冲器经各深度的电流值和时间。③当达设计深度以上30~50 cm时,将振冲器提到孔口,再下沉,提起进行清孔。④往孔内倒填料,将振冲器沉到填料中振实,当电流达规定值时,认为该深度已振密,并记录深度、填料量、振密时间和电流量;再提出振冲器,准备做上一深度桩体;重复上述步骤,自下而上制桩,直到孔口。⑤关振冲器,关水、关电,移位。

(3)单价编制:振冲桩单价按地层不同分别采用定额相应子目。由于不同地层对孔

壁的约束力不同,所以形成的桩径不同,因此耗用的填料(碎石或碎石、水泥)数量也不相同。

2. 灌注桩

灌注桩施工工艺类似于防渗墙的圆孔法,主要采用泥浆固壁成孔(另外还有干作业成孔、套管法成孔、爆扩成孔等)。

造孔设备有推钻、冲抓钻、冲击钻、回旋钻等。灌注混凝土一般采用导管法浇筑水下混凝土。定额一般按造孔和灌注分节。

(四)编制基础单价应注意的问题

1. 关于基础处理工程的项目、工程量

土石方、混凝土、砌石工程等均按几何轮廓尺寸计算工程量,其计算规则简单明了,而基础处理工程的工程量计算相对比较复杂,其项目设置、工程量数量及其单位均必须与概算定额的设置、规定相一致,如不一致,应进行科学的换算,才不致出现差错。例如:

(1)钻孔。有的定额按全孔计量,有的定额将不灌浆孔段(建筑物段)以钻灌比的形式摊入灌浆孔段,使用这种定额,就只能计算灌浆段长度,否则就会重复计量。

(2)灌浆。有的定额以灌浆孔的长度(m)为计量单位,有的定额以灌入水泥量(t)为计量单位,前者的工程量与后者显然是不一样的。

(3)混凝土防渗墙。概算定额均以阻水面积(100 m^2)为单位,预算定额造孔以折算进尺(100 折算米)为单位,防渗墙混凝土用100 m^3为单位,所以一定要按科学的换算方式进行换算。

2. 关于检查孔

钻孔灌浆属隐蔽工程,质量检查至关重要。常用的检查手段是打检查孔,取岩芯,作压水(浆)试验。对于检查孔的钻孔、压水(浆)试验、灌浆等费用的处理,必须与定额的规定相适应。如定额中已摊入检查孔的上述费用,就不应再计算,如未摊入,则要注意不要漏掉上述费用。

3. 关于岩土的平均级别和平均透水率

岩土的级别和透水率分别为钻孔和灌浆两大工序的主要参数,正确确定这两个参数对钻孔灌浆单价编制有重要意义。由于水工建筑物的地基绝大多数不是由单一的地层组成,通常多达十几层或几十层。各层的岩土级别、透水率各不相同,为了简化计算,几乎所有的工程都采用一个平均的岩石级别和平均的透水率来计算钻孔灌浆单价。在计算这两个重要参数的平均值时,一定要注意计算的范围要和设计确定的钻孔灌浆范围完全一致,也就是说不要简单地把水文地质剖面图中的数值拿来平均,要注意把上部开挖范围内的透水性强的风化层和下部不在设计灌浆范围内的相对不透水地层都剔开。

【例6-7】 某水库(一般地区)坝基岩石基础固结灌浆,采用手风钻钻孔,一次灌浆法,灌浆孔深6 m,岩石级别为Ⅸ级,试计算坝基岩石固结灌浆综合概算单价。

基本资料:坝基岩石层平均单位吸水率5 Lu,灌浆水泥采用32.5 级普通硅酸盐水泥。人工预算单价见第五章第一节。材料预算单价:合金钻头50 元/个,空心钢9.8 元/kg,32.5 级普通硅酸盐水泥370 元/t,水0.98 元/m^3,施工用风0.17 元/m^3,施工用电0.83 元/(kW·h)。

解:(1)计算钻孔单价。

查水利部《水利建筑工程概算定额》(2002),手风钻钻岩石层固结灌浆孔、岩石级别Ⅸ级定额子目为70018。根据人工预算单价、材料预算价格和水利部《水利工程施工机械台时费定额》(2002)列表计算钻岩石层固结灌浆孔单价,见表6-38。由表6-38可知,钻岩石层固结灌浆孔概算单价为27.11元/m。

表6-38 建筑工程单价表(钻岩石层固结灌浆孔)

单价编号	1	项目名称	钻岩石层固结灌浆孔		
定额编号	70018			定额单位	100 m
施工方法	孔位转移、接拉风管、钻孔、检查孔钻孔,施工方法:手风钻钻孔,孔深6 m				
编号	名称及规格	单位	数量	单价(元)	合计(元)
一	直接费				2 103.78
(一)	基本直接费				1 957.00
1	人工费				801.95
	工长	工时	3.00	11.55	34.65
	中级工	工时	38.00	8.90	338.20
	初级工	工时	70.00	6.13	429.10
2	材料费				180.92
	合金钻头	个	2.72	50.00	136.00
	空心钢	kg	1.46	9.80	14.31
	水	m^3	10.00	0.98	9.80
	其他材料费	%	13.00	160.11	20.81
3	机械使用费				974.13
	手持式风钻	台时	25.80	33.12	854.50
	其他机械费	%	14.00	854.50	119.63
(二)	其他直接费	%	7.50	1 957.00	146.78
二	间接费	%	10.50	2 103.78	220.90
三	利润	%	7.00	2 324.68	162.73
四	材料补差				0.00
五	税金	%	9.00	2 487.41	223.87
六	建筑工程单价				2 711.28

(2)计算基础固结灌浆概算单价。

查水利部《水利建筑工程概算定额》(2002),岩石层透水率为5 Lu的基础固结灌浆定额子目为70047。根据人工预算单价、材料预算价格和水利部《水利工程施工机械台时

费定额》(2002)列表计算基础固结灌浆单价,见表6-39。由表6-39可知,基础固结灌浆单价为164.24元/m。

(3)计算坝基岩石基础固结灌浆综合概算单价。

坝基岩石基础固结灌浆综合概算单价包括钻孔单价和灌浆单价,即:27.11元/m+164.24元/m=191.35元/m。

表6-39　建筑工程单价表(基础固结灌浆)

单价编号	2	项目名称	基础固结灌浆		
定额编号	70047			定额单位	100 m
施工方法	冲洗、制浆、封孔、孔位转移、检查孔压水试验、灌浆,岩石层透水率为5 Lu				
编号	名称及规格	单位	数量	单价(元)	合计(元)
一	直接费				12 345.57
(一)	基本直接费				11 484.25
1	人工费				3 639.83
	工长	工时	24.00	11.55	277.20
	高级工	工时	50.00	10.67	533.50
	中级工	工时	145.00	8.90	1 290.50
	初级工	工时	251.00	6.13	1 538.63
2	材料费				1 823.09
	水泥	t	4.10	255.00	1 045.50
	水	m^3	565.00	0.98	553.70
	其他材料费	%	14.00	1 599.20	223.89
3	机械使用费				6 021.33
	灌浆泵　中压泥浆	台时	96.00	41.37	3 971.52
	灰浆搅拌机	台时	88.00	19.83	1 745.04
	胶轮车	台时	22.00	0.82	18.04
	其他机械费	%	5.00	5 734.60	286.73
(二)	其他直接费	%	7.50	11 484.25	861.32
二	间接费	%	10.50	12 345.57	1 296.28
三	利润	%	7.00	13 641.85	954.93
四	材料补差				471.50
	水泥	t	4.10	115.00	471.50
五	税金	%	9.00	15 068.28	1 356.15
六	建筑工程单价				16 424.43

第三节　安装工程单价编制

安装工程费是项目费用构成中的一个重要组成部分。安装工程单价的编制是设计概算的基础工作,应充分收集设备型号、重量、价格等有关资料,正确使用安装定额编制安装工程单价。

一、安装工程单价计算方法

原水利安装工程定额计算安装费有三种形式,因此采用的计算方法也有区别。水利部《水利水电设备安装工程概算定额》(2002)中,安装工程定额主要以实物量形式表示,只有少量的安装工程定额是以安装费率形式表示的。为了便于进行比较和正确使用安装工程定额,对安装工程定额的三种表示形式分别介绍如下。

(一)以实物量形式表示的定额

以实物量形式表示的安装工程定额,其安装工程单价的计算与前述建筑工程单价计算方法和步骤相同,不再重述。这种形式编制的单价较准确,但计算相对烦琐。由于这种方法量价分离,所以能满足动态变化的要求。

(二)以价目表形式表示的定额

以价目表形式表示的定额,在定额表中给出了安装工程的人工费、材料费和机械使用费的金额数量,该数量是以定额编制年的人工工资水平和物价水平计算的,因而在编制安装工程单价时,应按有关规定对人工费、材料费和机械费进行调整,以满足动态变化的要求。这种方法计算简便,应用较普遍。

(三)以安装费率形式表示的定额

安装费率是以安装费占设备原价的百分率形式表示的定额。定额中给定了人工费、材料费和机械使用费各占设备原价的百分比。在编制安装工程单价时,计算基数不变,仍为含增值税的设备费,其中人工费费率不变,材料费费率除以1.03调整系数,机械使用费费率除以1.10调整系数,装置性材料费费率除以1.13调整系数。这种简化的计算方法对于投资不大的辅助设备、试验设备等次要设备不失为一种节省计算工作量的好方法。

以安装费率形式表示的定额编制安装工程单价时,常常需要对人工费进行调整。按规定的方法,根据概算编制期工程所在地区安装人工预算单价与定额主管部门编制定额时发布的同期北京地区安装人工预算单价,计算人工费调整系数。再根据人工费调整系数、材料费调整系数、机械使用费调整系数、装置性材料费调整系数对定额人工费材料费、机械使用费、装置性材料费(%)进行调整。

人工费调整系数 = 工程所在地区安装人工预算单价 / 北京地区安装人工预算单价　　(6-5)

调整的人工费 = 定额人工费 × 人工费调整系数　　(6-6)

【例6-8】　某地区水利枢纽工程主厂房发电电压设备安装,根据概算编制期工程所在地区安装人工预算单价与定额主管部门编制定额时发布的同期北京地区安装人工预算单价,计算人工费调整系数为1.1,根据人工费调整系数、材料费调整系数、机械使用费调

整系数、装置性材料费调整系数对定额人工费、材料费、机械使用费、装置性材料费(%)进行调整,见表 6-40。

表 6-40　发电电压设备安装

定额编号	项目	单位	安装费(%)				装置性材料费(%)
			合计	人工费	材料费	机械使用费	
	定额原费率						
06001	电压(kV)　6.3	项	12.1	7.2	3.0	1.9	5.3
06002	10.5	项	8.9	4.9	2.6	1.4	3.3
06003	>10.5	项	7.1	3.7	2.2	1.2	3.0
	定额调整费率						
	电压(kV)　6.3	项	12.5	7.9	2.9	1.7	4.7
	10.5	项	9.2	5.4	2.5	1.3	2.9
	>10.5	项	7.3	4.1	2.1	1.1	2.7

二、采用现行定额编制安装工程概算单价时应注意的问题

(一)区分采用实物量计算单价的项目和采用安装费率计算单价的项目

采用实物量计算单价的项目有:水轮机,水轮发电机,大型水泵,进水阀,水力机械辅助设备中的管路,电气设备中的电缆、母线、接地、保护网、铁构件,变电站设备中的电力变压器、断路器、一次拉线设备,通信设备,起重设备,闸门以及压力钢管等。

采用安装费率计算单价的项目有:水力机械辅助设备、电气设备中的发电电压设备、控制保护系统、计算机监控系统、直流系统、厂用电系统、电气试验设备、变电站设备中的高压电器设备等。

(二)装置性材料费的计算

装置性材料,是指本身属于材料,但又是被安装对象,安装后构成工程实体的材料。定额中部分项目已列入了一般的装置性材料(次要装置性材料)的费用,但对有关定额中的未计价装置性材料(主要装置性材料),如水力机械的管道、电缆、一次拉线、接地装置、保护网、通风管、钢轨、滑触线和压力钢管等材料,计算时应按设计提供的型号、规格和数量计算费用,并按定额规定加计操作损耗费用。

(三)定额安装费的组成

定额安装费为基本直接费,包括人工费、材料费和机械使用费;编制单价时应按规定计算其他直接费、间接费、利润、材料补差和税金。

三、安装工程单价的编制

(一)实物量形式的安装工程单价

实物量形式的安装工程单价计算方法见表 6-41。

表6-41 实物量形式的安装工程单价计算程序表

单价编号			项目名称		
定额编号				定额单位	
型号规格					
编号	名称及规格	单位	数量	单价(元)	合计(元)
一	直接费	(一)+(二)			
(一)	基本直接费	1+2+3			
1	人工费	Σ定额劳动量(工时)×人工预算单价(元/工时)			
2	材料费	Σ定额材料用量×材料预算价格			
3	机械使用费	Σ定额机械台时×台时费			
(二)	其他直接费	(一)×其他直接费费率之和			
二	间接费	人工费×间接费费率			
三	企业利润	(一+二)×企业利润率			
四	材料补差	Σ(材料预算价格-材料基价)×材料消耗量			
五	未计价装置性材料费	Σ未计价装置性材料用量×材料预算价格			
六	税金	(一+二+三+四+五)×税率			
七	单价合计	一+二+三+四+五+六			

注:机电、金属结构设备安装工程的间接费以人工费作为计算基础。

(二)费率形式的安装工程单价

费率形式的安装工程单价计算方法见表6-42。

表6-42 费率形式的安装工程单价计算程序表

单价编号			项目名称		
定额编号				定额单位	
型号规格					
编号	名称及规格	单位	数量	单价(元)	合计(元)
一	直接费	(一)+(二)			
(一)	基本直接费	1+2+3+4			
1	人工费	定额人工费(%)×设备原价(元)			
2	材料费	定额材料费(%)×设备原价(元)/1.03			
3	装置性材料费	定额装置性材料费(%)×设备原价(元)/1.13			
4	机械使用费	定额机械使用费(%)×设备原价(元)/1.10			
(二)	其他直接费	(一)×其他直接费费率之和			
二	间接费	人工费×间接费费率			
三	企业利润	(一+二)×企业利润率			
四	税金	(一+二+三)×税率			
五	单价合计	一+二+三+四			

注:机电、金属结构设备安装工程的间接费以人工费(%)作为计算基础。

四、安装工程单价编制实例

【例 6-9】 试编制华东地区某河道工程(一般地区)大型排涝泵站水泵安装工程单价。已知水泵自重 18 t,叶片转轮为半调节方式。人工预算单价:工长 8.02 元/工时,高级工 7.40 元/工时,中级工 6.16 元/工时,初级工 4.26 元/工时。工地材料预算价格:钢板 3.70 元/kg,型钢 3.45 元/kg,电焊条 7.00 元/kg,氧气 3.00 元/m^3,乙炔气 12.80 元/m^3,汽油 7.87 元/kg,油漆 15.60 元/kg,橡胶板 7.80 元/kg,木材 1500 元/m^3,电 0.83 元/(kW·h)。

解:查水利部《水利水电设备安装工程概算定额》(2002)、《水利建筑工程施工机械台时费定额》(2002)列表计算,见表 6-43。

表 6-43　安装工程单价表(水泵安装)

单价编号	1	项目名称	水泵安装		
定额编号	03002	定额单位	台		
型号规格	轴流式水泵自重 18 t,叶片转轮为半调节方式				
编号	名称及规格	单位	数量	单价(元)	合计(元)
一	直接费				52 438.24
(一)	基本直接费				49 751.65
1	人工费				36 413.02
	工长	工时	286.00	8.02	2 293.72
	高级工	工时	1 374.00	7.40	10 167.60
	中级工	工时	3 492.00	6.16	21 510.72
	初级工	工时	573.00	4.26	2 440.98
2	材料费				5 509.78
	钢板	kg	108.00	3.70	399.60
	型钢	Kg	173.00	3.45	596.85
	电焊条	kg	54.00	7.00	378.00
	氧气	m^3	119.00	3.00	357.00
	乙炔气	m^3	54.00	12.80	691.20
	汽油	kg	51.00	3.075	156.83
	油漆	kg	29.00	15.60	452.40
	橡胶板	kg	23.00	7.80	179.40
	木材	m^3	0.40	1 500.00	600.00
	电	kW·h	940.00	0.83	780.20
	其他材料费	%	20.00	4 591.48	918.30

续表 6-43

编号	名称及规格	单位	数量	单价(元)	合计(元)
3	机械使用费				7 828.85
	桥式起重机 20 t	台时	54.00	57.16	3 086.64
	电焊机 20~30 kVA	台时	60.00	12.69	761.40
	车床 ϕ400~600	台时	54.00	27.97	1 510.38
	刨床 B650	台时	38.00	17.55	666.90
	摇臂钻床 ϕ50	台时	33.00	21.93	723.69
	其他机械费	%	16.00	6 749.01	1 079.84
(二)	其他直接费		5.40	49 751.65	2 686.59
二	间接费	%	70.00	36 413.02	25 489.11
三	利润	%	7.00	77 927.35	5 454.91
四	材料补差				244.55
	汽油	kg	51.00	4.795	244.55
五	未计价装置性材料费				0.00
六	税金	%	9.00	83 626.81	7 526.41
七	单价合计				91 153.22

【例 6-10】 试编制华东地区某河道工程(一般地区)排涝节制闸的闸门安装工程单价。已知闸门为自重 12 t 的平板焊接闸门。人工预算单价:工长 8.02 元/工时,高级工 7.40 元/工时,中级工 6.16 元/工时,初级工 4.26 元/工时。工地材料预算价格:钢板 3.70 元/kg,电焊条 7.00 元/kg,氧气 3.00 元/m^3,乙炔气 12.80 元/m^3,汽油 7.87 元/kg,电 0.83 元/(kW·h),油漆 15.60 元/kg,棉纱头 48 元/kg。

解:查水利部《水利水电设备安装工程概算定额》(2002)、《水利建筑工程施工机械台时费定额》(2002)列表计算,见表 6-44。

表 6-44 安装工程单价表(闸门安装)

单价编号	1	项目名称	闸门安装		
定额编号	10002	定额单位	t		
型号规格	闸门类型:12 t 平板焊接闸门				
编号	名称及规格	单位	数量	单价(元)	合计(元)
一	直接费				1 035.32
(一)	基本直接费				982.28
1	人工费				567.00
	工长	工时	5.00	8.02	40.10

续表 6-44

编号	名称及规格	单位	数量	单价(元)	合计(元)
	高级工	工时	23.00	7.40	170.20
	中级工	工时	42.00	6.16	258.72
	初级工	工时	23.00	4.26	97.98
2	材料费				169.23
	钢板	kg	3.40	3.70	12.58
	电焊条	kg	4.50	7.00	31.50
	氧气	m^3	2.00	3.00	6.00
	乙炔气	m^3	0.90	12.80	11.52
	汽油	kg	2.20	3.075	6.77
	油漆	kg	2.20	15.60	34.32
	棉纱头	kg	0.90	48.00	43.20
	其他材料费	%	16.00	145.89	23.34
3	机械使用费				246.05
	门式起重机 10 t	台时	0.80	232.01	185.61
	电焊机 20 ~ 30 kVA	台时	3.00	12.69	38.07
	其他机械费	%	10.00	223.68	22.37
(二)	其他直接费		5.40	982.28	53.04
二	间接费	%	70.00	567.00	396.90
三	企业利润	%	7.00	1 432.22	100.26
四	材料补差				10.55
	汽油	kg	2.20	4.795	10.55
五	未计价装置性材料费				0.00
六	税金	%	9.00	1 543.03	138.87
七	单价合计				1 681.90

【例 6-11】　试编制华东地区某水利枢纽工程(一般地区)主厂房发电电压设备(100 kV)安装工程单价。已知设备原价为 1 280 000 元,该地区人工费调整系数为 1.1。

解:查水利部《水利水电设备安装工程概算定额》(2002)子目为 06003,对定额人工费进行调整见表 6-40,对材料费、装置性材料费和机械使用费按照表 6-42 所述方法进行调整,再根据调整后的定额编制发电电压设备安装工程单价计算见表 6-45。

表6-45 安装工程单价表

单价编号	1	项目名称	发电电压设备安装工程		
定额编号	06003	定额单位	项		
型号规格	电压100 kV,设备原价1 280 000元				
编号	名称及规格	定额费率(%)	调整后的费率(%)	单价(元)	费用(元)
一	直接费				137 166.72
(一)	基本直接费	10.1	10.0	1 280 000	128 000.00
1	人工费	3.7	4.1	1 280 000	52 480.00
2	材料费	2.2	2.1	1 280 000	26 880.00
3	装置性材料费	3	2.7	1 280 000	34 560.00
4	机械使用费	1.2	1.1	1 280 000	14 080.00
(二)	其他直接费		7.7	128 000.00	9 856.00
二	间接费		75	52 480.00	39 360.00
三	利润		7	177 216.00	12 405.12
四	未计价装置性材料费				0.00
五	税金		9	189 621.12	17 065.90
六	单价合计				206 687.02

第七章 初步设计概算编制

水利工程初步设计概算应根据《水利工程设计概(估)算编制规定》(水总〔2014〕429号)、《水利工程营业税改征增值税计价依据调整办法》(办水总〔2016〕132号)、《水利部办公厅关于调整水利工程计价依据增值税计算标准的通知》(办财务函〔2019〕448号)和现行税率进行编制。本章以上述规定为依据,介绍水利工程初步设计概算编制。

第一节 编制依据及编制的一般程序

一、编制依据

水利工程初步设计概算编制依据如下:

(1)国家及省、自治区、直辖市颁发的有关法令法规、制度、规程。

(2)水利工程设计概(估)算编制规定。

(3)水利建筑工程概算定额、水利水电设备安装工程概算定额、水利工程施工机械台时费定额和有关行业主管部门颁发的定额。

(4)水利工程设计工程量计算规则。

(5)初步设计文件及图纸。

(6)有关合同协议及资金筹措方案。

(7)其他。

二、编制的一般程序

水利工程初步设计概算编制的一般程序为:

(1)编制准备工作。收集并整理工程设计图纸、初步设计报告、工程枢纽布置、工程地质、水文地质、水文气象等资料;掌握施工组织设计内容,如:砂石料开采方法,主要水工建筑物施工方案、施工机械、对外交通、场内交通条件等;向上级主管部门、工程所在地有关部门收集税务、交通运输、基建、建筑材料等各项资料;熟悉现行水利工程概预算定额和有关水利工程设计概预算费用构成及计算标准;收集有关合同、协议、决议、指令、工具书等。

(2)进行工程项目划分,详细列出各级项目内容。

(3)根据有关规定和施工组织设计,编制基础单价和工程单价。

(4)按分项工程计算工程量。

(5)根据分项工程的工程量、工程单价,计算并编制各分项概算表及总概算表。

(6)编制分年度投资表、资金流量表。

(7)进行复核、编写概算编制说明、整理成果、打印装订。

将以上程序概括为如下流程:

编制准备工作→项目划分→编制基础单价→编制工程单价→计算工程量→

计算并编制各分项概算表及总概算表→编制分年度投资表、资金流量表→编写概算编制说明、整理成果。

第二节　概算文件组成内容

一、概算正件组成内容

(一)编制说明

1. 工程概况

流域,河系,兴建地点,对外交通条件,工程规模,工程效益,工程布置型式,主体建筑工程量,主要材料用量,施工总工期,施工总工时,施工平均人数和高峰人数,资金筹措情况和投资比例等。

2. 投资主要指标

工程总投资和静态总投资,年度价格指数,基本预备费率,建设期融资额度、利率和利息等。

3. 编制原则和依据

(1)概算编制原则和依据。

(2)人工预算单价,主要材料,施工用电、水、风,砂石料等基础单价的计算依据。

(3)建筑安装工程定额、施工机械台时费定额和有关指标的采用依据。

(4)费用计算标准及依据。

(5)工程资金筹措方案。

4. 概算编制中其他应说明的问题

(略)

5. 主要技术经济指标表

根据工程特性表编制,反映工程主要技术经济指标。

6. 工程概算总表

工程概算总表应汇总工程部分、建设征地移民补偿、环境保护工程、水土保持工程总概算表。

(二)工程部分概算表和概算附表

1. 工程部分概算表

(1)工程部分总概算表。

(2)建筑工程概算表。

(3)机电设备及安装工程概算表。

(4)金属结构设备及安装工程概算表。

(5)施工临时工程概算表。

(6)独立费用概算表。

(7)分年度投资表。

(8)资金流量表(枢纽工程)。

2. 工程部分概算附表

(1)建筑工程单价汇总表。

(2)安装工程单价汇总表。

(3)主要材料预算价格汇总表。

(4)其他材料预算价格汇总表。

(5)施工机械台时费汇总表。

(6)主要工程量汇总表。

(7)主要材料量汇总表。

(8)工时数量汇总表。

二、概算附件组成内容

(1)人工预算单价计算表。

(2)主要材料运输费用计算表。

(3)主要材料预算价格计算表。

(4)施工用电价格计算书(附计算说明)。

(5)施工用水价格计算书(附计算说明)。

(6)施工用风价格计算书(附计算说明)。

(7)补充定额计算书(附计算说明)。

(8)补充施工机械台时费计算书(附计算说明)。

(9)砂石料单价计算书(附计算说明)。

(10)混凝土材料单价计算表。

(11)建筑工程单价表。

(12)安装工程单价表。

(13)主要设备运杂费率计算书(附计算说明)。

(14)施工房屋建筑工程投资计算书(附计算说明)。

(15)独立费用计算书(勘测设计费可另附计算书)。

(16)分年度投资表。

(17)资金流量计算表。

(18)价差预备费计算表。

(19)建设期融资利息计算书(附计算说明)。

(20)计算人工、材料、设备预算价格和费用依据的有关文件、询价报价资料及其他。

三、投资对比分析报告

应从价格变动、项目及工程量调整、国家政策性变化等方面进行详细分析，说明初步设计阶段与可行性研究阶段(或可行性研究阶段与项目建议书阶段)相比较的投资变化原因和结论，编写投资对比分析报告。工程部分报告应包括以下附表：

(1)总投资对比表。

(2)主要工程量对比表。

(3)主要材料和设备价格对比表。

(4)其他相关表格。

投资对比分析报告应汇总工程部分、建设征地移民补偿、环境保护、水土保持各部分对比分析内容。

设计概算报告(正件)、投资对比分析报告可单独成册,也可作为初步设计报告(设计概算章节)的相关内容。设计概算附件宜单独成册,并应随初步设计文件报审。

第三节　工程量计算

工程概算是以工程量乘以工程单价来计算的,因此工程量是编制工程概算的基本要素之一,它是以物理计量单位或自然计算单位表示的各项工程和结构件的数量。其计算单位一般以公制度量单位如长度(m)、面积(m^2)、体积(m^3)、质量(kg)等,以及以自然单位如"个""台""套"等表示。工程量计算准确与否,是衡量设计概算质量好坏的重要标志之一,所以概算人员除应具有本专业的知识外,还应当具有一定的水工、施工、机电、金属结构等专业知识,掌握工程量计算的基本要求、计算方法和计算规则。按照概算编制有关规定,正确处理各类工程量。在编制概算时,概算人员应认真查阅主要设计图纸,对各专业提供的设计工程量逐次核对,凡不符合概算编制要求的应及时向设计人员提出修正,切忌盲目照抄使用,力求准确可靠。

一、工程量计算的基本原则

(一)工程项目的设置

工程项目的设置必须与概算定额子目划分相适应。如:土石方开挖工程应按不同土壤、岩石类别分别列项;土石方填筑应按土方、堆石料、反滤层、垫层料等分列。再如钻孔灌浆工程,一般概算定额将钻孔、灌浆列为综合定额,而现行定额将钻孔、灌浆分列,因此在计算工程量时,钻孔、灌浆应分项计列。

(二)计量单位

工程量的计量单位要与定额子目的单位相一致。有的工程项目的工程量可以用不同的计量单位表示,如喷混凝土,既可以用"m^2"表示,也可以用"m^3"表示;混凝土防渗墙既可以用阻水面积(m^2),也可以用进尺(m)或混凝土浇筑方量(m^3)来表示。因此,设计提供的工程量单位要与选用的定额单位相一致,否则应按有关规定进行换算,使其一致。

(三)工程量计算

1.设计工程量

工程量计算按照现行《水利水电工程设计工程量计算规定》(SL 328—2005)执行。目前,可行性研究、初步设计阶段的设计工程量就是按照建筑物和工程的几何轮廓尺寸计算的数量乘以表7-1中不同设计阶段系数而得出的数量;而施工图设计阶段系数均为1.00,即施工图设计工程量就是图纸工程量。

表7-1　水利水电工程设计工程量阶段系数表

类别	设计施工	土石方开挖工程量(万 m^3)				混凝土工程量(万 m^3)			
		>500	500~200	200~50	<50	>300	300~100	100~50	<50
永久工程或建筑物	项目建议书	1.03~1.05	1.05~1.07	1.07~1.09	1.09~1.11	1.03~1.05	1.05~1.07	1.07~1.09	1.09~1.11
	可行性研究	1.02~1.03	1.03~1.04	1.04~1.06	1.06~1.08	1.02~1.03	1.03~1.04	1.04~1.06	1.06~1.08
	初步设计	1.01~1.02	1.02~1.03	1.03~1.04	1.04~1.05	1.01~1.02	1.02~1.03	1.03~1.04	1.04~1.05
施工临时工程	项目建议书	1.05~1.07	1.07~1.10	1.10~1.12	1.12~1.15	1.05~1.07	1.07~1.10	1.10~1.12	1.12~1.15
	可行性研究	1.04~1.06	1.06~1.08	1.08~1.10	1.10~1.13	1.04~1.06	1.06~1.08	1.08~1.10	1.10~1.13
	初步设计	1.02~1.04	1.04~1.06	1.06~1.08	1.08~1.10	1.02~1.04	1.04~1.06	1.06~1.08	1.08~1.10
金属结构工程	项目建议书								
	可行性研究								
	初步设计								

类别	设计施工	土石方填筑砌石工程量(万 m^3)				钢筋(t)	钢材(t)	模板(t)	灌浆(t)
		>500	500~200	200~50	<50				
永久工程或建筑物	项目建议书	1.03~1.05	1.05~1.07	1.07~1.09	1.09~1.11	1.08	1.06	1.11	1.16
	可行性研究	1.02~1.03	1.03~1.04	1.04~1.06	1.06~1.08	1.06	1.05	1.08	1.15
	初步设计	1.01~1.02	1.02~1.03	1.03~1.04	1.04~1.05	1.03	1.03	1.05	1.10
施工临时工程	项目建议书	1.05~1.07	1.07~1.10	1.10~1.12	1.12~1.15	1.10	1.10	1.12	1.18
	可行性研究	1.04~1.06	1.06~1.08	1.08~1.10	1.10~1.13	1.08	1.08	1.09	1.17
	初步设计	1.02~1.04	1.04~1.06	1.06~1.08	1.08~1.10	1.05	1.05	1.06	1.12
金属结构工程	项目建议书								
	可行性研究								
	初步设计								

注:1. 采用混凝土立模面系数乘以混凝土工程量计算模板工程量时,不应再考虑模板阶段系数。

2. 采用混凝土含钢率或含钢量乘以混凝土工程量计算钢筋工程量时,不应再考虑钢筋阶段系数。

3. 截流工程的工程量阶段系数可取 1.25~1.35。

2. 施工超挖、超填量及施工附加量

在水利工程施工中一般不允许欠挖,为保证建筑物的设计尺寸,施工中允许一定的超挖量;而施工附加量是指为完成本项工程而必须增加的工程量,如土方工程中的取土坑、试验坑,隧洞工程中为满足交通、放炮要求而设置的内错车道、避炮洞以及下部扩挖所需增加的工程量;施工超填量是指由于施工超挖及施工附加相应增加的回填工程量。

在现行概算定额中,不构成实体的各种施工操作损耗、允许的超挖及超填量、合理的施工附加量、体积变化等已根据施工技术规范规定的合理消耗量,计入定额。故采用概算定额编制概(估)算时,按工程设计几何轮廓尺寸计算。

3. 施工损耗量

施工损耗量包括运输及操作损耗、体积变化损耗及其他损耗。运输及操作损耗量指土石方、混凝土在运输及操作过程中的损耗。体积变化损耗量指土石方填筑工程中的施工期沉陷而增加的数量,混凝土体积收缩而增加的工程数量等。其他损耗量包括土石方填筑工程施工中的削坡、雨后清理损失数量,基础处理工程中混凝土灌注桩桩头的浇筑凿除及混凝土防渗墙一、二期接头重复造孔和混凝土浇筑等增加的工程量。

现行概算定额对这几项损耗已按有关规定计入相应定额之中。因此,采用不同的定额编制工程单价时应仔细阅读有关定额说明,以免漏算或重算。

二、永久工程建筑工程量计算

(一)土石方开挖工程量

土石方开挖工程量应按岩土分类级别计算,并将明挖、暗挖分开。明挖宜分一般、坑槽、基础、坡面等;暗挖宜分平洞、斜井、竖井和地下厂房等。

(二)土石方填(砌)筑工程量

土石方填筑工程量应根据建筑物设计断面中不同部位不同填筑材料的设计要求分别计算,以建筑物实体方计量。

砌筑工程量按不同砌筑材料、砌筑方式(干砌、浆砌等)和砌筑部位分别计算,以建筑物砌体方计量。

(三)疏浚与吹填工程量

疏浚工程量的计算,宜按设计水下方计量,开挖过程中的超挖及回淤量不应计入。

吹填工程量计算,除考虑吹填土层下沉及原地基下沉增加量,还应考虑施工期泥沙流失量,计算出吹填区陆上方再折算为水下方。

(四)土工合成材料工程量

土工合成材料工程量宜按设计铺设面积或长度计算,不应计入材料搭接及各种型式嵌固的用量。

(五)混凝土工程量

混凝土工程量应以成品实体方计量,并应符合下列规定:

(1)项目建议书阶段混凝土工程量宜按工程各建筑物分项、分强度和级配计算。可行性研究和初步设计阶段混凝土工程量应根据设计图纸分部位、分强度、分级配计算。

(2)碾压混凝土宜提出工法,沥青混凝土宜提出开级配或密级配。

(3)钢筋混凝土的钢筋可按含钢率或含钢量计算。混凝土结构中的钢衬工程量应单独列出。

(六)混凝土立模面积

混凝土立模面积应根据建筑物结构体形、施工分缝要求和使用模板的类型计算。

项目建议书和可行性研究阶段可参考《水利建筑工程概算定额》(2002)中附录9,初步设计阶段可根据工程设计立模面积计算。

(七)钻孔灌浆工程量

基础固结灌浆与帷幕灌浆的工程量,自起灌基面算起,钻孔长度自实际孔顶高程算起。基础帷幕灌浆采用孔口封闭的,还应计算灌注孔口管的工程量,根据不同孔口管长度以孔为单位计算。地下工程的固结灌浆,其钻孔和灌浆工程量根据设计要求以米计。

回填灌浆工程量按设计的回填接触面积计算。

接触灌浆和接缝灌浆的工程量,按设计所需面积计算。

(八)混凝土地下连续墙

混凝土地下连续墙的成槽和混凝土浇筑工程量应分别计算。并应符合下列规定:

(1)成槽工程量按不同墙厚、孔深和地层以面积计算。

(2)混凝土浇筑的工程量,按不同墙厚和地层以成墙面积计算。

(九)锚固工程量

锚杆支护工程量,按锚杆类型、长度、直径和支护部位及相应岩石级别以根数计算。

预应力锚索的工程量按不同预应力等级、长度、型式及锚固对象以束计算。

(十)喷混凝土工程量

喷混凝土工程量应按喷射厚度、部位及有无钢筋以体积计,回弹量不应计入。喷浆工程量应根据喷射对象以面积计。

(十一)混凝土灌注桩工程量

混凝土灌注桩的钻孔和灌筑混凝土工程量应分别计算。并应符合下列规定:

(1)钻孔工程量按不同地层类别以钻孔长度计。

(2)灌注混凝土工程量按不同桩径以桩长度计。

(十二)枢纽工程对外公路工程量

枢纽工程对外公路工程量,项目建议书和可行性研究阶段可根据 1/50 000 ~ 1/10 000的地形图按设计推荐(或选定)的线路,分公路等级以长度计算工程量。初步设计阶段应根据不小于 1/5 000 的地形图按设计确定的公路等级提出长度或具体工程量。

场内永久公路中主要交通道路工程量,项目建议书和可行性研究阶段应根据 1/10 000 ~ 1/5 000 的施工总平面布置图按设计确定的公路等级以长度计算。初步设计阶段应根据 1/5 000 ~ 1/2 000 的施工总平面布置图,按设计要求提出长度或具体工程量。

引(供)水、灌溉等工程的永久公路工程量可参照上述要求计算。桥梁、涵洞按工程等级分别计算,提出延米或具体工程量。永久供电线路工程量,按电压等级、回路数以长度计算。

三、施工临时工程的工程量

(一)施工导流工程量

施工导流工程量计算要求与永久水工建筑物计算要求相同,其中永久与临时结合的部分应计入永久工程量中,阶段系数按施工临时工程计取。

(二)施工支洞工程量

施工支洞工程量应按永久水工建筑物工程量计算要求进行计算,阶段系数按施工临时工程计取。

(三)土建工程量

大型施工设施及施工机械布置所需土建工程量,按永久建筑物的要求计算,阶段系数按施工临时工程计取。

(四)施工临时公路工程量

施工临时公路的工程量可根据相应设计阶段施工总平面布置图或设计提出的运输线路分等级计算公路长度或具体工程量。

(五)施工供电线路工程量

施工供电线路工程量可按设计的线路走向、电压等级和回路数计算。

四、金属结构工程量

(一)闸门和拦污栅工程量

水工建筑物的各种钢闸门和拦污栅的工程量以吨计,项目建议书阶段可按已建工程类比确定,可行性研究阶段可根据初选方案确定的类型和主要尺寸计算,初步设计阶段应根据选定方案的设计尺寸和参数计算。

各种闸门和拦污栅的埋件工程量计算均应与其主设备工程量计算精度一致。

(二)启闭设备工程量

启闭设备工程量计算,宜与闸门和拦污栅工程量计算精度相适应,并分别列出设备质量(吨)和数量(台、套)。

(三)压力钢管

压力钢管工程量应按钢管型式(一般、叉管)、直径和壁厚分别计算,以吨为计量单位,不应计入钢管制作与安装的操作损耗量。

第四节 工料分析

一、工料分析概述

工料分析就是对工程建设项目所需的人工及主要材料数量进行分析计算,进而统计出单位工程及分部分项工程所需的人工数量及主要材料用量。主要材料一般包括钢筋、钢材、水泥、木材、汽油、柴油、炸药、沥青、粉煤灰等种类。

工料分析的目的主要是为施工企业调配劳动力、做好备料及组织材料供应、合理安排施工及核算工程成本提供依据。它是工程概算的一项基本内容,也是施工组织设计中安排施工进度不可缺少的重要工作。

二、工料分析计算

工料分析计算就是按照概算项目内容中所列的工程数量乘以相应单价中所需的定额人工数量及定额材料用量,计算出每一工程项目所需的工时、材料用量,然后按照概算编制的步骤逐级向上合并汇总。工时、材料计算表格式见表7-2。

表7-2 工时、材料计算表

序号	单价编号	工程项目名称	单位	工程量	工时(个)		汽油(kg)			柴油(kg)			水泥(kg)		木材(m^3)		钢筋(t)		钢材(kg)		炸药(kg)		沥青(kg)		粉煤灰(kg)	
					定额用工	合计	定额台时用量	台时用油	合计	定额台时用量	台时用油	合计	定额用量	合计	定额用量	合计	定额用量	合计	定额用量	合计	定额用量	合计	定额用量	合计	定额用量	合计

计算步骤及填写说明如下：

(1)填写工程项目及工程数量,按照概算项目分级顺序逐项填写表格中的工程项目名称及工程数量,对应填写所采用单价的编号。工程项目的填写范围为主体建筑物和施工导流工程。

(2)填写单位定额用工、材料用量,按照各工程项目所对应的单价编号,查找该单价所需的单位定额用工数量及单位定额材料用量、单位定额机械台时用量,逐项填写。对于汽油、柴油用量计算,除填写单位定额机械台时用量外,还要填写不同施工机械的台时用油数量(查施工机械台时费定额)。

这里要注意:单位定额用工数量,要考虑施工机械的用工数量,不能漏算。

(3)计算工时及材料数量。表7-2中的定额用量指单位定额用量,工时用量及水泥、钢筋、钢材、木材、炸药、沥青、粉煤灰等材料用量,按照单位定额工时、材料用量分别乘以本项工程数量即得本工程项目工时及材料合计数量;汽油、柴油材料用量,按照单位定额台时用量乘以台班耗油量,再乘以本项工程数量,即得本项汽油、柴油合计用量。

(4)按照上述第三项计算方法逐项计算,再逐级向上合并汇总,即得所需计算的工时、材料用量。

(5)按照概算表格要求填写主体工程工时数量汇总表及主体工程主要材料用量汇总表。

第五节　分部工程概算编制

分部概算是概算的核心部分。水利工程初步设计概算的编制一般是在基础单价的编制和项目划分的基础上,根据建筑安装工程定额和施工机械台时(班)费定额编制建筑安装工程单价,再根据项目划分的分部工程的工程量、建筑安装工程单价编制分部工程概算,据以编制初步设计总概算。项目划分、费用构成、基础单价的编制、定额使用和建筑安装工程单价编制已在前面各章作了详细介绍,不再赘述。这里主要介绍分部工程概算的编制。

一、第一部分　建筑工程

建筑工程按主体建筑工程、交通工程、房屋建筑工程、供电设施工程、其他建筑工程分别采取不同的方法编制。

(一)主体建筑工程

(1)主体建筑工程概算按设计工程量乘以工程单价进行编制。

(2)主体建筑工程量应遵照《水利水电工程设计工程量计算规定》(SL 328—2005),按项目划分要求,计算到三级项目。

(3)当设计对混凝土施工有温控要求时,应根据温控措施设计,计算温控措施费用;也可以经过分析确定指标后,按建筑混凝土方量进行计算。

(4)细部结构工程。参照水工建筑工程细部结构指标确定,见表7-3。

表7-3　水工建筑工程细部结构指标表

项目名称	混凝土重力坝、重力拱坝、宽缝重力坝、支墩坝	混凝土双曲拱坝	土坝、堆石坝	水闸	冲砂闸、泄洪闸	进水口、进水塔	溢洪道	隧洞
单位	元/m³(坝体方)			元/m³(混凝土)				
综合指标	16.2	17.2	1.15	48	42	19	18.1	15.3
项目名称	竖井、调压井	高压管道	电(泵)站地面厂房	电(泵)站地下厂房	船闸	倒虹吸、暗渠	渡槽	明渠(衬砌)
单位	元/m³(混凝土)							
综合指标	19	4	37	57	30	17.7	54	8.45

注:1. 表中综合指标包括多孔混凝土排水管、廊道木模制作与安装、止水工程(面板坝除外)、伸缩缝工程、接缝灌浆管路、冷却水管路、栏杆、照明工程、爬梯、通气管道、排水工程、排水渗井钻孔及反滤料、坝坡踏步、孔洞钢盖板、厂房内上下水工程、防潮层、建筑钢材及其他细部结构工程。

2. 表中综合指标仅包括基本直接费内容。

3. 改扩建及加固工程根据设计确定细部结构工程的工程量。其他工程,如果工程设计能够确定细部结构工程的工程量,可按设计工程量乘以工程单价进行计算,不再按表7-3指标计算。

(二)交通工程

交通工程投资按设计工程量乘以单价进行计算,也可根据工程所在地区造价指标或有关实际资料,采用扩大单位指标编制。

(三)房屋建筑工程

1. 永久房屋建筑

(1)用于生产和管理办公的部分,由设计单位按有关规定,结合工程规模确定,单位造价指标根据当地相应建筑造价水平确定。

(2)值班宿舍及文化福利建筑的投资按主体建筑工程投资的百分率计算。

枢纽工程

投资≤50 000万元	1.0%~1.5%
50 000万元<投资≤100 000万元	0.8%~1.0%
投资>100 000万元	0.5%~0.8%

引水工程　0.4%~0.6%

河道工程　0.4%

注:在每档中,投资小或工程位置偏远者取大值;反之,取小值。

(3)除险加固工程(含枢纽、引水、河道工程)、灌溉田间工程的永久房屋建筑面积由设计单位根据有关规定结合工程建设需要确定。

2. 室外工程投资

一般按房屋建筑工程投资的15%~20%计算。

（四）供电设施工程

供电设施工程根据设计的电压等级、线路架设长度及所需配备的变配电设施要求，采用工程所在地区造价指标或有关实际资料计算。

（五）其他建筑工程

（1）安全监测设施工程，指属于建筑工程性质的内外部观测设施。安全监测设施工程项目投资应按设计资料计算。如无设计资料，可根据坝型或其他工程型式，按照主体建筑工程投资的百分率计算。

当地材料坝　0.9%~1.1%

混凝土坝　1.1%~1.3%

引水式电站（引水建筑物）　1.1%~1.3%

堤防工程　0.2%~0.3%

（2）照明线路、通信线路等工程投资按设计工程量乘以单价或采用扩大单位指标编制。

（3）其余各项按设计要求分析计算。

二、第二部分　机电设备及安装工程

机电设备及安装工程投资由设备费和安装工程费两部分组成。

（一）设备费

设备费包括设备原价、运杂费、运输保险费和采购及保管费。

1. 设备原价

以出厂价或设计单位分析论证后的询价为设备原价。

2. 运杂费

分为主要设备运杂费和其他设备运杂费，均按占设备原价的百分率计算。

1）主要设备运杂费费率

主要设备运杂费费率标准见表7-4。

表7-4　主要设备运杂费费率表（%）

设备分类		铁路		公路		公路直达基本费率
		基本运距 1 000 km	每增运 500 km	基本运距 50 km	每增运 10 km	
水轮发电机组		2.21	0.30	1.06	0.15	1.01
主阀、桥机		2.99	0.50	1.85	0.20	1.33
主变压器	≥120 000 kVA	3.50	0.40	2.80	0.30	1.20
	<120 000 kVA	2.97	0.40	0.92	0.15	1.20

设备由铁路直达或铁路、公路联运时，分别按里程求得费率后叠加计算；如果设备由公路直达，应按公路里程计算费率后，再加公路直达基本费率。

2）其他设备运杂费费率

其他设备运杂费费率标准见表7-5。

表7-5 其他设备运杂费费率表

类别	适用地区	费率(%)
Ⅰ	北京、天津、上海、江苏、浙江、江西、安徽、湖北、湖南、河南、广东、山西、山东、河北、陕西、辽宁、吉林、黑龙江等省(直辖市)	3~5
Ⅱ	甘肃、云南、贵州、广西、四川、重庆、福建、海南、宁夏、内蒙古、青海等省(自治区、直辖市)	5~7

工程地点距铁路线近者费率取小值,远者取大值。新疆、西藏地区的设备运杂费费率可视具体情况另行确定。

3.运输保险费

按有关规定计算。

4.采购及保管费

按设备原价、运杂费之和的0.7%计算。

在编制设备安装工程概预算时,一般将设备运杂费、运输保险费和采购及保管费合并,统称为设备运杂综合费,按设备原价乘以运杂综合费费率计算。其中:

$$运杂综合费费率 = 运杂费费率 + (1 + 运杂费费率) \times 采购及保管费费率 + 运输保险费费率 \quad (7\text{-}1)$$

上述运杂综合费费率,适用于计算国产设备运杂费。

进口设备的国内段运杂综合费费率,按国产设备运杂费费率乘以相应国产设备原价占进口设备原价的比例系数进行计算(按相应国产设备价格计算运杂综合费费率)。

5.交通工具购置费

交通工具购置费指工程竣工后,为保证建设项目初期生产管理单位正常运行必须配备的车辆和船只所产生的费用。

交通设备数量应由设计单位按有关规定、结合工程规模确定,设备价格根据市场情况、结合国家有关政策确定。

无设计资料时,可按下述方法计算。除高原、沙漠地区外,不得用于购置进口、豪华车辆。灌溉田间工程不计此项费用。

计算方法:以第一部分建筑工程投资为基数,按表7-6所示费率,以超额累进方法计算。

表7-6 交通工具购置费费率表

第一部分建筑工程投资(万元)	费率(%)	辅助参数(万元)
10 000及以内	0.50	0
10 000~50 000	0.25	25
50 000~100 000	0.10	100
100 000~200 000	0.06	140
200 000~500 000	0.04	180
500 000以上	0.02	280

简化计算公式为:第一部分建筑工程投资×该档费率+辅助参数。

(二)安装工程费

安装工程投资按设备数量乘以安装工程单价进行计算。

三、第三部分　金属结构设备及安装工程

金属结构设备及安装工程投资的编制方法同第二部分机电设备及安装工程。

四、第四部分　施工临时工程

(一)导流工程

按设计工程量乘以工程单价进行计算。

(二)施工交通工程

按设计工程量乘以单价进行计算,也可根据工程所在地区造价指标或有关实际资料,采用扩大单位指标编制。

(三)施工场外供电工程

根据设计的电压等级、线路架设长度及所需配备的变配电设施要求,采用工程所在地区造价指标或有关实际资料计算。

(四)施工房屋建筑工程

施工房屋建筑工程包括施工仓库和办公、生活及文化福利建筑两部分。施工仓库,指为工程施工而临时兴建的设备、材料、工器具等仓库;办公、生活及文化福利建筑,指施工单位、建设单位、监理单位及设计代表在工程建设期所需的办公室、宿舍、招待所和其他文化福利设施等房屋建筑工程。

不包括列入临时设施和其他施工临时工程项目内的电、风、水,通信系统,砂石料系统,混凝土拌和及浇筑系统,木材、钢筋、机修等辅助加工厂,混凝土预制构件厂,混凝土制冷、供热系统,施工排水等生产用房。

1. 施工仓库

施工仓库的建筑面积由施工组织设计确定,单位造价指标根据当地相应建筑造价水平确定。

2. 办公、生活及文化福利建筑

(1)枢纽工程,按下列公式计算:

$$I = \frac{AUP}{NL}K_1K_2K_3 \tag{7-2}$$

式中 I——房屋建筑工程投资;

A——建安工作量,按工程一至四部分建安工作量(不包括办公、生活及文化福利建筑和其他施工临时工程)之和乘以(1+其他施工临时工程百分率)计算;

U——人均建筑面积综合指标,按12~15 m^2/人标准计算;

P——单位造价指标,参考工程所在地区的永久房屋造价指标(元/m^2)计算;

N——施工年限,按施工组织设计确定的合理工期计算;

L——全员劳动生产率,一般按80 000~120 000元/(人·年),施工机械化程度高

的取大值,反之取小值,采用掘进机施工为主的工程全员劳动生产率应适当提高;

K_1——施工高峰人数调整系数,取1.10;

K_2——室外工程系数,取1.10~1.15,地形条件差的可取大值,反之,取小值;

K_3——单位造价指标调整系数,按不同施工年限,采用表7-7中的调整系数。

表7-7　单位造价指标调整系数表

工 期	2年以内	2~3年	3~5年	5~8年	8~11年
系 数	0.25	0.40	0.55	0.70	0.80

(2)引水工程按一至四部分建安工作量的百分率计算,详见表7-8。

表7-8　引水工程施工房屋建筑工程费费率表

工期	百分率(%)
≤3年	1.5~2.0
>3年	1.0~1.5

一般引水工程取中上限,大型引水工程取下限。

掘进机施工隧洞工程按表7-8中费率乘0.5调整系数。

(3)河道工程按一至四部分建安工作量的百分率计算,详见表7-9。

表7-9　河道工程施工房屋建筑工程费费率表

工期	百分率(%)
≤3年	1.5~2.0
>3年	1.0~1.5

(五)其他施工临时工程

按工程一至四部分建安工作量(不包含其他施工临时工程)之和的百分率计算。其中:

(1)枢纽工程为3.0%~4.0%。

(2)引水工程为2.5%~3.0%。一般引水工程取下限,隧洞、渡槽等大型建筑物较多的引水工程、施工条件复杂的引水工程取上限。

(3)河道工程为0.5%~1.5%。灌溉田间工程取下限,建筑物较多、施工排水量大或施工条件复杂的河道工程取上限。

五、第五部分　独立费用

独立费用由建设管理费、工程建设监理费、联合试运转费、生产准备费、科研勘测设计费和其他共六项组成。

(一)建设管理费

1. 枢纽工程

枢纽工程建设管理费以一至四部分建安工作量为计算基数,按表 7-10 所列费率,以超额累进方法计算。

表 7-10 枢纽工程建设管理费费率表

一至四部分建安工作量(万元)	费率(%)	辅助参数(万元)
50 000 及以内	4.5	0
50 000 ~ 100 000	3.5	500
100 000 ~ 200 000	2.5	1 500
200 000 ~ 500 000	1.8	2 900
500 000 以上	0.6	8 900

简化计算公式为:一至四部分建安工作量 × 该档费率 + 辅助参数(下同)。

2. 引水工程

引水工程建设管理费以一至四部分建安工作量为计算基数,按表 7-11 所列费率,以超额累进方法计算。原则上应按整体工程投资统一计算,工程规模较大时可分段计算。

表 7-11 引水工程建设管理费费率表

一至四部分建安工作量(万元)	费率(%)	辅助参数(万元)
50 000 及以内	4.2	0
50 000 ~ 100 000	3.1	550
100 000 ~ 200 000	2.2	1 450
200 000 ~ 500 000	1.6	2 650
500 000 以上	0.5	8 150

3. 河道工程

河道工程建设管理费以一至四部分建安工作量为计算基数,按表 7-12 所列费率,以超额累进方法计算。原则上应按整体工程投资统一计算,工程规模较大时可分段计算。

表 7-12 引水工程建设管理费费率表

一至四部分建安工作量(万元)	费率(%)	辅助参数(万元)
10 000 及以内	3.5	0
10 000 ~ 50 000	2.4	110
50 000 ~ 100 000	1.7	460
100 000 ~ 200 000	0.9	1 260
200 000 ~ 500 000	0.4	2 260
500 000 以上	0.2	3 260

(二)工程建设监理费

按照《建设工程监理与相关服务收费管理规定》(发改价格〔2007〕670号)及其他相关规定执行。

(三)联合试运转费

费用指标见表7-13。

表7-13 联合试运转费费用指标表

水电站工程	单机容量(万kW)	≤1	≤2	≤3	≤4	≤5	≤6	≤10	≤20	≤30	≤40	>40
	费用(万元/台)	6	8	10	12	14	16	18	22	24	32	44
泵站工程	电力泵站	50~60元/kW										

(四)生产准备费

1.生产及管理单位提前进厂费

(1)枢纽工程,按一至四部分建安工程量的0.15%~0.35%计算,大(1)型工程取小值,大(2)型工程取大值。

(2)引水工程视工程规模参照枢纽工程计算。

(3)河道工程、除险加固工程、田间工程原则上不计此项费用。若工程中含有新建大型泵站、泄洪闸、船闸等建筑物,按建筑物投资参照枢纽工程计算。

2.生产职工培训费

按一至四部分建安工程量的0.35%~0.55%计算。枢纽工程、引水工程取中上限,河道工程取下限。

3.管理用具购置费

(1)枢纽工程按一至四部分建安工程量的0.04%~0.06%计算,大(1)型工程取小值,大(2)型工程取大值。

(2)引水工程按一至四部分建安工程量的0.03%计算。

(3)河道工程按一至四部分建安工程量的0.02%计算。

4.备品备件购置费

按占设备费的0.4%~0.6%计算。大(1)型工程取下限,其他工程取中上限。

这里的设备费包括机电设备、金属结构设备以及运杂费等全部设备费。电站、泵站同容量、同型号机组超过一台时,只计入一台的设备费。

5.工器具及生产家具购置费

按占设备费的0.1%~0.2%计算,枢纽工程取下限,其他工程取中上限。

(五)科研勘测设计费

1.工程科学研究试验费

按工程建安工程量的百分率计算。其中:

枢纽及引水工程　　　0.7%

河道工程　　　0.3%

2. 工程勘测设计费

项目建议书、可行性研究阶段的勘测设计费及报告编制费：执行国家发展改革委发改价格〔2006〕1352 号文颁布的《水利、水电、电力建设项目前期工作工程勘察收费暂行规定》和原国家计委计价格〔1999〕1283 号文颁布的《建设项目前期工作咨询收费暂行规定》。

初步设计、招标设计及施工图设计阶段的勘测设计费：执行原国家计委、建设部计价格〔2002〕10 号文件颁布的《工程勘察设计收费管理规定》。

应根据所完成相应勘测设计工作阶段确定工程勘测设计费，未发生的工作阶段不计相应阶段勘测设计费。

（六）其他

1. 工程保险费

按工程一至四部分投资合计的 4.5‰～5.0‰计算，田间工程原则上不计此项费用。

2. 其他税费

按国家有关规定计取。

第六节　分年度投资及资金流量

一、分年度投资

分年度投资是根据施工组织设计确定的施工进度和合理工期而计算出的工程各年度预计完成的投资额。

（一）建筑工程

（1）建筑工程分年度投资表应根据施工进度的安排，对主要工程按各单项工程分年度完成的工程量和相应的工程单价计算。对于次要的和其他工程，可根据施工进度，按各年所占完成投资的比例，摊入分年度投资表。

（2）建筑工程分年度投资的编制可视不同情况，按项目划分列至一级项目或二级项目，分别反映各自的建筑工作量。

（二）设备及安装工程

设备及安装工程分年度投资应根据施工组织设计确定的设备安装进度计算各年预计完成的设备费和安装费。

（三）费用

根据费用的性质和费用发生的时段，按相应年度分别进行计算。

二、资金流量

资金流量是为满足工程项目在建设过程中各时段的资金需求，按工程建设所需资金投入时间计算的各年度使用的资金量。资金流量表的编制以分年度投资表为依据，按建筑及安装工程、永久设备购置费和独立费用三种类型分别计算。本资金流量计算办法主要用于初步设计概算。

(一)建筑及安装工程资金流量

(1)建筑工程可根据分年度投资表的项目划分,以各年度建筑工作量作为计算资金流量的依据。

(2)资金流量是在原分年度投资的基础上,考虑预付款、预付款的扣回、保留金、保留金的偿还等编制出的分年度资金安排。

(3)预付款一般可划分为工程预付款和工程材料预付款两部分。

①工程预付款按划分的单个工程项目的建安工作量的10% ~20%计算,工期在3年以内的工程全部安排在第一年,工期在3年以上的可安排在前两年。工程预付款的扣回从完成建安工作量的30%起开始,按完成建安工作量的20% ~30%扣回至预付款全部回收完毕为止。对于需要购置特殊施工机械设备或施工难度较大的项目,工程预付款可取大值,其他项目取中值或小值。

②工程材料预付款。水利工程一般规模较大,所需材料的种类及数量较多,提前备料所需资金较大,因此考虑向承包商支付一定数量的材料预付款。可按分年度投资中次年完成建安工作量的20%在本年提前支付,并于次年扣回,依此类推,直至本项目竣工。

(4)保留金。水利工程的保留金,按建安工作量的2.5%计算。在计算概算资金流量时,按分项工程分年度完成建安工作量的5%扣留至该项工程全部建安工作量的2.5%时终止(完成建安工作量的50%时),并将所扣的保留金100%计入该项工程终止后一年(如该年已超出总工期,则此项保留金计入工程的最后一年)的资金流量表内。

(二)永久设备购置费资金流量

永久设备购置费资金流量,划分为主要设备和一般设备两种类型分别计算。

(1)主要设备的资金流量计算。主要设备为水轮发电机组、大型水泵、大型电机、主阀、主变压器、桥机、门机、高压断路器或高压组合电器、金属结构闸门启闭设备等。按设备到货周期确定各年资金流量比例,具体比例见表7-14。

表7-14 主要设备各年资金流量比例

到货周期	年度					
	第1年	第2年	第3年	第4年	第5年	第6年
1年	15%	75% *	10%			
2年	15%	25%	50% *	10%		
3年	15%	25%	10%	40% *	10%	
4年	15%	25%	10%	10%	30% *	10%

注:表中带*号的年度为设备到货年度。

(2)一般设备,其资金流量按到货前一年预付15%定金,到货年支付85%的剩余价款计算。

(三)独立费用资金流量

独立费用资金流量,主要是勘测设计费的支付方式应考虑质量保证金的要求,其他项目则均按分年度投资表中的资金安排计算。

(1)可行性研究和初步设计阶段勘测设计费按合理工期分年平均计算。

(2)施工图设计阶段勘测设计费的95%按合理工期分年平均计算,其余5%的勘测

设计费用作为设计保证金,计入最后一年的资金流量表内。

在计算分年度投资和资金流量的基础上,计算预备费用、建设期融资利息、静态总投资和总投资。具体计算方法详见第三章第四节。

第七节　概算表格

一、工程概算总表

工程概算总表是由工程部分的总概算表与建设征地移民补偿、环境保护工程、水土保持工程的总概算表汇总并计算而成,具体见表7-15。

表7-15　工程概算总表　（单位:万元）

序号	工程或费用名称	建安工程费	设备购置费	独立费用	合计
Ⅰ	工程部分投资				
	第一部分　建筑工程				
	……				
	第二部分　机电设备及安装工程				
	……				
	第三部分　金属结构设备及安装工程				
	……				
	第四部分　施工临时工程				
	……				
	第五部分　独立费用				
	……				
	一至五部分投资合计				
	基本预备费				
	静态投资				
Ⅱ	建设征地移民补偿投资				
一	农村部分补偿费				
二	城(集)镇部分补偿费				
三	工业企业补偿费				
四	专业项目补偿费				
五	防护工程费				
六	库底清理费				
七	其他费用				
	一至七项小计				
	基本预备费				
	有关税费				
	静态投资				

续表7-15

序号	工程或费用名称	建安工程费	设备购置费	独立费用	合计
Ⅲ	环境保护工程投资静态投资				
Ⅳ	水土保持工程投资静态投资				
Ⅴ	工程投资总计(Ⅰ~Ⅳ合计)				
	静态总投资				
	价差预备费				
	建设期融资利息				
	总投资				

Ⅰ为工程部分总概算表,按项目划分的五部分填表并列示至一级项目。

Ⅱ为建设征地移民补偿总概算表,列示至一级项目。

Ⅲ为环境保护工程总概算表。

Ⅳ为水土保持工程总概算表。

Ⅴ包括静态总投资(Ⅰ~Ⅳ项静态投资合计)、价差预备费、建设期融资利息、总投资。

二、工程部分概算表

工程部分概算表包括工程部分总概算表、建筑工程概算表、设备及安装工程概算表、分年度投资表、资金流量表。

(一)工程部分总概算表

按项目划分的五部分填表并列示至一级项目。五部分之后的内容为:一至五部分投资合计、基本预备费、静态总投资,见表7-16。

表7-16　工程部分总概算表　(单位:万元)

序号	工程或费用名称	建安工程费	设备购置费	独立费用	合计	占一至五部分投资比例(%)
	各部分投资					
	一至五部分投资合计					
	基本预备费					
	静态总投资					

(二)建筑工程概算表

按项目划分列示至三级项目。

本表适用于编制建筑工程概算、施工临时工程概算和独立费用概算,见表7-17。

表 7-17 建筑工程概算表

序号	工程或费用名称	单位	数量	单价(元)	合计(元)

(三)设备及安装工程概算表

按项目划分列示至三级项目。

本表适用于编制机电和金属结构设备及安装工程概算,见表 7-18。

表 7-18 设备及安装工程概算表

序号	名称及规格	单位	数量	单价(元)		合计(元)	
				设备费	安装费	设备费	安装费

(四)分年度投资表

按表 7-19 编制分年度投资表,可视不同情况按项目划分列示至一级项目或二级项目。

表 7-19 分年度投资表 (单位:万元)

序号	项目	合计	建设工期(年)						
			1	2	3	4	5	6	…
I	工程部分投资								
一	建筑工程								
1	建筑工程								
	×××工程(一级项目)								
2	施工临时工程								
	×××工程(一级项目)								
二	安装工程								
1	机电设备安装工程								
	×××工程(一级项目)								
2	金属结构设备安装工程								
	×××工程(一级项目)								
三	设备购置费								
1	机电设备								
	×××设备								
2	金属结构设备								

续表 7-19

序号	项目	合计	建设工期(年)						
			1	2	3	4	5	6	…
	×××设备								
四	独立费用								
1	建设管理费								
2	工程建设监理费								
3	联合试运转费								
4	生产准备费								
5	科研勘测设计费								
6	其他								
	一至四项合计								
	基本预备费								
	静态投资								
Ⅱ	建设征地移民补偿投资								
	……								
	静态投资								
Ⅲ	环境保护工程投资								
	……								
	静态投资								
Ⅳ	水土保持工程投资								
	……								
	静态投资								
Ⅴ	工程投资总计(Ⅰ~Ⅳ合计)								
	静态总投资								
	价差预备费								
	建设期融资利息								
	总投资								

(五)资金流量表

可视不同情况按项目划分列示至一级项目或二级项目。项目排列方法同分年度投资表。资金流量表应汇总征地移民、环境保护、水土保持部分投资,并计算总投资。资金流量表是资金流量计算表的成果汇总。

需要编制资金流量表的项目可按表 7-20 编制。

表7-20 资金流量表 （单位：万元）

序号	项目	合计	建设工期(年)						
			1	2	3	4	5	6	…
Ⅰ	工程部分投资								
一	建筑工程								
(一)	建筑工程								
	×××工程(一级项目)								
(二)	施工临时工程								
	×××工程(一级项目)								
二	安装工程								
(一)	机电设备安装工程								
	×××工程(一级项目)								
(二)	金属结构设备安装工程								
	×××工程(一级项目)								
三	设备购置费								
	……								
四	独立费用								
	……								
	一至四项合计								
	基本预备费								
	静态投资								
Ⅱ	建设征地移民补偿投资								
	……								
	静态投资								
Ⅲ	环境保护工程投资								
	……								
	静态投资								
Ⅳ	水土保持工程投资								
	……								
	静态投资								
Ⅴ	工程投资总计(Ⅰ~Ⅳ合计)								
	静态总投资								
	价差预备费								
	建设期融资利息								
	总投资								

三、工程部分概算附表

工程部分概算附表包括建筑工程单价汇总表(见表7-21)、安装工程单价汇总表(见表7-22)、主要材料预算价格汇总表(见表7-23)、其他材料预算价格汇总表(见表7-24)、施工机械台时费汇总表(见表7-25)、主要工程量汇总表(见表7-26)、主要材料用量汇总表(见表7-27)、工时数量汇总表(见表7-28)。

表7-21　建筑工程单价汇总表　(单位:元)

单价编号	名称	单位	单价	其中							
				人工费	材料费	机械使用费	其他直接费	间接费	利润	材料补差	税金

表7-22　安装工程单价汇总表　(单位:元)

单价编号	名称	单位	单价(元)	其中								
				人工费	材料费	机械使用费	其他直接费	间接费	利润	材料补差	未计价装置性材料费	税金

表7-23　主要材料预算价格汇总表　(单位:元)

序号	名称及规格	单位	预算价格	其中			
				原价	运杂费	运输保险费	采购及保管费

表7-24　其他材料预算价格汇总表　(单位:元)

序号	名称及规格	单位	原价	运杂费	合计

表7-25　施工机械台时费汇总表　(单位:元)

序号	名称及规格	台时费	其中				
			折旧费	修理及替换设备费	安拆费	人工费	动力燃料费

表 7-26　主要工程量汇总表

序号	项目	土石方明挖(m^3)	石方洞挖(m^3)	土石方填筑(m^3)	混凝土(m^3)	模板(m^2)	钢筋(t)	帷幕灌浆(m)	固结灌浆(m)

注:表中统计的工程类别可根据工程实际情况调整。

表 7-27　主要材料用量汇总表

序号	项目	水泥(t)	钢筋(t)	钢材(t)	木材(m^3)	炸药(t)	沥青(t)	粉煤灰(t)	汽油(t)	柴油(t)

注:表中统计的主要材料种类可根据工程实际情况调整。

表 7-28　工时数量汇总表

序号	项 目	工时数量	备 注

四、工程部分概算附件附表

概算附件附表包括人工预算单价计算表(见表 7-29)、主要材料运输费用计算表(见表 7-30)、主要材料预算价格计算表(见表 7-31)、混凝土材料单价计算表(见表 7-32)、建筑工程单价表(见表 7-33)、安装工程单价表(见表 7-34)、资金流量计算表(见表 7-35)和主要技术经济指标表(本表可根据工程具体情况进行编制,反映出主要技术经济指标即可)。

资金流量计算表可视不同情况按项目划分列示至一级项目或二级项目。项目排列方法同分年度投资表。资金流量计算表应汇总征地移民、环境保护、水土保持等部分投资,并计算总投资。

表 7-29　人工预算单价计算表

<table>
<tr><td colspan="2">艰苦边远地区类别</td><td></td><td>定额人工等级</td><td></td></tr>
<tr><td>序号</td><td>项目</td><td colspan="2">计算式</td><td>单价(元)</td></tr>
<tr><td>1</td><td>人工工时预算单价</td><td colspan="2"></td><td></td></tr>
<tr><td>2</td><td>人工工日预算单价</td><td colspan="2"></td><td></td></tr>
</table>

表 7-30　主要材料运输费用计算表

编 号	1	2	3	材料名称				材料编号	
交货条件				运输方式	火车	汽车	船运	火 车	
交货地点				货物等级				整车	零担
交货比例(%)				装载系数					

编号	运输费用项目	运输起讫地点	运输距离(km)	计算公式	合计(元)
1	铁路运杂费				
	公路运杂费				
	水路运杂费				
	综合运杂费				
2	铁路运杂费				
	公路运杂费				
	水路运杂费				
	综合运杂费				
3	铁路运杂费				
	公路运杂费				
	水路运杂费				
	综合运杂费				
每吨运杂费					

表 7-31　主要材料预算价格计算表

编号	名称及规格	单位	原价依据	单位毛重(t)	每吨运费(元)	价格(元)				
						原价	运杂费	采购及保管费	运输保险费	预算价格

表 7-32　混凝土材料单价计算表　　(单位:m^3)

编号	名称及规格	单位	预算量	调整系数	单价(元)	合价(元)

注:1."名称及规格"栏要求标明混凝土标号及级配、水泥强度等级等。

2."调整系数"为卵石换碎石、粗砂换中细砂及其他调整配合比材料用量系数。

表 7-33　建筑工程单价表

单价编号		项目名称			
定额编号				定额单位	
施工方法	(填写施工方法、土或岩石类别、运距等)				
编号	名称及规格	单位	数量	单价(元)	合价(元)

表 7-34 安装工程单价表

单价编号		项目名称			
定额编号				定额单位	
型号规格					
编号	名称及规格	单位	数量	单价(元)	合价(元)

表 7-35 资金流量计算表 (单位:万元)

序号	项目	合计	建设工期(年)						
			1	2	3	4	5	6	…
Ⅰ	工程部分投资								
一	建筑工程								
(一)	×××工程								
1	分年度完成工作量								
2	预付款								
3	扣回预付款								
4	保留金								
5	偿还保留金								
(二)	×××工程								
	……								
二	安装工程								
	……								
三	设备购置								
	……								
四	独立费用								
	……								
五	一至四项合计								
1	分年度费用								
2	预付款								
3	扣回预付款								
4	保留金								
5	偿还保留金								
	基本预备费								
	静态投资								
Ⅱ	建设征地移民补偿投资								
	……								
	静态投资								
Ⅲ	环境保护工程投资								
	……								

续表 7-35

序号	项目	合计	建设工期(年)						
			1	2	3	4	5	6	…
	静态投资								
Ⅳ	水土保持工程投资								
	……								
	静态投资								
Ⅴ	工程投资总计(Ⅰ~Ⅳ合计)								
	静态总投资								
	价差预备费								
	建设期融资利息								
	总投资								

五、投资对比分析报告附表

(一)总投资对比表

格式参见表7-36,可根据工程情况进行调整,可视不同情况按项目划分列示至一级项目或二级项目。

表 7-36 总投资对比表 (单位:万元)

序号	工程或费用名称	可行性研究阶段	初步设计阶段	增减额度	增减幅度(%)	备注
(1)	(2)	(3)	(4)	(4)-(3)	[(4)-(3)]/(3)	
Ⅰ	工程部分投资 第一部分 建筑工程 …… 第二部分 机电设备及安装工程 …… 第三部分 金属结构设备及安装工程 …… 第四部分 施工临时工程 …… 第五部分 独立费用 …… 一至五部分投资合计 基本预备费 静态投资					

续表 7-36

序号	工程或费用名称	可行性研究阶段	初步设计阶段	增减额度	增减幅度(%)	备注
(1)	(2)	(3)	(4)	(4)-(3)	[(4)-(3)]/(3)	
Ⅱ	建设征地移民补偿投资					
一	农村部分补偿费					
二	城(集)镇部分补偿费					
三	工业企业补偿费					
四	专业项目补偿费					
五	防护工程费					
六	库底清理费					
七	其他费用					
	一至七项小计					
	基本预备费					
	有关税费					
	静态投资					
Ⅲ	环境保护工程投资静态投资					
Ⅳ	水土保持工程投资静态投资					
Ⅴ	工程投资总计(Ⅰ~Ⅳ合计)					
	静态总投资					
	价差预备费					
	建设期融资利息					
	总投资					

(二)主要工程量对比表

格式参见表 7-37,可根据工程情况进行调整,应列示主要工程项目的主要工程量。

表 7-37　主要工程量对比表

序号	工程或费用名称	单位	可行性研究阶段	初步设计阶段	增减数量	增减幅度(%)	备注
(1)	(2)	(3)	(4)	(5)	(5)-(4)	[(5)-(4)]/(4)	
1	挡水工程						
	石方开挖						
	混凝土						
	钢筋						
	……						

(三)主要材料和设备价格对比表

格式参见表7-38,可根据工程情况进行调整。设备投资较少时,可不附设备价格对比。

表7-38　主要材料和设备价格对比表　(单位:元)

序号	工程或费用名称	单位	可行性研究阶段	初步设计阶段	增减数量	增减幅度(%)	备注
(1)	(2)	(3)	(4)	(5)	(5)-(4)	[(5)-(4)]/(4)	
1	主要材料价格						
	水泥						
	油料						
	钢筋						
	……						
2	主要设备价格						
	水轮机						
	……						

六、其他说明

编制概算小数点后位数取定方法:

基础单价、工程单价单位为“元”,计算结果精确到小数点后两位。

一至五部分概算表、分年度概算表及总概算表单位为“万元”,计算结果精确到小数点后两位。

计量单位为“m^3”“m^2”“m”的工程量精确到整数位。

第八章　投资估算、施工图预算和施工预算

项目可行性研究阶段要做投资估算，施工图设计阶段要做施工图预算，施工阶段要做施工预算。本章在前面的初步设计概算基础上，对投资估算、施工图预算和施工预算作简要介绍。

第一节　投资估算

一、概述

投资估算是项目建议书和可行性研究报告的重要组成部分，是国家为选定近期开发项目作出科学决策和批准进行初步设计的重要依据，其准确性直接影响到对项目的决策。

可行性研究是基本建设程序的一个重要组成部分，也是进行基本建设的一项重要工作。在可行性研究阶段需要提出可行性研究报告，对工程规模、坝址、基本坝型、枢纽布置方式等提出初步方案并进行论证；估算工程总投资及总工期，对工程兴建的必要性及经济合理性进行评价。投资估算应对建设项目总造价起控制作用，可行性研究报告一经批准，其投资估算就成为该建设项目初步设计概算静态总投资的最高限额，不得任意突破。

投资估算的准确性，直接影响国家（业主）对项目选定的决策。但由于受勘测、设计和科研工作的深度限制，可行性研究阶段往往只能提出主要建筑物的主体工程量和发电机、水轮机、主变压器等主要设备。在这种情况下，要合理地编制出投资估算，除要遵守规定的编制办法和定额外，概预算专业人员还要深入调查研究，充分掌握第一手材料，合理地选定单价指标。

二、投资估算的编制内容

水利水电工程可行性研究投资估算与初步设计概算在组成内容、项目划分和费用构成上基本相同，但两者设计深度不同。投资估算可根据《水利水电工程项目建议书编制规程》（SL/T 617）或《水利水电工程可行性研究报告编制规程》（SL/T 618）的有关规定，对设计概算编制规定中部分内容进行适当简化、合并或调整。

水利水电工程中的主要建筑物和主要设备及安装工程是永久工程中的主体，在工程总投资中占有举足轻重的份额，所以为了保证投资估算的基本精度，采用了与概算相同的项目划分和计算方法。永久工程中上述以外的非主要工程（或称次要工程），由于项目繁多，工程量及投资相对较小，在可行性研究阶段由于受设计深度的限制，难以提出工程数量，所以在估算中采用合并项目，用粗略的方法（指标或百分率）估算其投资。

设计阶段和设计深度决定了两者编制方法及计算标准有所不同。投资估算和设计概算编制程序和方法基本相同，其主要差别在于要求的工作深度不一样。具体差别表现在：①依据的定额不同。初步设计概算采用概算定额编制工程单价，而估算则采用综合性较强的估算指标编制估算单价,如采用概算定额编制估算单价,则要考虑一个扩大系数。②留取的余度不同。由于可行性研究的设计深度较初步设计低,对有些问题的研究还未深化,为了避免估算总投资失控,故编制估算所留的余地较概算要大。主要表现在:估算的工程量阶段系数值较初步设计概算要大;基本预备费率,估算采用的费率要大,现行规定:估算为10% ~12%,初步设计概算为5% ~8%。③投资估算对次要工程投资采用简化的方法计算。

三、编制方法及计算标准

(一)基础单价

基础单价编制与设计概算相同。

(二)建筑、安装工程单价

主要建筑、安装工程单价编制与设计概算相同,一般采用概算定额,但考虑投资估算工作深度和精度,应乘以扩大系数。扩大系数见表8-1。

表8-1 建筑、安装工程单价扩大系数表

序号	工程类别	单价扩大系数(%
一	建筑工程	
1	土方工程	10
2	石方工程	10
3	砂石备料工程(自采)	0
4	模板工程	5
5	混凝土浇筑工程	10
6	钢筋制安工程	5
7	钻孔灌浆及锚固工程	10
8	疏浚工程	10
9	掘进机施工隧洞工程	10
10	其他工程	10
二	机电、金属结构设备安装工程	
1	水力机械设备、通信设备、起重设备及闸门等设备安装工程	10
2	电气设备、变电站设备安装工程及钢管制作安装工程	10

(三)分部工程估算编制

(1)建筑工程。主体建筑工程、交通工程、房屋建筑工程编制方法与设计概算基本相同。其他建筑工程可视工程具体情况和规模按主体建筑工程投资的3% ~5%计算。

(2)机电设备及安装工程。主要机电设备及安装工程编制方法基本与设计概算相同。其他机电设备及安装工程原则上根据工程项目计算投资,若设计深度不满足要求,可根据装机规模按占主要机电设备费的百分率或单位千瓦指标计算。

(3)金属结构设备及安装工程。编制方法基本与设计概算相同。

(4)施工临时工程。编制方法及计算标准与设计概算相同。

(5)独立费用。编制方法及计算标准与设计概算相同。

(四)分年度投资及资金流量

投资估算由于工作深度仅计算分年度投资而不计算资金流量。

(五)预备费、建设期融资利息、静态总投资、总投资

可行性研究投资估算基本预备费费率取10%～12%;项目建议书阶段基本预备费费率取15%～18%。价差预备费费率同设计概算。

四、估算表格及其他

参照概算格式。

第二节　施工图预算

施工图预算是依据施工图设计文件、施工组织设计、现行法定的工程预算定额及费用标准等文件编制的。施工图预算,又称设计预算,以与施工单位编制的施工预算相区别。

一、施工图预算的作用

施工图预算是在施工图设计阶段,在批准的概算范围内,根据国家现行规定,按施工图纸和施工组织设计综合计算的造价。其主要作用如下:

一是确定单位工程项目造价的依据。预算比主要起控制造价作用的概算更为具体和详细,因而可以起确定造价的作用。这一点对于工业与民用建筑而言,尤为突出。如果施工图预算超过了设计概算,应由建设单位会同设计部门报请上级主管部门核准,并对原设计概算进行修改。

二是签订工程承包合同,实行投资包干和办理工程价款结算的依据。因预算确定的投资较概算准确,故对于不进行招标投标的特殊或紧急工程项目等,常采用预算包干。按照规定程序,经过工程量增减、价差调整后的预算作为结算依据。

三是施工企业内部进行经济核算和考核工程成本的依据。施工图预算确定的工程造价,是工程项目的预算成本,其与实际成本的差额即为施工利润,是企业利润总额的主要组成部分。这就促使施工企业必须加强经济核算,提高经营管理水平,以降低成本,提高经济效益。同时也是编制各种人工、材料、半成品、成品、机具供应计划的依据。

四是进一步考核设计经济合理性的依据。施工图预算的成果,因其更详尽和切合实际,可以进一步考核设计方案的技术先进性和经济合理程度。施工图预算,也是编制固定资产的依据。

二、施工图预算编制方法

施工图预算与设计概算的项目划分、编制程序、费用构成、计算方法都基本相同。施工图是工程实施的蓝图,建筑物的细部结构构造、尺寸,设备及装置性材料的型号、规格都已明确,所以据此编制的施工图预算,较概算编制要精细。编制施工图预算的方法与设计概算的不同之处具体表现在以下几个方面。

(一)主体工程

施工图预算与概算都采用工程量乘以单价的方法计算投资,但深度不同。

概算根据概算定额和初步设计工程量编制,其三级项目经综合扩大,概括性强,而预算则依据预算定额和施工图设计工程量编制,其三级项目较为详细。如概算的闸、坝工程,一般只需套用定额中的综合项目计算其综合单价;而施工图预算须根据预算定额中各部位划分为更详细的三级项目或四级项目,分别计算单价。

(二)非主体工程

概算中的非主体工程以及主体工程中的细部结构采用综合指标(如铁路单价以元/km计、遥测水位站单价以元/座计等)或百分率乘二级项目工程量的方法估算投资;而预算则均要求按三级项目或四级项目乘以工程单价的方法计算投资。

(三)造价文件的结构

概算是初步设计报告的组成部分,于初设阶段一次完成,概算完整地反映整个建设项目所需的投资。由于施工图的设计工作量大,历时长,故施工图设计大多以满足施工为前提,陆续出图。因此,施工图预算通常以单项工程为单位,陆续编制,各单项工程单独成册,最后汇总成总预算。

第三节 施工预算

施工预算是施工企业根据施工图纸、施工措施及施工定额编制的建筑安装工程在单位工程或分部分项工程上的人工、材料、施工机械台班(时)消耗数量和直接费标准,是建筑安装产品及企业基层成本的计划文件。

一、施工预算的作用

施工预算的作用主要有以下几个方面:

(1)施工预算是编制施工作业计划的依据。施工作业计划是施工企业计划管理的中心环节,也是计划管理的基础和具体化。编制施工作业计划,必须依据施工预算计算的单位工程或分部分项工程的工程量、构配件、劳力等。

(2)施工预算是施工单位向施工班组签发施工任务单和限额领料的依据。施工任务单是把施工作业计划落实到班组的计划文件,也是记录班组完成任务情况和结算班组工人工资的凭证。施工任务单的内容可以分为两部分:一部分是下达给班组的工程任务,包括工程名称、工作内容、质量要求、开工和竣工日期、计量单位、工程量、定额指标、计件单价和平均技术等级;第二部分是实际任务完成的情况记载和工资结算,包括实际开工和竣工日期、完成工程量、实际工日数、实际平均技术等级、完成工程的工资额、工人工时记录表和每人工资分配额等。其主要工程量、工日消耗量、材料品种和数量均来自施工预算。

(3)施工预算是计算超额奖和计算计件工资、实行按劳分配的依据。施工预算所确定的人工、材料、机械使用量与工程量的关系是衡量工人劳动成果、计算应得报酬的依据,它把工人的劳动成果与劳动报酬联系起来,很好地体现了多劳多得、少劳少得的按劳分配原则。

(4)施工预算是施工企业进行经济活动分析的依据。进行经济活动分析是企业加强经营管理、提高经济效益的有效手段。经济活动分析，主要是应用施工预算的人工、材料和机械台时数量等与实际消耗量对比，同时与施工图预算的人工、材料和机械台时数量进行对比，分析超支、节约的原因，改进操作技术和管理手段，有效地控制施工中的消耗，节约开支。

施工预算、施工图预算、竣工结算是施工企业进行施工管理的"三算"。

二、施工预算的编制依据

编制施工预算的主要依据包括：施工图纸、施工定额及补充定额、施工组织设计和实施方案、有关的手册资料等。

(一)施工图纸

施工图纸和说明书必须是经过建设单位、设计单位和施工单位会审通过的，不能采用未经会审通过的图纸，以免返工。

(二)施工定额及补充定额

施工定额包括全国建筑安装工程统一劳动定额和各部、各地区颁发的专业施工定额。凡是已有施工定额可以查照使用的，应参照施工定额编制施工预算中的人工、材料及机械使用费。在缺乏施工定额作为依据的情况下，可按有关规定自行编制补充定额。施工定额是编制施工预算的基础，也是施工预算与施工图预算的主要差别之一。

(三)施工组织设计或施工方案

由施工单位编制详细的施工组织设计，据以确定应采取的施工方法、进度以及所需的人工、材料和施工机械，作为编制施工预算的基础。例如土方开挖，应根据施工图设计，结合具体的工程条件，确定其边坡系数、开挖采用人工还是机械、运土的工具和运输距离等。

(四)有关的手册、资料

例如，建筑材料手册，人工、材料、机械台时费用标准等。

三、施工预算的编制步骤和方法

(一)编制步骤

编制施工预算和编制施工图预算的步骤相似。首先应熟悉施工图纸，对施工单位的人员、劳力、施工技术等有大致了解；对工程的现场情况、施工方式和方法要比较清楚；对施工定额的内容、适用范围应了解。为了便于与施工图预算相比较，编制施工预算时，应尽可能与施工图预算的分部、分项项目相对应。在计算工程量时所采用的计算单位要与定额的计量单位相适应。具备施工预算所需的资料，并已熟悉了基础资料和施工定额的内容后，就可以按以下步骤编制施工预算。

1.计算工程实物量

工程实物量的计算是编制施工预算的基本工作，要认真、细致、准确，不得错算、漏算和重算。凡是能够利用施工图预算的工程量，就不必再算，但工程项目、名称和单位一定要符合施工定额。工程量的计算方法可参考本书第七章第三节的内容。工程量计算完毕经仔细核对无误后，根据施工定额的内容和要求，按工程项目的划分逐项汇总。

2. 按施工图纸内容进行分项工程计算

套用的施工定额必须与施工图纸的内容相一致。分项工程的名称、规格、计量单位必须与施工定额所列的内容相一致,逐项计算分部分项工程所需人工、材料、机械台时使用量。

3. 工料分析和汇总

有了工程量后,按照工程的分项名称顺序,套用施工定额的单位人工、材料和机械台时消耗量,逐一计算出各个工程项目的人工、材料和机械台时的用工用料量,最后同类项目工料相加予以汇总,便成为一个完整的分部分项工料汇总表。

4. 编写编制说明

编制说明包括的内容有:编制依据,包括采用的图纸名称及编号,采用的施工定额,施工组织设计或施工方案;遗留项目或暂估项目的原因和存在的问题以及处理的办法等。施工预算所采用的主要表格可参考表 8-2 ~ 表 8-5。

表 8-2 施工预算工程量汇总表

工程名称:

序号	定额	分项工程名称	单位	数量	备注

审核: 制表:

表 8-3 施工预算工料分析表

工程名称:

定额编号	分部分项工程名称	单位	工程量	工料名称					
				水泥		钢材		木材	
				单位用量	合计用量	单位用量	合计用量	单位用量	合计用量

审核: 制表:

表 8-4 单位工程材料或机械汇总表

工程名称:

序号	分部工程名称	材料或机械名称	规格	单位	数量	单价(元)	复价(元)

审核: 制表:

表 8-5　施工预算表

工程名称：

序号	定额号	分部分项工程名称	单位	数量	预算价格(元)				
					单价	合计	其中		
							人工	材料	机械

审核：　　　　　　　　　　　　　　　　　　　制表：

(二)编制方法

编制施工预算有两种方法，一是实物法，二是实物金额法。

1. 实物法

实物法的应用比较普遍。它是根据施工图和说明书，按照劳动定额或施工定额规定计算工程量，汇总、分析人工和材料数量，向施工班组签发施工任务单和限额领料单。实行班组核算，与施工图预算的人工和主要材料进行对比，分析超支、节约原因，以加强企业管理。

2. 实物金额法

实物金额法即根据实物法编制施工预算的人工和材料数量分别乘以人工和材料单价，求得直接费，或根据施工定额规定计算工程量、套用施工定额单价，计算直接费。其实物量用于向施工班组签发施工任务单和限额领料单，实行班组核算。直接费与施工图预算的直接费进行对比，以改进企业管理。

四、施工预算和施工图预算对比

施工预算和施工图预算对比是建筑企业加强经营管理的手段，通过对比分析，找出节约、超支的原因，研究解决措施，防止人工、材料和机械使用费的超支，避免发生计划成本亏损。

施工预算和施工图预算对比是将施工预算计算的工程量，套用施工定额中的人工定额、材料定额，分析出人工和主要材料数量，然后按施工图预算计算的工程量套用预算定额中的人工、材料定额，得出人工和主要材料数量，对两者人工和主要材料数量进行对比，对机械台时数量也应进行对比，这种对比称为“实物对比法”。

将施工预算的人工和主要材料、机械台时数量分别乘以单价，汇总成人工、材料和机械使用费，与施工图预算相应的人工、材料和机械使用费进行对比。这种对比法称为“实物金额对比法”。

由于施工图预算定额与施工预算定额的定额水平不一样，施工预算的人工、材料、机械使用量及其相应的费用，一般应低于施工图预算。当出现相反情况时，要调查分析原因，必要时要改变施工方案。

第九章　招标标底与投标报价

工程建设单位(业主)招标要编制标底,施工企业投标要编制报价(标价),本章主要介绍工程招标和投标的基本知识以及招标标底和投标报价的编制方法。

第一节　工程招标与投标概述

一、工程招标投标概念

基本建设工程实行招标承包制是我国基本建设管理体制的一大改革。招标承包制,是把过去单纯用行政手段分配施工任务的老办法改革为在国家计划指导与行政监督下,通过竞争方式,择优选择施工单位。实行招标承包制,可以达到确保工程质量、缩短建设工期、降低工程造价、提高投资效益、保护公平竞争以及推广先进技术的目的。招标承包制是通过工程的招标与投标实施的。因此,早在1995年水利部就发布了《水利工程建设项目施工招标投标管理规定》,用以规范我国水利水电工程建设项目招标投标工作。

工程招标是由建设单位通过招标公告、招标文件,吸引有能力承建该工程的施工企业参加投标竞争,从中择优选择施工单位,直至签订工程承包合同的发包过程。工程投标是施工企业获知招标信息后,根据招标文件结合本企业能力,提出承包该工程的措施、条件和造价,供建设单位选择,以求获得施工任务的竞争过程。

国家发改委2018年新颁布的《必须招标的工程项目规定》,对必须招标的工程项目重新进行了规定,如施工单项合同估算价在400万元人民币以上,重要设备、材料等货物的采购单项合同估算价在200万元人民币以上,勘测、设计、监理等服务的采购单项合同估算价在100万元人民币以上的项目等均须实行招标。对水利工程,除个别不宜招标的项目外,所有列入国家和地方水利建设计划的水利基本建设工程项目,都要通过招标来选定施工单位。

二、招标形式和招标方式

建设工程招标,根据具体招标工程项目的条件,可以采用不同的招标方法。方法不同,招标和投标的工作内容也各不相同。

(一)招标形式

基本建设工程招标形式一般有全过程招标,勘察、设计招标,物资供应招标,工程施工招标等几种形式。

1.全过程招标

全过程招标也称"交钥匙"工程招标。即从项目建议书开始,包括可行性研究、勘察、设计、工程材料和设备的采购与供应、工程施工、生产准备,直到竣工投产、交付使用,实行全面招标。

2. 勘察、设计招标

只进行勘察、设计阶段的招标，可以将工程项目的勘察、设计任务一起招标发包，也可以单独进行勘察招标或设计招标。

3. 物资供应招标

就工程项目建设所需的全部或部分物资（工程材料、设备）的采购、供应进行招标。

4. 工程施工招标

施工招标可根据建设项目的规模大小、技术复杂程度、工期长短、施工现场管理条件等情况，采用全部工程、单项工程（如拦河坝工程）、单位工程（如灌区工程中的分水闸工程）或者分部工程（如土石方、混凝土工程）等形式进行招标。同一工程中不同的分标项目，可采取不同的招标方式，全部工程不宜分标过多，工程分标应以有利于项目管理、有利于吸引施工企业竞争为原则。

（二）招标方式

常用的招标方式有公开招标和邀请招标。

1. 公开招标

公开招标是指招标单位以招标公告的方式邀请不特定的法人或者其他组织投标的招标方式，也叫开放式招标、无限竞争性招标。《中华人民共和国建筑法》规定，建筑工程实行公开招标的，发包单位应当依照法定程序和方式，发布招标公告，提供载有招标工程的主要技术要求、主要的合同条款、评标的标准和方法以及开标、评标、定标的程序等内容的招标文件。公开招标时，不得限制合格投标单位的数目。经资格审查后认可的投标单位不得少于三家。公开招标可使招标单位有较大的选择余地，能够在众多的投标企业中选择报价合理、工期较短、信誉良好的企业。

2. 邀请招标

邀请招标是指由招标单位以投标邀请书的方式邀请特定的法人或者其他经济组织投标的方式，也称有限招标或选择性招标。至少要有三个企业参加投标。这种招标方式的优点是招标单位对受邀请单位一般都比较了解，双方互相信任，投标单位大都具有较为丰富的经验和良好的信誉。不足之处是有时会使招标流于形式。

按照国际、国内的招标范围来划分，招标方式又分为国际招标和国内招标。在我国，凡是引进外资的建设项目，一般采用国际招标。全部为国内资金的建设项目，均采用国内招标。

三、水利水电工程施工招标

（一）招标条件

1. 招标单位应具备的基本条件

（1）具有项目法人资格。

（2）有与招标工程相适应的工程管理、预算管理、财务管理的能力。

（3）有组织编制招标文件和标底的能力。

（4）有对投标人进行资格审查和组织开标、评标、定标的能力，有与中标单位谈判签订合同的能力。

不具备上述条件的招标单位，应委托具有相应资质的监理单位、咨询单位等代理机构进行招标。招标代理机构可按国家的有关收费标准收取费用。

2. 实施施工招标的工程项目应具备的基本条件

(1)初步设计及概算已经批准,正式列入国家、地方的年度投资计划。

(2)项目建设资金、设备和主要建筑材料来源已经落实或已有明确安排,并能满足合同工期进度要求。

(3)有足够设计深度的设计文件,能够满足编制招标文件和标底的要求。设计单位能确保按工程进度要求提供施工图纸。

(4)有关建设项目永久征地、临时征地和移民搬迁的实施、安置工作已经落实或已有明确安排。

(5)施工准备工作基本完成,具备施工单位进入现场施工的条件。

(6)施工招标申请书已经上级招标投标管理机构批准。

(7)已在相应的水利水电质量监督机构办理好监督手续。

(二)建设项目施工招标程序

建设项目施工招标工作应由招标单位按下列程序进行:

(1)向上级招标投标管理机构提交招标申请书,并经批准。招标申请书的主要内容包括:招标工程具备的条件、招标机构的组织情况、分标方案与招标计划、拟采用的招标方式和对投标单位的资质要求等。

(2)组织编制招标文件和标底,并报上级招标投标管理机构审定。

(3)发布招标通告,出售资格预审文件。

(4)投标单位填报资格预审书和有关资料,申请投标。

(5)对投标单位进行资格审查,并提出资格预审报告。

(6)向资格预审合格的投标单位发出投标邀请书并出售招标文件及有关资料。

(7)召开标前会,组织投标单位进行现场勘察,解答招标文件中的问题。

(8)组建评标领导小组或评标委员会,制定评标定标原则和办法。

(9)召开开标会议,当众开标。

(10)组织评标,在评标期间,召开澄清会议,邀请投标单位对投标书作必要的澄清。

(11)选定中标单位和候补中标单位,报上级招标投标管理机构批准。

(12)与初选的中标单位进行中标前谈判。

(13)发中标通知书,与中标单位正式签订合同。合同副本报上级招标投标管理机构备案。

(14)通知未中标单位。

以上工作内容可概括为准备阶段(申请批准招标、准备招标文件)、招标阶段和决标成交阶段(开标、评标、决标、签订合同)。不同阶段有不同工作内容,既不能互相代替,也不允许颠倒,只有循序渐进,才能收到预期效果。

(三)施工招标各阶段的工作内容

1. 准备招标文件和编制标底

凡具备施工招标条件的工程项目,经项目法人向上级招标投标管理机构提出招标申

请获准后，即应准备招标文件，它是投标单位编制标书的主要依据，也是决标后签订工程施工合同的基础和合同文件的组成部分；同时，应编制标底，标底是招标工程的预期价格，是评标决标的重要依据。

招标文件包括招标启事、资格预审书、招标邀请书、招标标书、中标通知书及承包合同等为招标服务的全部书面材料。其中，招标标书是核心内容。

招标标书的主要内容如下：

(1)工程综合说明。介绍建设项目名称、地点、工程内容、建设工期、招标范围、招标方式。提供必要的气象、水文、地质资料；阐明场内交通、物资供应、生活条件和协作关系等。

(2)施工条件。主要包括施工程序、技术质量要求，明确技术标准与验收规范。

(3)投标须知(或叫招标通知书)。说明招标形式、承包方式、各种费用与价格计算标准、工程价款支付与结算方式以及价差调整方法。明确确定招标起止时间，开标时间、地点，评标重点要求，以及投标应具备的文件、证件和手续。

(4)合同条款。原则性地提出基本条款、技术条款、经济条款和职责分工条款。

2. 组织招标

招标申请书及标底获得批准后，招标单位即可根据批准的招标方式组织招标。其工作步骤是：

(1)发布招标通告或发送招标邀请函。招标单位应按照有关法律、法规和规定发布招标通告或发送招标邀请函。

(2)对申请投标人进行资格审查。对申请投标人进行资格审查的内容是：①企业注册证明和技术等级；②企业的信誉(以往施工经历、经营作风、合同履行状况等)；③企业的实力(企业技术力量、装备水平、资金或财务状况等)；④企业能够用于招标工程的力量(目前承建的在建项目及其分布状况，对资金、人力、装备等的占用状况，能够用于招标工程的人、财、物实力)。经过审查符合投标资格要求的，即向其发售招标文件。招标文件发出后，不得随意更改。如确须修改或补充，至少应在投标截止日期前 15 天正式通知所有投标单位；延期发出通知，投标截止日期也应相应后延。

(3)组织现场勘察和召开标前会。组织投标单位进行现场勘察和召开标前会的目的，在于让投标单位更充分、更直接地了解场地情况、工程内容、周围环境和其他情况，并利用标前会进行工程交底，解答投标单位就招标文件提出的疑问，以利于投标单位更全面、准确地编制标书。对投标单位疑问的答复，应作为招标文件的附件。答疑纪要，应印发所有投标单位。在投标截止日期前 15 天内，招标单位不再解答问题。

3. 开标、评标和定标

(1)开标。投标截止后，招标人应按招标文件规定的时间、地点，邀请各投标单位和有关方面代表参加，当众公开开标。开标时应注意：①先公开宣布标底，后启开标箱；②逐一宣布各标书的主要内容，即标价、工期、质量、主要技术措施和优惠条件，对各标书登记造册并由读标人、造表人和公证人签名。

投标书有以下情况之一者无效：①未密封；②缺投标保函；③未加盖单位印章和法人代表或法人代表委托的代理人的印章(或签名)；④未按规定格式、内容填写，或字迹模糊不清、内容不全;⑤逾期送达;⑥投标单位未参加开标会议。

以上工作结束后,就可以开始评标、定标等工作。

(2)评标。为了保证评标的公正性,一般由招标单位聘请上级招标投标管理机构、建设项目主管部门、设计、监理等单位的有关领导、专家,组成评标领导小组或评标委员会,负责评审工作。评标委员均不代表各自的单位或组织,并严禁私下与投标单位接触,更不得泄露评标情况和评标结果。评标前,应制定评标原则和办法,包括评标程序和评标方式,并经评标机构通过。开标以后,投标单位提出的任何修正声明或附加优惠条件,一律不得作为评标依据;为防止投标哄抬物价,或盲目压低报价,投标的有效标价应在标底价的上5%和下8%之内,遇有特殊情况,须经上级招标投标管理机构批准,方可不受此限。开标后,对投标书中不清楚的问题,招标单位有权向投标单位提出询问,对所澄清和确认的问题,应采取书面方式,经双方签字后,作为投标书的组成部分。

对照预先确定并在开标现场首先公布的标底和评价方法,综合分析、评价各标书,从中评议出候选的中标单位,或对各标书进行排队。首先应对照招标文件规定的废标条件,剔除废标,然后根据各投标人的技术和财务实力、社会信誉、标书中的承诺等条件,按照公开、公正、公平的原则,进行定性或定量的评议。目前,一般是根据招标工程的具体情况,将评价内容分解为报价、工期、信誉、技术力量、机械设备、材料供应、合理化建议、质量、施工技术组织措施等一系列指标,并确定各指标所占的权重。如工期较紧的工程,工期、施工技术组织措施所占的权数应大一些;资金较紧的工程,报价、合理的节约投资建议、垫支部分工程款的优惠条件所占的权数应大一些等。对照评价标准体系和标书,并参考进行投资资格预审时所得资料,算出每一标书的综合得分值,然后按照得分高低顺序列出清单,写出评标报告,推荐中标候选单位,报招标单位决策。

(3)定标。定标是通过评标最终确定中标单位的决策过程。对于较简单的工程项目,可在开标当场经过评审决定中标单位;规模较大、内容较复杂的工程,则应由招标单位与评价小组推荐的候选中标单位进行反复的磋商、协调,或者进行二次报价评标,全面衡量,择优定标。定标应在招标有效期内确定中标单位,如是特殊情况,招标单位可发出通知,延长投标有效期,但投标单位也可以不接受这种延长。定标后,经报上级招标投标管理机构批准,即向中标单位发出中标通知书。

(4)签订施工合同。在招标文件规定的期限内,中标单位持中标通知书和施工合同草稿,以及具有资信能力的银行出具履约保函,与招标单位进行协商,就施工合同条款达成协议,签订施工合同。

投标单位接到中标通知后,对借故拖延不签合同的,招标单位可没收其投标保证金。因招标单位本身原因致使招标失败,招标单位应按双倍投标保证金的数额赔偿投标单位的经济损失,同时退还投标保证金。如合同谈判未能取得一致,招标单位有权另外选择中标对象。

招标单位无须向未中标单位解释未中标原因,但应退回投标保函,并付给投标补偿金,具体金额由招标单位规定。原则上,小项目每标补偿金不少于4 000元,大项目不超过投资额的万分之一。

议标项目,投标单位仍须按公开招标的要求编制投标书,按议标文件规定的程序进行。

四、水利水电工程施工投标

（一）投标条件

凡持有营业执照、具有法人资格、取得施工企业资质等级证书、具备有关专业资质要求的水利水电施工企业，均可参加与其资质相适应的水利水电工程施工投标。非水利水电行业的施工企业参加投标，其资质应符合“水利水电施工企业资质等级标准”；参加有特殊水工要求的建设项目的投标，还应取得有关招标投标管理机构核发的针对该工程项目的投标许可证。

（二）投标的一般过程和工作内容

企业为了在投标竞争中获胜，应设置有实权，懂技术、经济、法律，会管理的专门投标工作机构，承担从收集招标投标情报信息资料开始，直至中标后签约的一系列工作。投标工作机构成员不仅应熟悉投标工作的程序和内容，而且还应掌握选择投标项目的原则、投标报价的规律和方法，以充分发挥企业优势，创造一切可能条件，争取中标。

1. 日常准备工作内容

（1）收集招标投标信息。企业要在竞争中获胜，必须建立有效的信息系统，及时、全面、准确地收集与企业投标有关的经济、技术和社会方面的信息。

（2）准备投标资格预审资料。投标单位应按资格预审公告（通知）的要求，填写资格预审文件，并向招标单位提供下列材料：①施工企业资质证书（副本），营业执照（副本）及会计师事务所或银行出具的资信证明；②企业职工人数，技术人员、技术工人数量及平均技术等级，企业主要施工机械设备；③近两年承建的主要工程情况（要附有质量监督部门出具的质量评定意见）；④现有主要施工任务（包括在建和已中标尚未开工的建设项目）；⑤近两年企业的财务状况。

2. 投标阶段的工作内容

在前期工作的基础上，投标单位即可依照投标原则选择那些有兴趣的招标项目，提出投标申请。提交资格预审资料，获得审查同意后，购买招标文件，并立即着手进行研究。应当注意，收集信息的工作贯穿投标活动始终，而非仅仅在申请投标之前。

（1）研究招标文件。购买招标文件后，应认真研究文件中所列工程条件、范围、项目、工程量、工期和质量要求、施工特点、合同主要条款等，弄清承包责任和报价范围，避免遗漏，发现含义模糊的问题，应做书面记录，以备在招标会议上向招标人提出询问。同时，列出材料和设备的清单，调查其供应来源状况、价格和运输问题，对进口材料设备，更要广泛调查运输线路和方式、时间、地点，各项费用的支付数额和方式，以便在报价时综合考虑。

（2）勘察现场，参加招标会议。工程现场的自然、经济和社会条件，均是制约施工的重要因素，应在报价中予以考虑。除平时收集的有关资料外，应参加招标单位组织的现场勘察，深入了解现场位置、地质地貌、交通及通信设施、供水供电、当地材料供应等情况，以利于合理报价。

研究招标文件和勘察现场过程中发现的问题，应在招标会议上提出，并力求得到解答，而且自己尚未注意到的问题，可能会被其他投标单位提出；设计单位、招标单位等也将会就工程要求和条件、设计意图等问题作出交底说明。因此，参加招标会议对于进一步吃透招标文件,了解招标单位意图、工程概况和竞争对手情况等均有重要作用,投标单位不应忽视。

(3)确定投标策略。施工企业参加投标竞争,目的在于得到对自己有利的施工合同,从而获得尽可能多的盈利。为此,必须注意正确运用投标策略。

需要注意,在确定投标策略之前,经过前期准备工作及对招标文件的研究、招标项目可靠性的分析和现场勘察,如得出下列结论之一时,则应及早放弃投标,以免造成更大损失。①本企业主营或兼营能力之外的项目;②工程规模或技术要求超出本企业技术等级的项目;③企业等级、信誉、能力明显竞争不过对手的项目;④建设单位工作态度不利于本企业承包的项目;⑤资金、材料等条件不落实,本企业又无垫支能力的项目;⑥本企业生产任务饱满,而招标工程本身预期盈利水平又较低或风险较大的项目。

(4)编制投标书。投标书是投标单位争取中标的书面承诺,是以完全同意招标文件为前提编报的,投标单位应按照招标文件的要求,认真编制投标书,并做到以下各条:①充分理解招标文件和项目法人(或建设单位)对投标人的要求;②弄清工程性质、规模和质量标准;③确定本企业的各种定额水平;④施工企业应得的7%计划利润要计入单价;⑤拟定最优投标方案。

投标文件的内容应符合招标书的要求,主要应包括:①投标书综合说明,工程总报价;②按照工程量清单填写单价分析、单位工程造价、全部工程总造价、三材用量;③施工组织设计,包括选用的主体工程和施工导流工程施工方案,参加施工的主要施工机械设备进场数量、型号清单;④保证工程质量、进度和施工安全的主要组织保证和技术措施;⑤计划开工、各主要阶段(截流、下闸蓄水、第一台机组发电、竣工等)进度安排和施工总工期;⑥参加工程施工的项目经理和主要管理人员、技术人员名单;⑦工程临时设施用地要求;⑧招标文件要求的其他内容和其他应说明的事项。

投标单位对招标文件个别内容不能接受者,允许在投标书中另作声明。投标时未作声明,或声明中未涉及的内容,均视为投标单位已经接受,中标后,即成为双方签订合同的依据。不得以任何理由提出违背招标文件的附加条件,或在中标后提出附加条件。

施工企业在规定投标内容以外,可以附加提交"建议方案",包括修改设计、更改合同条款和承包范围等,并作出这类变更的报价,供招标单位选用。在投标书封面上应注明"建议方案"字样。招标单位有权拒绝或接受"建议方案"。

如果一个施工企业力量不足以承担招标工程的全部任务,或不能满足投标资格的全部条件时,允许由两个或两个以上施工企业组成联营体,接受资格审查,进行联合投标。联合投标应出具联合协议书,明确责任方和联营体各方所承担的工程范围和责任,并由责任方作为联营体的法人代表。联合协议书应经公证处公证。

联合投标,不得以变换责任单位的方式来增加投标的机会。

投标单位必须出具银行的投标保函,保证金额按工程规模大小,在招标文件中明确规定。投标书提交招标单位后,在投标截止时间前,允许投标单位以正式函件调整已报的报价,或作出附加说明。此类函件与投标书具有同等效力。投标书分为正本和副本,正本具有法律效力。

第二节　招标标底

在编制招标文件中,最重要的工作内容是制定标底。标底是招标工程的预期价格,它主要是以施工图预算或设计概算为基础编制的。业主(项目法人或建设单位)委托具有相应资质的设计单位、社会咨询单位编制标底,包括发包造价、与造价相适应的质量保证措施及主要施工方案、为缩短工期所需措施的费用等。工程标底是业主对招标项目工程造价"内部控制"的预算,只有有了标底,才能正确地判断投标人所投标价的合理性和可靠性,从而在评标时作出正确评价。

一、标底的作用

标底的主要作用包括以下几个方面:

(1)保证招标单位事先对标价心中有数,避免决策中的盲目性。由于水利水电工程的复杂性,概算的整体性较强,招标合同划分后,常常与概算项目不一致,造成有关费用不易划分归项,甚至由于招标合同界面的变化导致增加一些费用项目,因此通过编制工程标底的"自我预测",做到心中有数。

(2)作为评议投标报价的标准和尺度。招标工程的标底是进行评标和决标工作的重要依据,是审核报价、评标、决标的标准,因此标底是否准确直接影响工程项目招标工作的成败。有些招投标管理办法从保护承包商利益角度出发,对投标报价与标底的相差幅度作了规定,超过规定幅度,即视为废标,这时,标底的作用就更为重要。不过,对一般小型工程或重复性很强的工程而言,规定相差幅度也许可行,但对大型工程,尤其是水利水电工程项目,硬性规定报价与标底的差别幅度不一定很合适,因为先进技术的应用,施工方案的革新,管理水平的提高,常常会大幅度降低报价。招标单位以标底为基础,结合其他要求,以浮动形式选择投标企业的合理报价,确定建筑产品发包造价,这有利于控制工程造价,提高投资效益。

(3)标底是保证工程质量的经济基础。经过审定的标底,不低于建造招标工程所需的活劳动和物化劳动的最低消耗量,在保证工程质量、工期要求的条件下合理确定。因此,既可避免招标单位片面压价,又可防止投标单位盲目投低标甚至投机报价,导致施工中出现资金短缺、偷工减料等现象。准确的标底是工程质量可靠的经济保证。

(4)国家以标底为主要尺度考核发包工程的造价。标底反映定期建设招标工程的社会平均劳动水平,投标报价则反映投标单位的个别劳动水平,它应该接近于社会平均劳动水平,也就是报价应该等于或略高、略低于标底。因此,国家可以根据标底对建筑产品的发包价格进行有效的监督。

另外,在合同执行过程中,当发包方和承包方之间发生索赔争议时,标底可作为解决索赔争议的重要参考依据之一。招标设计阶段应在初步设计阶段之后进行,一般情况下各个标的标底总和不应超过相应的执行概算。

二、标底的编制原则

标底的计算,以设计文件、技术说明书、国家规定的现行定额、材料预算价格和取费标准为主要依据,并将因满足招标工程特殊要求所需的措施费、材料调价发生的费用、不可预见费等列入;标底必须由持证的、熟悉有关业务的概预算专业人员编制,编制标底的单位及有关人员不得介入该工程的投标书编制业务。开标前,标底属于绝密材料,严禁以任何形式泄露,否则应给予严肃处理,直至给予法律制裁。

标底的编制应遵循以下原则:

(1)招标项目划分、工程量、施工条件等应与招标文件一致。

(2)应根据招标文件、设计图纸及有关资料按照国家和有关部委颁发的现行技术标准、经济定额标准及规范等认真编制,不得简单地以概算乘以系数或用调整概算作为标底。

(3)在标底的总价中,必须按国家规定列入施工企业应得的7%的企业利润。

(4)一个招标项目,只能有一个标底,不得针对不同的投标单位而有不同的标底。

(5)编制标底应不突破业主预算,未编业主预算的则不应突破国家批准的设计概算中相应部分投资额。

标底突破上级批准的总概算的,应说明原因,由设计单位进行调整,并经原概算批准单位审批后才可招标。

三、标底的编制步骤

大中型水利水电建设项目标底的编制常以设计概算为基础,其编制步骤如下:

(1)编制常规设计概算。大中型基本建设项目,如水利水电工程项目、电力工程项目、化学工程项目等,一般难以等到施工图设计完成以后再招标,而多以初步设计为招标依据。因此,编制标底时也以常规设计概算为依据。而其他小型项目和一般工业与民用建筑项目,因其设计周期短,可在施工图完成后进行招标,编制标底时以施工图预算为基础。

(2)计算综合单价。工程概预算一般是由主体工程费用、施工临时工程费用和独立费用三部分组成的。按照国际惯例,国际工程在招标的标底和投标的报价中,通常不出现施工临时工程费用及独立费用,只有招标项目的工程量乘以某一单价——综合单价。因此,综合单价既包含了主体工程的概预算单价,又包含了施工临时工程及独立费用的摊入单价。

(3)标底的计算。根据招标设计提供的各项工程的工程量,乘以相应的综合单价,即为各项工程的预算费用。汇总各项工程的预算费用便得出总预算费用。此外,尚须考虑一些不可预见因素所引起的费用,如工料调价、赶工费、计划外工程及无法估计的费用,这些是计算标底的基础,再分析影响本次招标的各种因素,考虑一个浮动幅度,加以调整后即可作为标底。

为了便于分析各投标单位标价的合理性以及在合同实施过程中进行监督,标底的项目划分与排列序号,应和招标文件和工程报价表一致。

四、工程标底的编制方法

编制工程标底的主要工作是编制基础价格和工程单价,现将基础价格和工程单价的编制方法介绍如下。

(一)基础价格

1.人工费单价

如果招标文件没有特别规定,人工费单价可以参照前面第五章第一节介绍的方法进行计算。

2.材料预算价格

一般材料的供应方式有两种:一种是由承包商自行采购运输;另一种是由业主采购运输材料到指定的地点,发包方按规定的价格供应给承包商,再提货运输到用料地点。因此,在编制标底时,应严格按照招标文件规定的条件计算材料价格。对于前一种供应方式,材料价格可采用第五章中所介绍的方法计算;对于后一种情况,应以招标文件规定的发包方供货价为原价,加上供货地至用料点的运输费,再酌情考虑适当的采购保管费。

3.施工用电、风、水及砂石料预算价格

(1)施工用电价格。一般招标文件都明确规定了承包商的接线起点和计量电表的位置,并提供了基本电价。因此,编制标底时应按照招标文件的规定确定损耗的范围,据以确定损耗率和供电设施维护摊销费,计算出电网供电电价。

自备柴油机发电的比例,应根据电网供电的可靠程度以及本工程的特性来确定。电网电价及自备柴油机发电电价可参照第五章第五节介绍的方法计算。最后,按比例计算出综合电价。

(2)施工用水价格。招标文件中常见的供水方式有两种:一是业主指定水源点,由承包商自行提取使用;二是由业主提水,按指定价格在指定接口(一般为水池出水口)向承包商供水。对于前一种情况,可参照第五章第五节介绍的方法计算;对于后一种情况,应以业主供应价格作为原价,再加上指定接口以后的水量损耗和管网维护摊销费。

(3)施工用风价格。一般承包商自行生产、使用施工用风,故风价可参照第五章第五节介绍的方法计算。

(4)砂石料单价。一般砂石料的供应方式有两种:一种是业主指定料场,由承包商自行生产、运输、使用;另一种是由业主指定地点,按规定价格向承包商供货。承包商自行采备的砂石料单价应根据料源情况、开采条件和生产工艺流程按照本书第五章第三节介绍的方法进行计算。

如果由业主在指定地点提供砂石料,则应按招标文件中提供的供应单价加计自供料点到工地拌和楼堆料场的运杂费用和有关损耗。

4.施工机械台时费

可参照第五章第四节中介绍的方法进行计算。如果业主提供某些大型施工设备,则台时费的组成及价格标准应按招标文件规定,业主免费提供的设备就不应计算基本折旧费;若业主提供的是新设备,本招标项目使用这些设备的时间不长,则不计入或少计入大修理费。

(二)工程单价计算

工程单价由直接费、间接费、利润和税金组成。直接费计算方法主要有工序法、定额法和直接填入法。

1. 工序法

工序法是根据该项目总工程量和实施该项目各个工序所需人工、施工机械的工作时间以及相应的基础价格计算工程直接费单价的一种方法。工作时间可以通过进度计划中的逻辑顺序确定,也可以通过若干假定的生产效率确定,还可以靠概预算专业人员的经验判断确定。国外估价师广泛采用工序法,因为在土木工程造价中,施工机械使用费所占的比重相当大,而施工机械闲置时间这一重要因素在定额法中是无法恰当地加以考虑的。国外有些估价师不仅用工序法来估算以施工机械使用费为主的工程单价,而且在其余的工程单价中也尽可能使用这种方法。这种方法的主要程序是:制订施工计划,确定各道工序所需的人员及设备的数量、规格、时间,计算各种人员、施工设备的费用,再加上材料费用,然后除以工程总量即可得出工程直接费单价。

2. 定额法

定额法是根据预先确定的完成单位产品的工效、材料消耗定额和相应的基础价格计算工程直接费单价的一种方法。依据的定额可参照执行行业现行定额,对于少数不适用的定额作必要的调整,对采用新技术、新材料、新工艺而造成定额缺项时,可编制补充定额。编制标底时,应仔细研究施工方案,确定合适的施工方法,选用恰当的定额进行单价计算。

3. 直接填入法

一项水利水电工程招标文件的工程量报价单包含许许多多工程项目,但是少数一些项目的总价却构成了合同总价的绝大部分。专业人员应把主要的精力和时间用于计算这些主要项目的单价。对总价影响不大的项目可用一种比较简单的、不进行详细费用计算的方法来估算项目单价。这种方法称为直接填入法。这种方法的基础是专业人员具有丰富的实践经验。

在计算某些工程单价时,专业人员也可以将工序法和定额法同时运用。如混凝土单价,可用定额法计算混凝土材料单价,而用工序法计算混凝土浇筑单价。

间接费可参照概算编制的方法计算,但费率不能生搬硬套,应根据招标文件中材料供应、付款、进退场费用等有关条款作调整。利润和税金按照水利部对施工招标投标的有关规定进行计算,不应压低施工企业的利润、降低标底从而引导承包商降低投标报价。

(三)施工临时工程费用

有些业主在招标文件中,把大型临时工程单独在工程量报价表中列项,标底应计算这些项目的工程量和单价;招标文件中没有单独开列的大型临时设施应按施工组织设计确定的项目和数量计算其费用,并摊入各有关项目内。

(四)编制标底文件

在工程单价计算完毕后,应按招标文件所要求的表格格式填写有关表格,计算汇总有关数据,编写编制说明,提出分析报表,形成全套工程标底文件。

除以上编制标底的方法外,还可以用对照统计指标的办法来确定标底。对于中小型工程,如果本地区已修建过类似的项目,可对其造价进行统计分析,得出综合单价的统计指标,以这种统计指标为编制标底的依据,再考虑材料价格涨落、劳动工资及各种津贴等费用的变动,加以调整后得出标底。

目前,一般工业与民用建筑工程的国内招标常以工程预算书的格式,依据综合预算定额

编制标底,亦即不计算综合单价,而是计算直接费、间接费、利润、税金直至预算造价,再考虑一个包干系数作为标底,从形式上它的编制方法同施工图预算的编制方法一样。

目前国内标底编制尚无定制。对于国际工程或国际招标项目招标标底的编制应遵守国际上通用的标底编制方法,一般应符合 FIDIC 合同条件,如我国的鲁布革水电工程、二滩水电工程以及黄河小浪底水利枢纽工程。

第三节　投标报价

一、投标报价的编制步骤

(一)预测标底

预测标底是一项确定报价的准备工作,因为若报价超出标底的某一范围,则无法中标;若报价低于标底很多,虽中标可能性大,但风险也很大。可根据当地或业主可能使用的定额和有关规定去试编概预算,由此进行预测。

(二)核对或计算工程量

工程量是计算投标报价的重要依据。在招标文件中均有实物工程量清单,投标单位在投标作价前应进行核对。遇到工程量清单与设计图纸不符的情况,投标单位应详细计算工程量后再据以逐项分析单价,从而确定标价。

(三)编制分部工程单价表

此表是计算标价的又一重要依据,它的编制分为两个基本步骤,即先确定直接费的基础单价,再按不同分部分项工程的工料等消耗定额确定其预算单价,此预算单价为计算标价的基础。

(四)施工间接费率的测算

在报价中,施工间接费占有一定的比重,要做到合理报价并科学地确定本企业的间接费开支水平,应根据本单位的实际情况,进行必要的测算。

(五)资金占有和利息分析

根据我国现行规定,建筑企业的流动资金实行有偿占用,即由银行提供贷款,由建筑企业按规定利率支付利息,所以在投标报价时要对资金占用和利息进行分析。

建筑企业在一个建设项目施工中的利息支出,决定于占用资金的数量、时间和利率三个因素。降低利息支出的关键在于占用资金数量少,占用时间短,即周转速度快。

(六)不可预见因素的考虑

因材料价格变化,基础施工遇到意外情况以及因其他意外事故造成停工、窝工等,都会影响工程造价。因此,在投标报价时应对这些因素予以适当考虑,特别是采用固定总价合同时,更应充分注意,酌加一定的系数(例如3%～5%,或更低些),以不可预见费的名目,列为标价的组成部分。

(七)预期利润率的确定

我国建筑业实行低利润率政策,现行计划利润率仅为7%,但在实行招标承包制的条件下,为了鼓励竞争,建筑企业在投标报价时,应允许采取有适当弹性的利润率,即为了争取中标,预期利润率可低于7%,甚至在某一工程上有策略性的亏损,以提高报价的竞争力。在降低成本、保证工程质量的前提下,预期利润率也可以高于7%。对此,投标单位应自主作出决策。

(八)确定基础报价

将分别确定的直接费、间接费、不可预见费以及预期利润和税金汇总,即得出造价。汇总后须进行检查,必要时加以适当调整,最后形成基础报价。

(九)报价方案

在投标实践中,基础报价不一定就作为正式报价,还应作多方案比较,即进行可能的低标价和高标价方案的比较分析,为决策提供参考。

低报价应该是能够保本的最低报价。高报价是充分考虑可能发生的风险损失以后的最高报价。

至于对某一具体工程,究竟以什么样的报价作为投标的正式报价,则应由决策人根据竞争情况和自身条件作出决策。

二、投标报价编制方法

编制报价的主要依据有:招标文件及有关图纸;企业定额,如无企业定额,则可参照国家颁布的行业定额和有关参考定额及资料;工程所在地的主要材料价格和次要材料价格;施工组织设计和施工方案;以往类似工程报价或实际完成价格的参考资料。

编制投标报价的主要程序和方法与编制标底基本相同,但是由于立场不同、作用不同,因而方法有所不同,现在把主要不同点介绍如下。

(一)人工费单价

人工费单价的计算不但要参照现行概算编制规定的人工费组成,还要合理结合本企业的具体情况。如果按以上方法算出的人工费单价偏高,为提高投标的竞争力,可适当降低。

(二)施工机械台时费

施工机械台时费与机械设备来源密切相关,机械设备可以是施工企业已有的和新增的,新增的包括购置的或是租赁的。

(1)购置的施工机械。其台时费包括购置费和运行费用,即包括折旧费、修理及替换设备费、机上人工和动力燃料费、车船使用税、养路费和车辆保险费等,可视招标文件的要求计入施工机械台时费或计入间接费内。施工机械台时费的计算可参照行业有关定额和规定进行,缺项时可补充编制施工机械台时费。

(2)租借的施工机械。根据工程项目的施工特点,为了保证工程的顺利实施,业主有时提供某些大型专用施工机械供承包商租用,或承包商根据自己的设备状况而租借其他部门的施工机械。此时,施工机械台时费应按照业主在招标文件中给出的条件或租赁协议的规定进行计算。对于租借的施工机械,其基本费用是支付给设备租赁公司的租金。编制投标报价时,往往要加上操作人员的工资、燃料费、润滑油费、其他消耗性材料费等。

(三)直接费单价编制

按照工程量报价单中各个项目的具体情况,可采用编制标底的几种方法,即定额法、工序法、直接填入法。采用定额法计算工程单价应根据所选用的施工方法,确定适用的定

额或补充定额进行单价计算。关于定额，最好是采用本企业自己的定额。因为企业定额充分反映了本企业的实际水平。

编制报价的其他方法还有包含法、条目总价包干法、暂定金额法等。现分别介绍如下：

(1)包含法。概预算专业人员可在某一工程条目上注明已包括在其他条目内，即其他工程项目中包含了这条项目的工作内容，所以不再单独计算此条的单价。

(2)条目总价包干法。工程量报价表中可能有一些项目没有给出工程量，要求估价人员填入一个包干价。这种方法常用于一些与合同要求和特定要求有关的一般条目中，如：场地清理费、施工污染防治费等。

(3)暂定金额法。为了一些尚未确定的工程施工、物资材料供应、提供劳务或不可预见项目临时确定的金额，有的招标文件中列有"暂定金额"条目，在招标文件发布时这些项目还不能充分预见、定义或作出具体说明，在工程实施中可能全部或部分地发生，或根本不发生，这些未定项目发生与否将根据监理工程师的判断确定，投标单位不能改动暂定金额，因为它不包含承包商的利润。所以，工程量报价单中如有这种项目时，承包商须将完成这些项目应获得的利润包括在报价中。一般而言，暂定金额条目下都有一条子目，供投标人填写调整百分数，这个调整百分数以人工、施工设备、计日工费用为计取基数，其目的是包含有关费用和利润。

(四)间接费计算

计算间接费时要按施工规划、施工进度和施工要求确定下列数据或资料：

(1)管理机构设置及人员配备数量。

(2)管理人员工作时间和工资标准。

(3)合理确定人均每年办公、差旅、通信等费用指标。

(4)工地交通管理车辆数量、工作时间及费用指标。

(5)其他，如固定资产折旧、职工教育经费、财务费用等归入间接费项目的费用估算。

按照以上资料可粗略算出间接费率。间接费的计算既要结合本企业的具体情况，更要注意投标竞争情况，过高的间接费率，不仅会消弱竞争能力，也表示本企业管理水平低下。间接费率的取值一般不能大于主管部门规定的间接费率标准。

(五)利润、税金

投标人应根据企业状况、施工水平、竞争情况、工作饱满程度等确定利润率，并按国家规定的税率计算税金。

(六)确定报价

在投标报价工作基本完成后，概预算专业人员应向投标决策人员汇报工作成果，供讨论修改和决策。

(七)填写投标报价书

投标总报价确定后，有关费用(主要指待摊费用)在工程量报价单中的分配，并不一定按平均比例进行。也就是说，在保持总价不变的前提下，有些单价可以高一些，而另一些单价则低一些。

单价调整完成后，填入工程单价表，并进行汇总计算和详细校核。最后将填好的工程量报价表以及全部附表与正式的投标文件一起报送业主。

三、投标策略与技巧

投标能否获胜主要取决于报价、工期、质量、施工能力和信誉五个方面。每个投标企业要想中标都要围绕这五个方面开展一系列工作。投标策略与技巧是指在投标报价中采用什么手法使业主可以接受,而中标后又能获更多的利润。

常用的投标报价策略有以下几个方面。

(一)不平衡报价法

不平衡报价法,它是指一个工程项目的投标报价在总价基本确定后,合理调整内部各个子项目的报价,以期既不影响总报价,又在中标后可以获得较好的经济效益。

不平衡报价法的应用一定要建立在对工程量表中工程量仔细核对分析的基础上。同时,要注意在合理的范围或幅度内提高或降低单价,以免引起业主反感,甚至导致废标。不同类别的工程单价的变化幅度是不同的。如土石方单价主要是和施工机械生产效率有关,材料和人工费用占的比例不大,而混凝土单价则人工费和材料费占的比重较大。一般而言,土石方单价在合理单价上下变化20%以内还可接受,混凝土单价在合理单价上下变化10%以内也可接受。

(二)修改设计法

投标人有时在研究招标文件时发现,原招标文件的设计和施工方案不尽合理,则投标人可提出更合理的方案吸引业主,同时提出一个和该方案相适应的报价,以供业主比较。当然一般这种新的设计和施工方案的总报价要比原方案的报价低。关于修改设计,具体有几种不同的处理办法:①改正设计错误,显示投标企业的雄厚技术实力,在相同报价下能够增强竞争力。②改进设计,在原设计功能不变的情况下,降低工程造价。以原设计内容为准编制一个报价,再以修改后的设计为准编制一个报价,同时报出,以期比较。③改进设计,保持工程造价不变,大大改善设计功能。这一方面可以显示投标单位的技术力量,另一方面直接提高了投资效益,等于间接节约了投资,降低了工程造价。

(三)突然降价法

报价是一项保密的工作,但由于竞争激烈,其对手往往通过各种渠道或手段来刺探情报,因此在报价时可采用一些迷惑对方的手法。如不打算参加投标,或准备报高价,表现出无利可图不干等现象,并有意泄露一些情报,而到投标截止前几小时,突然前去投标,并压低报价,使对手措手不及。

采用这种方法时,一定要考虑好降价的幅度,在投标截止日期前,根据情报分析判断,作出正确决策。

(四)优惠条件法

在投标时,根据所掌握的招标单位的信息,结合企业的实际能力,提出对招标单位有吸引力、在众多投标人中有竞争力的优惠条件,以此来增加中标机会。优惠条件主要有:①提出垫支工程款、不收预付工程款,工程开工一段时间内不收工程价款,或按比例减收工程款,以缓解招标单位的筹资困难。②解决主材、主设备的采供问题。有些招标单位采购工程所需的主要材料、设备有困难,投标单位就以帮助其解决困难为优惠条件。③协助

招标单位进行三大目标控制。有些招标项目的建设单位技术、管理力量薄弱，对做好工程项目的三大目标控制工作心中无数，希望得到帮助。投标单位针对这种情况，可以在标书中提出帮助其进行三大目标控制和其他工程管理工作的计划，以解其忧。④提出工期优惠。在一些招标项目中，工期要求特别紧急，按正常工期施工，则招标单位觉得时间太长；向前赶工，又会大大增加造价。在这种情况下，经验丰富、实力雄厚的投标企业就可以在标书中提出既能满足招标单位的工期要求，又不增加工程造价的条件，并附上详细计划，以吸引招标单位。

（五）先亏后盈法

有的承包商为了占领某一地区的建筑市场，或对一些大型工程中的第一期工程，不计利润，只求中标。这样在后续工程或第二期工程招标时，凭借经验、临时设施及创立的信誉等因素，比较容易拿到工程，并争取获利。

（六）逐步升级法

在邀请招标或议标方式中，投标单位可以利用竞争对手少或没有竞争对手的优势，先报出较低报价，然后在反复的协商、洽谈过程和拟定施工合同的过程中，提出种种制约施工的因素或其他对投标单位不利的因素，并借故要求加价，逐步升级，最后协商成功时的发包造价，已远远高于开始时的报价。

（七）区别对待不同情况报出高价或低价

在投标工作中，还可针对不同情况报出高价或低价。

1. 宜报较低报价的情况

（1）建筑安装工程量较大的工程，技术简单的工程以及竞争对手多而强的工程。

（2）企业施工任务不足时或企业内部经营管理水平高，在施工中能够降低成本，提高劳动生产率，能以较低的报价获得较高的利润率时。

（3）企业为掌握新技术、开辟新市场或其他原因而对招标项目抱很大兴趣时。

（4）招标文件不完善留下索赔活口时。建设单位技术管理力量薄弱、管理不善造成索赔机会等情况下，就可以报低价，而着眼于以施工索赔来取得盈利。但这种策略除非在迫不得已的情况下采用外，尽可能不用。因为这种策略无论对业主还是对承包商都没有好处。即使承包商在该工程上暂时获利，但其声誉也会受到影响，可能会被业主列入黑名单，今后再有招标工程将取消其招标资格。

2. 宜报较高报价的情况

（1）技术复杂的工程，大型工程，施工条件恶劣的工程，现行定额不适用的工程。

（2）企业任务饱满，对招标项目兴趣不大，但愿意陪标，或者有绝对取胜的把握。

（3）竞争对手明显不如自己时，判定招标项目是本企业的优势施工项目，或独家具有承建能力，无人竞争时。

四、待摊费用的处理

投标决策以后总报价就固定下来了，但待摊费用应该怎样在各工程单价内进行分配平衡，哪些单价宜高些，哪些单价宜低些，业主在评标过程中对不平衡报价如何评定，这些问题是值得投标人认真加以分析和研究的。

待摊费用指工程量报价表中没有工程项目而在报价中又必须包含的费用。这些费用主要有间接费、投标费用、保函手续费、保险费,招标文件规定的价差调整范围以外的价差、次要工程项目以及不可预见费用等。严格来讲,待摊费用应根据工程费用发生的额度和时间分配在相应时段的工程条目单价内,但往往由于工程条目十分繁多,待摊费用又繁又杂,要准确计算分摊是不现实的。另外,承包商往往从自身利益和改善资金流动出发,有意在待摊费用分摊上做文章。主要有以下几种分摊方法:

(1)均摊法。平均摊入各工程项目的费用,是指随工程进度平稳发生,难以预测或按完成工作量计算的费用。如:利润、税金、保险费和不可预见费用等。

(2)早摊法。将待摊费用摊入早期施工的项目,其目的是尽快将资金收回,减少贷款利息。早期摊入的费用项目有:投标过程中的费用、施工机械进场费、保函手续费、临时工程费。

(3)递增法。有些费用在工程后期发生,此时可按递增法分摊有关费用。

(4)递减法。有些费用随工程进展而逐渐减少,此时,可按递减方式分摊有关费用。

在实际工程中往往是综合运用上述分摊方法。分摊的实质是确定工程量报价单中所填入的工程条目单价的高低。在总报价一定的条件下,哪些单价可高些,哪些单价可低些,这对改善承包商资金流动或获得额外盈利十分有益。一般原则是:

(1)估计到以后工程量会增加的项目,其单价可定得高些;估计到以后工程量会减少的项目,其单价可适当降低。

(2)对先期施工的项目(如土方开挖),其单价可定得高一些,有利于增加早期收入,减少贷款利息或增加存款利息;对后期施工的项目,其单价可定得低一些,有利于变更估价时采用。

(3)没有工程量,只填单价的项目,其单价宜高些,因为它不在总报价之内。这样做既不影响投标总报价,以后发生时又可获利。

(4)图纸有缺陷的,估计今后会修改的项目,其单价可高些。

(5)计日工单价和机械台时费单价可稍高于工程单价的人工、施工设备台时费单价。因为尽管在投标报价中可能列有此项,但并不构成承包总价的范围,发生时实报实销,也可多获利。

(6)在通货膨胀较高时,利率低于通货膨胀率,在有价差调整条款时,加大项目后期完工工程的费用可能是有利的。

(7)对于暂定金额,估计暂定金额会发生的项目,其调整百分率可高一些,估计暂定金额不会发生的项目,其调整百分率可低一些。

应该说明,按照上述分摊方法和原则进行分配的结果往往会产生不平衡单价。所谓不平衡单价是指在工程量报价单内填入的单价与概预算专业人员一般掌握的合理单价有差距。业主可以通过编制标底和从各投标单价横向对比中发现不平衡单价。业主评标人员的主要任务之一是审查投标人所报的单价,从中找出不符合实际的单价,旨在从修改设计和工程量变化中获得好处的策略性单价以及错误和漏项。如前所述,不平衡报价要适度,过度的不平衡单价会使评标人员产生反感,影响评标得分,即使勉强中标,业主往往会要求提高履约保证金的额度以使业主免除中标者一旦不能履约后造成的损失。

第十章　竣工结算、竣工决算和项目的后评价

工程竣工后，要及时组织验收工作，尽快交付投产，这是基本建设程序的重要内容。

施工企业要按照双方签订的工程合同，编制竣工结算书，向建设单位并通过建设银行结算工程价款。建设单位应组织编写竣工决算报告，以便正确地核定新增固定资产价值，使工程尽早正常地投产运行。项目投产运行一两年后，要进行项目的后评价工作。为此，本章专门对竣工结算、竣工决算和项目的后评价作简要介绍。

第一节　竣工结算

工程竣工结算是指工程项目或单项工程竣工验收后，施工单位向建设单位结算工程价款的过程，通常通过编制竣工结算书来办理。

单位工程或工程项目竣工验收后，施工单位应及时整理提交技术资料，绘制主要工程竣工图，编制竣工结算书，经建设单位审查确认后，由建设银行办理工程价款拨付。因此，竣工结算是施工单位确定工程建筑安装施工产值和实物工程完成情况的依据，是建设单位落实投资额和拨付工程价款的依据，是施工单位确定工程的最终收入、进行经济核算及考核工程成本的依据。

一、竣工结算资料

竣工结算资料包括：

(1)工程竣工报告及工程竣工验收单。

(2)施工单位与建设单位签订的工程合同或双方协议书。

(3)施工图纸、设计变更通知书、现场变更签证及现场记录。

(4)预算定额、材料价格、基础单价及其他费用标准。

(5)施工图预算、施工预算。

(6)其他有关资料。

二、竣工结算书的编制

竣工结算书的编制内容、项目划分与施工图预算基本相同。其编制步骤为：

(1)以单位工程为基础，根据现场施工情况，对施工图预算的主要内容逐项检查和核对，尤其应注意以下三方面的核对：①施工图预算所列工程量与实际完成工程量不符合时应作调整，其中包括：设计修改和增漏项而需要增减的工程量，应根据设计修改通知单进行调整；现场工程的更改，例如基础开挖后遇到古墓，施工方法发生某些变更等，应根据现场记录按合同规定调整；施工图预算发生的某些错误，应作调整。②材料预算价格与实际价格不符时应作调整。其中包括:因材料供应或其他原因,发生材料短缺时,需以大代小,以优代劣,这部分代用材料应根据工程材料代用通知单计算材料代用价差进行调整;材料价格发生较大变动而与预算价格不符时,应根据当地规定,对允许调整的进行调整。③间接费和其他费用,应根据工程量的变化作相应的调整。由于管理不善或其他原因,造成窝工、浪费等所发生的费用,应根据有关规定,由承担责任的一方负担,一般不由工程费开支。

(2)对单位工程增减预算查对核实后,按单位工程归口。

(3)对各单位工程结算分别按单项工程进行汇总,编出单项工程综合结算书。

(4)将各单项工程综合结算书汇编成整个建设项目的竣工结算书。

(5)编写竣工结算说明,其中包括编制依据、编制范围及其他情况。

工程竣工结算书编好之后,送业主(或主管部门)、建设单位等审查批准,并与建设单位办理工程价款的结算。

第二节 竣工决算

竣工决算是综合反映竣工项目建设成果和财务情况的总结性文件,也是办理交付使用的依据。基本建设项目完建后,在竣工验收前,应该及时办理竣工决算,大中型项目必须在六个月内、小型项目必须在三个月内编制完毕上报。

竣工结算与竣工决算是不同的概念,最明显的特征是:办理竣工结算是建设单位与施工企业之间的事,办理竣工决算是建设单位与业主(或主管部门)之间的事。竣工结算是编制竣工决算的基础。

竣工决算应包括项目从筹建到竣工验收投产的全部实际支出费,即建筑工程费、设备及安装工程费、施工临时工程费及独立费用,它是考核竣工项目概预算与基建计划执行情况以及分析投产效益的依据,是总结基建工作财务管理的依据,也是办理移交新增固定资产和流动资产价值的依据,对于总结基本建设经验,降低建设成本,提高投资效益具有重要价值。竣工决算报告依据《水利基本建设项目竣工财务决算编制规程》(SL 19—2014)编制,对于大中型水力发电工程依据电力系统的规定执行。

一、做好编制竣工决算前的工作

(1)做好竣工验收的准备工作。竣工验收是对竣工项目的全面考核,在竣工验收前,要准备、整理好技术经济资料,分类立卷以便验收时交付使用。单项工程已按设计要求建成时,可以实行单项验收;整个项目建成并符合验收标准时,可按整个建设项目组织全面验收准备工作。

(2)要认真做好各项账务、物资及债权债务的清理工作,做到工完场清、工完账清。要核实从开工到竣工整个拨、贷款总额,核实各项收支,核实盘点各种设备、材料、机具,做好现场剩余材料的回收工作,核实各种债权债务,及时办理各项清偿工作。

(3)要正确编制年度财务决算。只有在做好上述工作的基础上,才能进行整个项目的竣工决算编制工作。

二、竣工决算编制的内容

竣工决算编制内容应全面反映项目概(预)算及执行、支出及资产形成情况,包括项目从筹建到竣工验收的全部费用。竣工决算应由封面及目录、竣工工程平面示意图及主体工程照片、竣工决算说明书和竣工财务决算报表4部分组成。

(一)竣工决算说明书

竣工决算说明书是总体反映竣工工程建设成果,全面考核分析工程投资与造价的书面文件,是竣工财务决算报告的重要组成部分,应做到反映全面、重点突出、真实可靠。其主要内容包括:

(1)项目基本情况。应包括项目立项、建设内容和建设过程、建设管理组织体制等内容。

(2)财务管理情况。应反映财务机构设置与财会人员配备情况、财经法规执行情况、内部财务管理制度建立与执行情况、竣工决算编制阶段完成的主要财务事项等内容。

(3)年度投资计划、预算(资金)下达及资金到位情况。应按资金性质和来源渠道分别列示。

(4)概(预)算执行情况。应反映概(预)算安排情况、概(预)算执行结果及存在的偏差、概(预)算执行差异的因素分析等内容。

(5)招(投)标、攻府采购及合同(协议)执行情况。应说明主要标段的招标投标过程及其合同(协议)履行过程中的重要事项。实行政府采购的项目,应说明政府采购计划、采购方式、采购内容等事项。

(6)征地补偿和移民安置情况。应说明征地补偿和移民安置的组织与实施、征迁范围和补偿标准、资金使用管理等情况。

(7)重大设计变更及预备费动用情况。应说明重大设计变更及预备费动用的原因、内容和报批等情况。

(8)未完工程投资及预留费用情况。应反映计列的原因和内容、计算方法和计算过程、占总投资比重等内容。

(9)审计、稽查、财务检查等发现问题及整改落实情况。应说明项目实施过程中接受的审计、稽查、财务检查等外部检查下达的结论及对结论中相关问题的整改落实情况。

(10)其他需说明的事项。

(11)报表编制说明。应对填列的报表及具体指标进行分析解释,清晰反映报表的重要信息。

(二)竣工决算报表

按现行规定,工程类项目和非工程类项目分别采用不同的竣工决算报表。

工程类项目竣工决算报表应包括以下8张表格:

(1)水利基本建设项目概况表。

(2)水利基本建设项目财务决算表。

(3)水利基本建设项目投资分析表。

(4)水利基本建设项目未完工程投资及预留费用表。

(5)水利基本建设项目成本表。

(6)水利基本建设项目交付使用资产表。

(7)水利基本建设项目待核销基建支出表。

(8)水利基本建设项目转出投资表。

非工程类项目竣工决算报表应包括以下5张表格:

(1)水利基本建设项目基本情况表。

(2)水利基本建设项目财务决算表。

(3)水利基本建设项目支出表。

(4)水利基本建设项目技术成果表。

(5)水利基本建设项目交付使用资产表。

竣工决算是在整个工程竣工结算的基础上进行的,竣工结算是各施工单位与建设单位进行的工程价款最终结算,表明施工单位把这个项目承包工程完成后,卖给事先定的买主所得到的款项。此款项不包括建设单位为工程建设所花费的一些管理费、勘测设计费、土地征用费、移民与环境保护等费用,这些费用都应按规定进行分摊,而这些工作都是在竣工决算中进行的。水利工程的实际造价是由竣工决算确定的。

竣工决算由项目法人或项目责任单位组织编制。设计、监理、施工和移民安置实施等单位应给予配合,项目法人可通过合同(协议)明确配合的具体内容。

竣工决算是确认投资支出、资产价值和结余资金,办理资产移交和投资核销的最终依据,应按国家相关要求,整理归档,永久保存。

第三节 项目的后评价

后评价是工程交付生产运行后一段时间内,一般经过1~2年生产运行后,对项目的立项决策、设计、施工、竣工验收、生产运行等全过程进行系统评估的一种技术经济活动,是基本建设程序的最后一环。通过后评估达到肯定成绩、总结经验、研究问题、提高项目决策水平和投资效果的目的。

在着手项目后评价以前,应收集与项目立项建设、生产运营有关的资料,如项目建议书、可行性研究报告及其评估文件、初步设计、开工报告、工程监理报告、财务审计报告、环境监测报告、竣工验收报告以及项目建成后生产运营方面的数据资料等。

水利工程建设项目后评价是基本建设程序的最后一个环节,是在水利建设项目竣工验收并投入使用后,运用科学、系统、规范的方法,对项目决策、建设实施和运行管理等各阶段及工程建成后的效益、作用和影响进行综合评价,以达到总结经验、汲取教训、不断提高项目决策和建设管理水平的目的。

一、项目后评价的内容

项目后评价的内容大体上可分为两类:一类是全过程评价,即对从项目的勘测设计、立项决策等前期工作开始,到项目建成投产运营若干年以后的全过程进行评价;另一类是阶段性评价或专项评价,可分为勘测设计和立项决策评价、施工监理评价、生产运营评价

或经济后评价、管理后评价、防洪后评价、灌溉后评价、发电后评价、资金筹措使用和还贷情况后评价等。我国目前推行的后评价主要是全过程后评价，在某些特定条件下，也进行阶段性或专项后评价。

为加强和改进政府投资水利建设项目的管理，完善政府投资监管体系，不断提高项目投资决策水平和投资效益，水利部 2010 年颁布了《水利建设项目后评价管理办法（试行）》（水规计〔2010〕51 号），以规范水利建设项目后评价工作。

对于中央政府投资建设的水利建设项目，其后评价的工作程序一般为水利部每年研究确定需要开展后评价工作的项目名单，制订项目后评价年度计划，印送有关项目主管部门或项目管理单位；项目管理单位在后评价年度计划下达 3 个月内开展项目自我总结评价工作，完成自我总结评价报告，报告主管部门，并报送水利部；水利部委托具有相应能力的甲级工程咨询机构承担项目后评价工作；委托机构按照委托要求编制完成后评价报告后，由水利部负责组织评审验收项目评价成果。

根据《水利建设项目后评价管理办法（试行）》，水利建设项目后评价的主要依据包括：

（1）国家和行业的有关法律、法规及技术标准；

（2）流域或区域的相关规划；

（3）批准的项目立项、投资计划，建设实施及运行管理有关文件资料；

（4）水利建设投资统计有关资料等。

水利建设项目后评价的主要内容包括：

（1）过程评价：前期工作、建设实施、运行管理等；

（2）经济评价：财务评价、国民经济评价等；

（3）社会影响及移民安置评价：社会影响和移民安置规划实施及效果等；

（4）环境影响及水土保持评价：工程影响区主要生态环境、水土流失问题，环境保护、水土保持措施执行情况，环境影响情况等；

（5）目标和可持续性评价：项目目标的实现程度及可持续性的评价等；

（6）综合评价：对项目实施成功程度的综合评价。

二、水利建设项目后评价报告的编制

项目后评价报告的编写应遵循《水利建设项目后评价报告编制规程》（SL 489—2010）中的相关规定，由主报告及附件组成，其中主报告由 9 部分构成，主要内容包括项目过程评价、经济评价、环境影响评价、水土保持评价、移民安置评价、社会影响评价、目标和可持续性评价等方面。

（一）概述

1. 项目概况

（1）应简述项目在地区国民经济和社会发展及流域、区域规划中的地位和作用，说明项目建设目标、规模及主要技术经济指标，并附工程特性表和工程位置图等相关图表。

（2）应简述项目建议书、可行性研究、初步设计、施工准备、建设实施、生产准备、竣工验收等各阶段的工作情况。

2. 后评价工作简述

(1)应简述项目后评价工作的委托单位、承担单位、协作单位等。

(2)应简述项目后评价的目的、原则、内容。

(3)应简述项目后评价的主要工作过程。

(二)过程评价

1. 前期工作评价

(1)应根据项目所在流域或区域的国民经济发展现状和近、远期规划,以及项目在相关专项规划中的地位、作用,对照项目建成后的功能和效益,分析评价项目建设的必要性和合理性,评价项目立项决策的正确性。

(2)应简述工程任务与规模、工程总体布置方案、主要建筑物结构型式、建设征地范围、投资等技术经济指标,分析其各阶段的重大变化,结合工程运行情况,评价前期工作质量。

(3)应评价前期工作程序是否符合国家有关法律法规和技术标准。

2. 建设实施评价

(1)施工准备评价应包含以下内容:

①评价项目建设管理体制的建立及运行情况。

②评价工程建设征地、"四通一平"、设备设施准备等情况。

③评价施工准备阶段其他工作。

(2)建设实施评价应包含以下内容:

①根据实施情况,评价项目采购招标和合同管理工作。

②对比施工进度计划,评价工期控制情况。

③根据工程验收、工程质量缺陷备案、工程质量事故处理以及工程遗留问题等,分析评价质量控制情况。

④分析重大设计变更等情况。

⑤分析工程建设资金筹措方式、到位和使用情况,与经批准的概算进行对比分析,评价项目的投资控制情况。

⑥分析项目建设中的新技术、新工艺、新材料、新设备的应用情况,评价其对技术进步的影响。

(3)生产准备评价。根据项目运行管理机构的筹建和生产准备工作情况,以及工程运行状况,分析评价生产准备工作。

(4)验收工作评价。分析阶段验收、专项验收、竣工验收情况及主要结论,评价验收工作及有关遗留问题的处理情况。

3. 运行管理评价

(1)应评价工程运行管理体制的建立及运行情况。

(2)应分析评价工程管理范围和保护范围、生产生活设施等能否满足有关技术规定和工程安全运行的需要。

(3)应根据工程运行、维修养护情况和安全监测资料,评价工程运行情况。

（三）经济评价

1. 评价依据及原则

（1）应说明经济评价的基本依据。

（2）应说明经济评价的基本原则。

（3）应说明经济评价选取的基本参数。

2. 财务评价

（1）投资、费用计算应包含以下内容：

①说明项目的实际投资及现有资产价值情况。

②根据选定的基准年，分别按实际运行期和预测运行期提出项目总成本费用及流动资金、税金等其他有关费用，并说明预测值的计算方法和参数。

③对综合利用工程，提出财务投资和年运行费分摊的原则、方法和数额。

（2）效益计算应包含以下内容：分析项目的财务收入，根据选定的基准年，分别按实际运行期和预测运行期提出实际发生值和预测值，并说明预测值的计算方法和参数。

（3）财务评价应包含以下内容：

①说明财务评价指标计算的方法，根据选定的基准年，计算财务评价指标，说明财务盈利能力、清偿能力。

②提出财务不确定性分析成果。

③提出财务评价结论。评价项目财务可行性，与可行性研究或初步设计财务评价结论对比分析，如有重大变化，应分析其差别和原因；针对项目在运行、还贷或收费等其他方面存在的问题，提出措施和建议。

3. 国民经济评价

（1）投资、费用计算应包含以下内容：

①说明项目的国民经济投资和流动资金情况。

②根据选定的基准年，分别按实际运行期和预测运行期提出项目年运行费用，并说明预测值的计算方法和参数。

③对于综合利用工程，提出投资和年运行费用分摊的原则方法和分摊方案。

（2）效益计算应包含以下内容：分析项目的国民经济效益，根据选定的基准年，分别按实际运行期和预测运行期提出项目的总经济效益、分部门效益和分年效益流程的实际值和预测值，并说明预测值的计算方法和参数。

（3）国民经济评价应包含以下内容：

①说明国民经济评价指标的计算方法，根据选定的基准年，计算国民经济评价指标。

②提出国民经济不确定性分析成果。

③提出国民经济评价结论。评价项目经济合理性，与初步设计国民经济评价结论对比分析，如有重大变化，应分析其差别和原因。

（四）环境影响评价

（1）应简述工程影响区的主要环境特征、环境敏感目标及其与工程建设的关系，说明工程影响区存在的与本工程建设相关的主要环境问题。

（2）应评价工程建设与运行管理过程中环境保护法律、法规的执行情况。

(3)应分析工程建设与运行引起的自然环境、社会环境、生态环境和其他方面的变化,评价项目对环境产生的主要有利影响和不利影响,并预测其发展趋势。应与项目环境影响评价文件对比分析,如有重大变化,应分析其差别和原因。

(4)应评价环境保护措施、环境管理措施和环境监测方案的实施情况及其效果。

(5)应提出环境影响评价结论,提出项目运行管理中应关注的重点环境问题和需要采取的措施。

(五)水土保持评价

(1)应简述工程影响区的水土流失特征和原因,说明工程建设与运行管理中的主要水土流失问题。

(2)应评价工程建设与运行管理过程中水土保持法律、法规的执行情况。

(3)应分析工程建设与运行引起的地貌、植被、土壤等的变化情况,对照批准的水土保持方案,评价水土保持措施的实施情况及其效果。

(4)应提出水土保持评价结论。对水土保持管理和监测提出意见和建议。

(六)移民安置评价

(1)应分析移民安置规划实施前后实物指标的变化情况,评价移民安置总体规划、农村移民安置规划、城市集镇迁建规划、工业企业处理规划、专业项目规划、库底清理规划等实施情况,评价移民安置规划的合理性。

(2)应简述移民安置组织机构设置、制度建设、人员配备情况,评价其适宜性和职能的履行情况。

(3)应评价各级政府所制定的移民安置政策及其实施效果,总结分析实施过程中的成功经验和存在的主要问题。

(4)应评价农村移民安置、城市集镇迁建、工业企业处理及专业项目在管理体制、采购招标、计划管理、资金管理、质量管理、验收、公众参与等方面的实施情况和效果,总结实施过程中的成功经验和存在的主要问题。

(5)应分析移民搬迁安置前后生产、生活水平的变化情况,评价移民安置活动对区域经济所产生的影响,并预测其发展趋势。

(6)应评价移民后期扶持的实施效果。

(七)社会影响评价

(1)应说明项目已经或可能涉及的直接、间接受益者群体和受损者群体及其所受到的影响,应评价受影响人的参与程度。

(2)应分析项目对所在流域或区域自然资源、防灾减灾、土地利用、产业结构调整、生产力布局改变等方面的影响。

(3)应分析项目对所在流域或区域社会经济发展所带来的影响。应针对项目社会影响的特点,对行业发展、投资环境、旅游、主要社会经济指标、当地人民生活质量、人口素质、直接和间接就业机会、专业人才培养、贫困人口扶持、少数民族发展、社会公平建设等方面进行评价。

(4)应提出社会影响评价的结论。应提出扩大社会正面影响、减小社会负面影响的政策建议。

（八）目标和可持续性评价

1. 目标评价

（1）应对照项目建设目标，评价目标实现程度，与原定目标的偏离程度，并分析原因。

（2）应综合分析目标的确定、实现过程和实现程度等因素，评价目标确定的正确程度。

2. 可持续性评价

（1）应分析相关政策、法律法规、社会经济发展、资源优化配置、生态环境保护要求等外部条件对项目可持续性的影响。

（2）应分析组织机构建设、人员素质及技术水平、内部管理制度建设及执行情况、财务能力等内部条件对项目可持续性的影响。

（3）应根据内外部条件对项目可持续性发展的影响，提出项目可持续性发展的评价结论，并根据需要提出应采取的措施。

（九）结论和建议

（1）应从前期工作、建设实施、运行管理、财务经济、环境影响、水土保持、移民安置、社会影响、目标和可持续性等方面进行综合评价，提出项目后评价结论。

（2）应总结项目的主要成功经验。

（3）应分析项目存在的主要问题。

（4）应提出建议和需要采取的措施。

三、水利建设项目后评价报告编制时应注意的问题

在进行后评价时，需要注意费用和效益的对应期问题，由于水利项目的使用期（《水利建设项目经济评价规范》（SL 72—2013）中的正常运行期）长，一般都在 30～50 年，而进行后评价时，工程的运行期往往还很短，因此在进行后评价时，大都存在投资和效益的计算期不对应的问题，即效益的计算期偏短，后期效益尚未发挥出来，以致造成经济评价和财务评价指标偏小、效益不佳的虚假现象。对此，有两种解决办法，一种是在后评价计算期未列入回收的固定资产余值（残值）即作为效益回收；另一种是把后评价计算期末的年效益、年运行费和年流动资金按最末一年的年值或按发展趋势延长至正常运行期末。一般来说，这两种办法的计算结果是比较接近的。

还有一个重大问题，这就是由于很多水利工程是在 20 世纪 80 年代以前修建的，而近年物价上涨幅度较大，原来的投资或固定资产原值已不能反映其真实价值，因此在后评价时，应先对其固定资产价值进行重新估算。

固定资产价值重估的方法主要有以下几种：

（1）收益现值法。这是将评估对象剩余寿命期间每年（或每月）的预期收益，用适当的折现率折现，累加得出评估基准日的现值，以此作为估算资产的价值。

（2）重置成本法。这是指现时条件下被评估资产全新状态的重置成本减去该资产的实体性贬值、功能性贬值和经济性贬值后，得出资产价值的方法。实体性贬值是由于使用磨损和自然损耗造成的贬值，可用折旧率方法进行计算。功能性贬值是指由于技术相对落后造成的贬值。经济性贬值是指由于外部经济环境变化引起的贬值。

(3)现行市价法。本法是通过市场调查,选一个或几个与评估对象相同或类似的资产作为比较对象,分析比较对象的成交价格和交易条件,进行对比调整,估算出资产价值的方法。

(4)清算价格法。本法适用于依照中华人民共和国企业破产法的规定,经人民法院宣告破产的企业的资产评估方法,评估时应当根据企业清算时期资产可变现的价值,评定重估价值。

上述各种方法中,重置成本法比较适合水利工程固定资产价值重估。即按照竣工报告中的工程量(水泥、木材、钢材、石方等)和劳动工日,按照现时的价格进行调整计算,再加上移民和环境保护费用。

移民和环境保护费用也要采用重估数字,可根据现时价格和实际情况,并参考附近新修水利工程竣工费用进行估算。

需要注意的是,有的水利工程后评价采用清产核资的固定资产价值作为评估的依据,这是不对的,因为清产核资中的物价指数法把1984年以前兴建的水工建筑物的价值视同1984年,这样对于20世纪70年代以前兴建的水工建筑物来说,其重估原值显然偏小很多,不能反映其真实的原值,而且清产核资中对淹没占地和移民安置费用未作调整,因此清产核资的固定资产原值(或净值)是偏小的,不能采用。

四、项目后评价的方法

项目后评价的内容广泛,是一门新兴的综合性学科,因此其评价方法也是多种多样的。在前面已谈到了一些评价方法,如项目的国民经济评价和财务评价方法应以《建设项目经济评价方法与参数》(第3版)和《水利建设项目经济评价规范》(SL 72—2013)为依据;环境影响评价方法应遵循《水利水电工程环境影响评价规范》进行;工程评价、管理评价、勘测设计评价、移民评价、社会评价等,也应参照有关规程、规范或有关文件进行。

一般来说,后评价是一项艰巨、复杂的系统工程,其评价方法要深入基层、深入群众进行广泛的调查研究,要收集大量资料和群众意见,采用有、无项目对比分析法进行分析研究。

在工作中,往往会遇到一些困难,主要是我们只掌握有项目的各种资料,而缺少无项目的对比资料,此时可采用预测方法估计无项目的各年预测数值或借用无项目的类似地区资料。

关于预测方法,通常可采用发展趋势法、简单移动平均法、加权移动平均法、指数平滑法和线性方程法等,可参阅有关书籍。

第十一章　水利水电工程概预算计算机辅助系统

第一节　概　述

水利水电工程概预算编制是一项连贯性强、计算工作量大且非常烦琐的工作，涉及技术、经济、政策与法规等多方面。以往手工编制不但速度慢、效率低，而且灵活性差，容易出错，随着我国经济体制改革和工程造价管理改革的深入以及计算机应用的普及，传统的手工编制方法已不能满足建设管理部门、设计和施工单位发展的需要，主要体现在以下两个方面：一是竞争激烈的水利水电工程设计市场要求设计单位必须按照市场要求及时、准确地拿出高质量的设计成果，而且必须对工程造价进行优化、比选；二是水利水电建设工程的招标投标制给概预算工作提出了更高的标准，要求建设管理和施工单位及时、准确地编制工程标底和投标报价，为决策提供及时可靠的依据。因此，利用计算机辅助系统提高编制效率，使编制结果更加科学、准确、规范和全面十分必要，这不仅是工程的需要，也是时代的要求。

一、计算机辅助系统编制概预算的优点

（一）效率高，便于修改和统计

概预算编制工作是一项重要而烦琐的基础工作，涉及人工和材料单价以及施工机械台班费等问题，计算任务相当繁重，并且很多计算具有重复性。人工编制一旦某项出现错误，其后续工作需重新开始，因此速度慢、效率低，而运用计算机辅助系统进行编制不仅储存信息量大，能快速方便地存取和运行数据，及时地进行提取、刷新、修改和统计，而且避免了重复性工作出现差错的可能性，可大大提高编制工作效率。

（二）计算结果准确

工程概预算涉及大量数据的处理，量大面广，人工编制极易出错，很难保证结果的准确性。而计算机辅助系统编制由于采用统一的编制程序，且其编码经过大量检验，只要保证原始录入数据和其他套用数据准确，数据处理工作由计算机自动完成，从而减少了出错的概率。

（三）数据齐全，成果完整

计算机辅助系统编制的概预算成果按照一定格式设计制作，通过计算机自动生成，因此，只要在编制概预算软件时，考虑到各项编制要求，就能得到成果完整、数据齐全的编制结果。概预算软件除完成概预算文件本身的编制外，还可进行数据的分析处理，形成有价值的技术经济数据，为招标投标和合同实施提供依据。

(四)操作使用方便

概预算软件面向用户的操作一般是模拟手工的编制方法进行的。用户直接调用概预算表格,在表格内填写有关原始工程数据,计算机自动进行组合与计算。因此,只要熟悉设计图纸和施工组织设计,合适选用定额,正确填写初始数据表格,就能完成概预算编制工作。另外,概预算软件具有一定的容错和查错能力,当用户输入有错时,软件系统就提示用户输入有错并要求修改,甚至还可向用户提示出错的原因。

(五)便于数据呈报与远程传送

由于概预算工作牵到建设管理、设计、监理、施工等单位,各单位间准确、高效地传递概预算信息非常重要。手工编制的信息传递和反馈速度慢,而概预算软件一般都可以与其他软件进行数据转换,并能进行网络传递,可方便、简捷地进行报表的远程传送和数据通信。

总之,应用计算机辅助系统编制概预算不仅可大幅度地提高工作效率,而且可使编制结果更加准确、迅速和可靠,也便于操作和进行信息传递。

二、计算机辅助系统在概预算工作中的应用情况

随着计算机技术的快速发展与广泛应用,概预算和其他行业一样进入计算机应用普及时代,并显示出极大的优越性。

早在1973年,华罗庚教授就进行了应用电子计算机编制建筑工程概预算的初步尝试。随后30多年来,许多专业人员编制了不同类别的概预算软件,并应用于概预算工作。这些软件都充分发挥了计算机运算速度快、储存信息多的特点,加快了概预算的编制速度,提高了工作效率和质量,同时也使概预算编制人员从单调乏味、简单重复的工作中解脱出来,减轻了编制人员的劳动强度。

我国已研制开发了许多水利水电工程概预算软件,并广泛应用于水利水电工程建设,为我国的水利水电事业做出了贡献。但由于水利水电工程是一个复杂的系统工程,概预算涉及面广,工作量大,不确定因素多,需经常对概预算的内容及表式进行调整与修改。一些软件由于通用性差,给用户开放的基本数据处理自主权少,在具体的运用过程中显得机械死板,缺乏灵活性,一旦遇到特殊情况,不得不由软件开发者进行维护和调整,软件生命周期短,维护任务大,其推广应用受到了一定的限制;一些软件由于其所含计算机专业知识成分过多,使用人员需掌握较多的计算机专业知识,影响了其推广使用;还有一些软件,由于给用户设定的条条框框太多,比如基本资料的输入,要求一次性完整地完成,让用户在概预算初期就将整个概预算所需的资料全部输入,不能在编制过程中根据需要随时进行数据的输入和修正,不符合概预算编制人员的习惯,不易被概预算编制人员所接受。

鉴于上述种种原因,目前许多水利水电工程概预算软件还仅局限于开发单位内部使用,或相近单位使用,缺乏一定的通用性,与国际上优秀的软件相比,差距还很大。因此,为了在水利水电工程概预算编制中全面、广泛地推广应用计算机,把概预算编制工作人员从繁重的重复计算工作中解放出来,同时也为了延长软件生命周期,减少软件开发者的重

复劳动，还需进一步研制开发出功能更加完善、操作性和实用性更强、通用性更好的概预算软件。

第二节　计算机辅助系统编制工程概预算的基本要求

为确保水利水电工程概预算软件的可操作性、通用性、完善性和开放性，采用计算机辅助系统编制概预算时，需要对计算机程序、数据输入和系统功能等提出一些基本要求，尽量做到程序量少、输入数据少、功能完善、通用性强。

一、程序处理要求

(1)能够进行单处理和批处理。单处理是指计算机一次完成一个工程概预算的编制；批处理指的是计算机一次可完成已输入的所有工程或部分工程的概预算编制任务。

(2)自动生成施工方法，确定相关的定额数量。工程单价分析时，可根据用户输入的定额编号或工程名称，自动判断、生成该工程的施工方法，确定出所需的人工工种、材料和机械及相应的定额数量。对于台班定额中已有的机械，不需输入任何信息，将自动显示相应的机械台时费。

(3)自动生成各种汇总表。对工程单价、施工机械台时费和主要工程量汇总表以及材料预算价格表等能够自动生成，同时还可根据需要，对上述表格进行编排，也可将其转换为 Excel 文档和 Word 文档。

(4)对于错误能够自动进行修复。当用户使用软件执行了一些误操作或中途断电等意外而导致系统不能正常工作时，可基本将错误修复；而对于建筑工程定额、机电金属结构安装定额和施工机械台班定额等标准定额，采取保护措施，确保任何误操作不会破坏标准数据。

(5)处理方法尽量统一。处理方法是否统一，直接影响到程序的繁简和使用是否灵活方便。如工程单价分析中要考虑材料的配比、机械设备的选择、章节附注说明等问题，对于这些问题尽量采取统一的处理方法，避免过多的特殊处理。

二、数据输入要求

(1)自动检索定额。如果用户对定额不太熟悉，只记得定额编号的大致位置或定额名称中包含的某些词组或某个字段时，可以通过编号或关键词查找到想要的定额，并可自动输入定额。

(2)合理设置用户菜单。由于用户是利用屏幕出现的菜单进行各项功能的操作，一方面要求菜单的功能尽量完善，满足用户不同的需要；另一方面，又要避免过多的提问和特殊处理子菜单，否则，不但输入数据多，而且给人以繁杂的感觉。

(3)便于操作使用。对于工程原始数据及有关数据的输入，不能片面追求自动化的程度，应充分考虑人与计算机的有机结合，充分发挥各自的长处，采用相应表格及人机交互方式，尽量使操作简单、直观。

(4)统一数据格式。数据格式是否统一，直接影响到数据的整理和输入。例如，在工程单价分析时,由于考虑到定额组合、定额折算、定额中的汽车选择及增运等情况,如果不统一数据格式,则必须进行换算,这不但增加了计算机的数据处理量,而且用户在输入时也很容易出错。

(5)尽可能减少输入数据。为减少输入数据,在软件开发中要考虑到:①自动完成数据的传递和引用;②进行砂石料分析时,无须输入单价分析项目号和折算系数,只需输入工艺号;③可以修改标准定额,但修改后的内容仅供本工程使用,并不破坏标准定额;④可以修改项目库中的项目,包括修改与标准不一致的项目和补充项目库中没有的项目。

三、章节及附注说明处理要求

章节及附注说明是概预算编制工作的一个重要组成部分,章节及附注说明处理是否得当,关系到用户能否灵活、方便地使用软件。其基本要求主要包括:

(1)不但能处理各种系数问题,而且还能处理定额中材料或机械不确定情况。要求系统能提供灵活的使用方法,即对附注说明的使用,不受章节限制,只要需要均可采用。对于定额中材料和机械的不确定情况,如混凝土的标号,要等到做具体工程时才能定,在做工程单价分析时,要求在说明栏内作一简单说明就能解决。

(2)建立章节及附注说明子系统不仅要求适用部颁定额,而且还要适用于地方定额。

(3)建立章节及附注说明的方法要尽可能简单,使用户能很方便地建立自己的附注说明。

四、系统功能要求

概预算软件系统的功能一般可分为基本功能和附加功能。基本功能是完成概预算工作所必须具备的,而附加功能则是在完成概预算基本工作的基础上为建设项目投资管理与控制、施工企业经营管理提供服务的功能。

(一)基本功能

(1)数据录入功能。对于录入数据的程序,要求有增加、修改、删除和查看数据的功能。为使用户操作简单、明了,数据录入应采用友好的用户界面和多种形式的菜单、表格提示操作;同时,为提高工程数据录入的灵活性和效率,必须提供不同形式的录入方式,使用户根据实际情况,既可选择逐项依次输入,也可选用复制或插入的输入方式,还可进行批输入。

(2)数据处理功能。概预算软件必须具备汇总、存储功能,能够将原始数据和运行数据汇总、存储在相应的数据库中,并根据需要显示、修改、删除、查询和传递数据库中的数据,保证数据处理的灵活性和正确性。

(3)计算功能。这是最基本的功能,通过该功能可自动完成工程单价、工料分析等一系列计算。

(4)成果输出功能。为便于成果交流和各种形式的出版要求及其他文件的直接采用,成果的输出除可由打印机打印外,还应能输出到文件,以便进行再编辑。

(二)附加功能

附加功能是指完成概预算文件以外的其他功能,包括满足编制招标标底和投标报价

的功能、满足施工控制要求的功能等。例如,能根据工程实际的材料和人工单价,算出标底或报价;能计算出投标对象的实际成本(不包括管理费和其他费用);能够对不同施工方案进行技术经济比较,根据不同施工方案算出不同报价,为投标决策提供依据;能根据用户的要求,对不同的分部项目进行工料分析;能够对工程数据进行远程传送等。

第三节　概预算程序设计

一、计算机程序编制的步骤

用计算机辅助系统编制工程概预算,首先要编制计算机程序和建立定额数据库。计算机程序编制的一般步骤为:

(1)选择编译语言。水利水电工程概预算的编制主要是大量数据的处理和数据库的管理,根据数据处理和数据管理的结构,确定适合概预算程序使用的计算机语言。目前,水利水电工程概预算程序使用的计算机语言主要有 ACCESS、SYBASE、POWER BUILDER、FOXPRO、VISUAL BASIC 等。

(2)建立数学模型。对水利水电工程概预算编制的过程进行全面的分析,掌握其基本特点,弄清各种数据的传递关系,在此基础上,进行归纳、简化和抽象,突出基本特征,建立数学模型。

(3)画出流程图。由于概预算的各项数据关系错综复杂,需将整个编制过程化整为零,划分为若干部分,明确各个部分功能之间的关系及作用,各个部分独立绘制流程图,以便于计算机程序的编制和今后程序的修改、维护。

(4)编制具体程序。根据建立的数学模型和画出的流程图,用选定的计算机语言编制程序。

(5)程序调试及上机试运行。将编制好的程序在计算机上进行调试,以便检查和发现程序中的错误和缺陷,及时进行修改和调整。调试时,一般先对各子功能程序进行独立调试,然后在各子程序正确合理的基础上,再调试整个程序,以保证整个程序的正常运行。程序调试通过后,为保证程序运行结果的正确性,还必须选择一些有代表性的工程实例进行测试。

(6)编制程序使用说明。工程概预算程序编制、调试完成后,为方便用户操作使用,必须编写一本条理清楚、层次分明、语言简练且通俗易懂的操作使用说明书。说明书除需详细描述概预算软件的操作方法、使用说明外,还应该对计算机的基本要求和基本操作方法作简要的介绍。

二、定额库的建立

定额是概预算编制的基础。概预算本身的计算比较简单,其主要是对大量数据的处理,包括对定额数据的处理。计算机辅助系统之所以能够加快概预算编制的速度,其计算速度快是一个方面,另一方面则是预先建立完整的数据库存储在计算机中,在编制概预算时可以随时调用,从而减少大量的人工输入工作量,提高了编制速度,为概预算编制人员提供了方便。因此,概预算软件必须依存于定额库,离开定额库的支持,一个概预算软件的优劣无从谈起。

水利水电行业现行的定额有很多,按颁发单位不同分为两大类:一类是部颁定额,另一类是地方定额。部颁定额主要用于中央投资或地方投资中央补助的大中型水利水电工程的概预算编制,而地方定额则多用于地方投资的中小型水利水电工程的概预算编制。水利水电行业不但定额多,而且各定额所包含的数据量也非常大,需建的定额库非常庞大。所以,建立一个好的定额数据库,就为概预算软件的开发和推广应用奠定了良好的基础。

要建立好定额数据库,除数据资料准确无误外,设计好库结构是一个关键。既要使数据的存储直观实用,又要使其所占计算机空间较小。水利水电行业概预算定额形式多种多样,定额内容较多,大小不一,很难用单一的库结构来存储,因此,其库结构的设计尤为重要。现已建立的数据库,都是用多库结构形式,各库相互结合共同描述定额内容。

目前,定额库的形式主要有以下三种:

(1)按章存储。即按定额章的划分,一章一个库文件,采用一个库结构,此形式优点是比较直观,库文件也不是太多,只是占用存储空间较大,库结构较松散。

(2)按节存储。即一节定额建一个库文件,使用同一结构,该形式优点是比较直观,库结构较紧凑,占用空间较小,缺点是库文件较多,不便于以后的管理维护和数据调用。

(3)将整个定额用两个库结构来描述,将每一子目的定额都分为两个部分,分别存于定额特征库和定额项目库两个库中,两库结合来描述一个定额,两库的结构见表11-1和表11-2。

表11-1 定额特征库

字段名称	数据类型	字段大小
编号	字符	6
名称	字符	36
单位	字符	10
说明	字符	120
项数	数字	2
位置	数字	6

表11-2 定额项目库

字段名称	数据类型	字段大小
项目	字符	30
数量	数字	12,2

特征库中的“编号”“名称”“单位”和“说明”分别用于存放各条定额的定额编号、定额名称、定额单位及定额适用范围,包含工作内容的文字说明,“项数”用于存放定额项目的数量,“位置”用于存放定额项目内容在项目库中的位置;项目库中的“项目”用于存放

各条定额项目名称,“数量”用于存放定额数量。

定额特征库的“编号”是指套用定额编号,该代号的设计通常用6位数字表示,前两位表示分部工程编码,中间三位表示分项工程编码,后一位表示附注号。

这种形式的库结构比较紧凑,占用空间较小,而且库文件也较小,为以后的管理和数据调用带来了方便,只是这种形式不太直观,每一条定额都需要两个数据库来对应描述。

无论采用上面哪种结构形式,都要以方便调用为前提,在此基础上要尽可能做到直观明了、少占空间等。

三、系统功能块的划分

为便于阅读和修改程序,概预算软件一般采用模块法将系统划分为不同的功能块。划分功能块时,既要使各功能块尽可能地自成系统,具有独立的功能,完成其特定的工作内容,又要使其具有与其他功能块进行数据接受和成果传递等的接口功能。根据各阶段的功能不同,概预算系统一般划分为数据录入、定额管理、概算报表、辅助功能和系统管理五大功能块,每个功能块又细分为不同的功能子块,具体见图11-1。

(一)数据录入

数据录入功能块包括工程项目管理、工料预算价设定、费率设定、工程量录入和价差预备费设定5个功能子块。

1.工程项目管理

主要用于工程项目编号、工程项目名称、建设地点、工程项目类型和编制单位等一些基本情况的输入,除具有输入、编辑修改和传递等基本功能外,还具有新建、选择、删除和合并等功能。

(1)新建:创建一个新的工程项目,并自动保存该工程项目。

(2)选择:在过去曾经做过的所有工程项目中,选定某一工程项目作为当前工程项目。

(3)删除:删除不需要的工程项目。

(4)合并:将以前多个工程项目合并为当前工程项目,并自动保存。

2.工料预算价设定

包括调价材料单价及差价计算、预算价设定两部分,具有添加、删除、查询、插入、数据输入、编辑修改和数据传递等功能。

3.费率设定

对于设备费、独立费用和预备费中的一些可调费率,用户能够自己设定,具备数据输入、编辑修改和数据传递的功能。

4.工程量录入

基本数据输入工作量大,如何加快这些数据的输入速度和准确性,是提高概预算工作效率和可靠性的关键。为提高基本数据的输入速度和准确性,工程量录入子块除需具有数据输入、编辑修改、删除、查询、插入和传递等基本功能外,同时还必须具备调入、换算、综合、备注和费率设定等一些(附加)特殊功能。

(1)调入:调用相似工程项目的数据来编辑当前工程项目的数据。

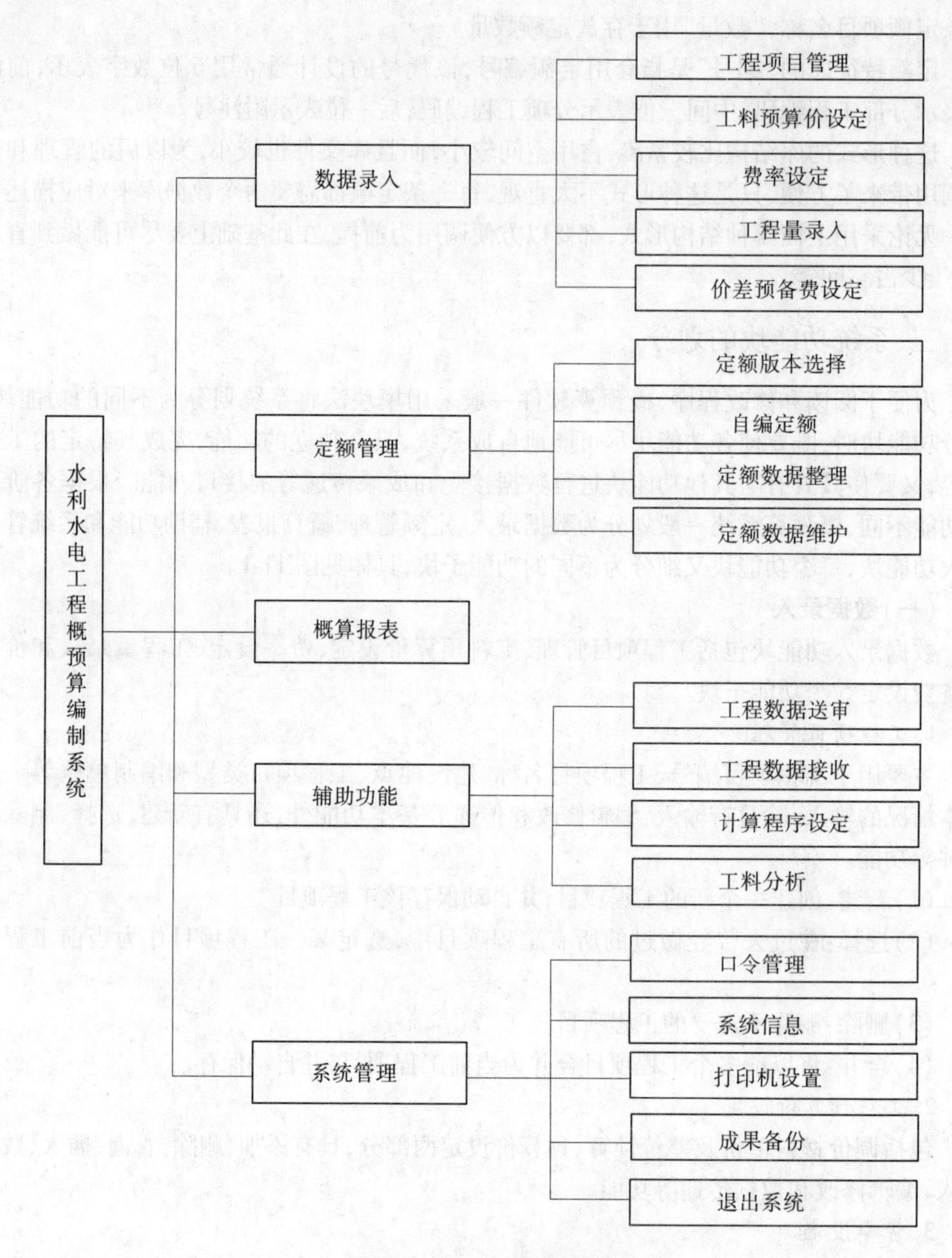

图11-1　系统功能结构图

(2)换算:能够根据工程实际情况调换或处理定额中的人工、材料和机械项目。

(3)综合:将多个定额组合在一起。

(4)备注:对一些不能确定的材料和机械以及相关系数处理等情况进行备注说明。

(5)费率设定:根据工程类别和费用标准,设定工程项目的其他直接费费率、间接费费率、计划利润率和税率。

5. 价差预备费设定

如果工程工期较长,而在工期内材料价格会有一定的变动,用户可在此输入各年的物

价指数及各年份的投资额，算出价差预备费。具有数据输入、编辑修改、自动计算和数据传递等功能。

（二）定额管理

该功能块包括定额版本选择、自编定额、定额数据整理和定额数据维护 4 个功能子块。

1. 定额版本选择

为了更好地推广使用概预算软件，软件开发者一般都会设定不同定额版本的数据库，用户可根据编制要求自由选用不同的定额版本。

2. 自编定额

自编定额是概预算软件不可缺少的部分。由于新技术和新施工方法不断涌现，标准定额库无法满足工程概预算的需要，为使软件更具适应性，要对标准定额库进行补充，自编部分定额。在进行具体操作时，应尽量避免涉及数据结构、类型等内容，对具体的输入内容应给予明确的提示。

3. 定额数据整理

计算、汇存定额库中的各种定额费用，并能根据需要查询、显示和选择打印。具有接受、自动计算、编辑、汇存、传递和打印等功能。

4. 定额数据维护

主要包括恢复定额数据和数据库重索引两部分，其中恢复定额数据用于恢复因换算误操作引起的定额数据错误，而当定额换算或漫游查询出现异常时，则需要执行数据库重索引。

（三）概算报表

计算各种工程项目费用，汇总有关数据并生成表格，输出成果。具有接受、自动计算、汇存、编辑和打印等功能。

输出成果一般包括：①总概算表；②建筑工程概算表；③机电设备及安装工程概算表；④金属结构设备及安装工程概算表；⑤施工临时工程概算表；⑥独立费用概算表；⑦分年度投资表；⑧资金流量表；⑨建筑工程单价汇总表；⑩安装工程单价汇总表；⑪施工机械台时费汇总表；⑫主要材料预算价格汇总表；⑬其他材料预算价格汇总表；⑭主要工程量汇总表；⑮主要材料用量汇总表；⑯工日数量汇总表；⑰建设及施工场地征用数量汇总表；⑱人工预算单价计算表；⑲主要材料运输费用计算表；⑳主要材料预算价格计算表；㉑混凝土材料单价计算表；㉒砂石料单价计算表；㉓建筑工程单价表；㉔安装工程单价表等。

（四）辅助功能

辅助功能也即附加功能，一般包括工程数据送审、工程数据接收、计算程序设定和工料分析 4 个功能子块。

1. 工程数据送审

工程数据送审包括准备送审数据、工程造价送审与审定对比两部分。具有存储、接受、传递、编辑和打印功能。

2. 工程数据接收

用于接收送审单位上报的工程数据。

3. 计算程序设定

一般分为建筑工程计算程序设定和安装工程计算程序设定两部分,具有添加、删除、选择和编辑等功能。

4. 工料分析

根据单位工程或单项工程的设计工程量、相应的定额及定额系数等,自动完成工料的分析,确定单位工程或单项工程的劳动力用量、主要材料用量。具有接受、自动计算、汇存、传递、编辑和打印等功能。

(五)系统管理

系统管理分为口令管理、系统信息、打印机设置、成果备份和退出系统5个功能子块。

1. 口令管理

规定使用者的权限,不同用户其用户名和口令也不同,使用者一般分为普通用户和系统管理员。

2. 系统信息

包括系统状态的设置、使用单位注册和软件升级等。

3. 打印机设置

用于打印机名称、类型和位置等的设定。

4. 成果备份

当一个工程项目编制完成后,为便于交流、审批或调整,应进行文件备份。备份内容包括基本数据、中间过程成果和计算参数等。

5. 退出系统

编制结束,退出编制系统,进入 Windows 状态。

附　录

附录一　艰苦边远地区类别划分

一、新疆维吾尔自治区(99 个)

一类区(1 个)

乌鲁木齐市:东山区。

二类区(11 个)

乌鲁木齐市:天山区、沙依巴克区、新市区、水磨沟区、头屯河区、达坂城区、乌鲁木齐县。

石河子市。

昌吉回族自治州:昌吉市、阜康市、米泉市。

三类区(29 个)

五家渠市。

阿拉尔市。

阿克苏地区:阿克苏市、温宿县、库车县、沙雅县。

吐鲁番地区:吐鲁番市、鄯善县。

哈密地区:哈密市。

博尔塔拉蒙古自治州:博乐市、精河县。

克拉玛依市:克拉玛依区、独山子区、白碱滩区、乌尔禾区。

昌吉回族自治州:呼图壁县、玛纳斯县、奇台县、吉木萨尔县。

巴音郭楞蒙古自治州:库尔勒市、轮台县、博湖县、焉耆回族自治县。

伊犁哈萨克自治州:奎屯市、伊宁市、伊宁县。

塔城地区:乌苏市、沙湾县、塔城市。

四类区(37 个)

图木舒克市。

喀什地区:喀什市、疏附县、疏勒县、英吉沙县、泽普县、麦盖提县、岳普湖县、伽师县、巴楚县。

阿克苏地区:新和县、拜城县、阿瓦提县、乌什县、柯坪县。

吐鲁番地区:托克逊县。

克孜勒苏柯尔克孜自治州:阿图什市。

博尔塔拉蒙古自治州:温泉县。

昌吉回族自治州:木垒哈萨克自治县。

巴音郭楞蒙古自治州:尉犁县、和硕县、和静县。

伊犁哈萨克自治州:霍城县、巩留县、新源县、察布查尔锡伯自治县、特克斯县、尼勒克县。

塔城地区:额敏县、托里县、裕民县、和布克赛尔蒙古自治县。

阿勒泰地区:阿勒泰市、布尔津县、富蕴县、福海县、哈巴河县。

五类区(16个)

喀什地区:莎车县。

和田地区:和田市、和田县、墨玉县、洛浦县、皮山县、策勒县、于田县、民丰县。

哈密地区:伊吾县、巴里坤哈萨克自治县。

巴音郭楞蒙古自治州:若羌县、且末县。

伊犁哈萨克自治州:昭苏县。

阿勒泰地区:青河县、吉木乃县。

六类区(5个)

克孜勒苏柯尔克孜自治州:阿克陶县、阿合奇县、乌恰县。

喀什地区:塔什库尔干塔吉克自治县、叶城县。

二、宁夏回族自治区(19个)

一类区(11个)

银川市:兴庆区、灵武市、永宁县、贺兰县。

石嘴山市:大武口区、惠农区、平罗县。

吴忠市:利通区、青铜峡市。

中卫市:沙坡头区、中宁县。

三类区(8个)

吴忠市:盐池县、同心县。

固原市:原州区、西吉县、隆德县、泾源县、彭阳县。

中卫市:海原县。

三、青海省(43个)

二类区(6个)

西宁市:城中区、城东区、城西区、城北区。

海东地区:乐都县、民和回族土族自治县。

三类区(8个)

西宁市:大通回族土族自治县、湟源县、湟中县。

海东地区:平安县、互助土族自治县、循化撒拉族自治县。

海南藏族自治州:贵德县。

黄南藏族自治州:尖扎县。

四类区(12个)

海东地区:化隆回族自治县。

海北藏族自治州:海晏县、祁连县、门源回族自治县。
海南藏族自治州:共和县、同德县、贵南县。
黄南藏族自治州:同仁县。
海西蒙古族藏族自治州:德令哈市、格尔木市、乌兰县、都兰县。

五类区(10个)

海北藏族自治州:刚察县。
海南藏族自治州:兴海县。
黄南藏族自治州:泽库县、河南蒙古族自治县。
果洛藏族自治州:玛沁县、班玛县、久治县。
玉树藏族自治州:玉树县、囊谦县。
海西蒙古族藏族自治州:天峻县。

六类区(7个)

果洛藏族自治州:甘德县、达日县、玛多县。
玉树藏族自治州:杂多县、称多县、治多县、曲麻莱县。

四、甘肃省(83个)

一类区(14个)

兰州市:红古区。
白银市:白银区。
天水市:秦州区、麦积区。
庆阳市:西峰区、庆城县、合水县、正宁县、宁县。
平凉市:崆峒区、泾川县、灵台县、崇信县、华亭县。

二类区(40个)

兰州市:永登县、皋兰县、榆中县。
嘉峪关市。
金昌市:金川区、永昌县。
白银市:平川区、靖远县、会宁县、景泰县。
天水市:清水县、秦安县、甘谷县、武山县。
武威市:凉州区。
酒泉市:肃州区、玉门市、敦煌市。
张掖市:甘州区、临泽县、高台县、山丹县。
定西市:安定区、通渭县、临洮县、漳县、岷县、渭源县、陇西县。
陇南市:武都区、成县、宕昌县、康县、文县、西和县、礼县、两当县、徽县。
临夏回族自治州:临夏市、永靖县。

三类区(18个)

天水市:张家川回族自治县。
武威市:民勤县、古浪县。
酒泉市:金塔县、安西县。

张掖市:民乐县。

庆阳市:环县、华池县、镇原县。

平凉市:庄浪县、静宁县。

临夏回族自治州:临夏县、康乐县、广河县、和政县。

甘南藏族自治州:临潭县、舟曲县、迭部县。

四类区(9个)

武威市:天祝藏族自治县。

酒泉市:肃北蒙古族自治县、阿克塞哈萨克族自治县。

张掖市:肃南裕固族自治县。

临夏回族自治州:东乡族自治县、积石山保安族东乡族撒拉族自治县。

甘南藏族自治州:合作市、卓尼县、夏河县。

五类区(2个)

甘南藏族自治州:玛曲县、碌曲县。

五、陕西省(48个)

一类区(45个)

延安市:廷长县、延川县、子长县、安塞县、志丹县、吴起县、甘泉县、富县、宜川县。

铜川市:宜君县。

渭南市:白水县。

咸阳市:永寿县、彬县、长武县、旬邑县、淳化县。

宝鸡市:陇县、太白县。

汉中市:宁强县、略阳县、镇巴县、留坝县、佛坪县。

榆林市:榆阳区、神木县、府谷县、横山县、靖边县、绥德县、吴堡县、清涧县、子洲县。

安康市:汉阴县、石泉县、宁陕县、紫阳县、岚皋县、平利县、镇坪县、白河县。

商洛市:商州区、商南县、山阳县、镇安县、柞水县。

二类区(3个)

榆林市:定边县、米脂县、佳县。

六、云南省(120个)

一类区(36个)

昆明市:东川区、晋宁县、富民县、宜良县、嵩明县、石林彝族自治县。

曲靖市:麒麟区、宣威市、沾益县、陆良县。

玉溪市:江川县、澄江县、通海县、华宁县、易门县。

保山市:隆阳县、昌宁县。

昭通市:水富县。

思茅市:翠云区、潜尔哈尼族彝族自治县、景谷彝族傣族自治县。

临沧市:临翔区、云县。

大理白族自治州:永平县。

楚雄彝族自治州：楚雄市、南华县、姚安县、永仁县、元谋县、武定县、禄丰县。

红河哈尼族彝族自治州：蒙自县、开远市、建水县、弥勒县。

文山壮族苗族自治州：文山县。

二类区(59个)

昆明市：禄劝彝族苗族自治县、寻甸回族自治县。

曲靖市：马龙县、罗平县、师宗县、会泽县。

玉溪市：峨山彝族自治县、新平彝族傣族自治县、元江哈尼族彝族傣族自治县。

保山市：施甸县、腾冲县、龙陵县。

昭通市：昭阳区、绥江县、威信县。

丽江市：古城区、永胜县、华坪县。

思茅市：墨江哈尼族自治县、景东彝族自治县、镇沅彝族哈尼族拉祜族自治县、江城哈尼族彝族自治县、澜沧拉祜族自治县。

临沧市：凤庆县、永德县。

德宏傣族景颇族自治州：潞西市、瑞丽市、梁河县、盈江县、陇川县。

大理白族自治州：祥云县、宾川县、弥渡县、云龙县、洱源县、剑川县、鹤庆县、漾濞彝族自治县、南涧彝族自治县、巍山彝族回族自治县。

楚雄彝族自治州：双柏县、牟定县、大姚县。

红河哈尼族彝族自治州：绿春县、石屏县、泸西县、金平苗族瑶族傣族自治县、河口瑶族自治县、屏边苗族自治县。

文山壮族苗族自治州：砚山县、西畴县、麻栗坡县、马关县、丘北县、广南县、富宁县。

西双版纳傣族自治州：景洪市、勐海县、勐腊县。

三类区(20个)

曲靖市：富源县。

昭通市：鲁甸县、盐津县、大关县、永善县、镇雄县、彝良县。

丽江市：玉龙纳西族自治县、宁蒗彝族自治县。

思茅市：孟连傣族拉祜族佤族自治县、西盟佤族自治县。

临沧市：镇康县、双江拉祜族佤族布朗族傣族自治县、耿马傣族佤族自治县、沧源佤族自治县。

怒江傈僳族自治州：泸水县、福贡县、兰坪白族普米族自治县。

红河哈尼族彝族自治州：元阳县、红河县。

四类区(3个)

昭通市：巧家县。

怒江傈僳族自治州：贡山独龙族怒族自治县。

迪庆藏族自治州：维西傈僳族自治县。

五类区(1个)

迪庆藏族自治州：香格里拉县。

六类区(1个)

迪庆藏族自治州：德钦县。

七、贵州省(77个)

一类区(34个)

贵阳市:清镇市、开阳县、修文县、息烽县。

六盘水市:六枝特区。

遵义市:赤水市、遵义县、绥阳县、凤冈县、湄潭县、余庆县、习水县。

安顺市:西秀区、平坝县、普定县。

毕节地区:金沙县。

铜仁地区:江口县、石阡县、思南县、松桃苗族自治县。

黔东南苗族侗族自治州:凯里市、黄平县、施秉县、三穗县、镇远县、岑巩县、锦屏县、麻江县。

黔南布依族苗族自治州:都匀市、贵定县、瓮安县、独山县、龙里县。

黔西南布依族苗族自治州:兴义市。

二类区(36个)

六盘水市:钟山区、盘县。

遵义市:仁怀市、桐梓县、正安县、道真仡佬族苗族自治县、务川仡佬族苗族自治县。

安顺市:关岭布依族苗族自治县、镇宁布依族苗族自治县、紫云苗族布依族自治县。

毕节地区:毕节市、大方县、黔西县。

铜仁地区:德江县、印江土家族苗族自治县、沿河土家族自治县、万山特区。

黔东南苗族侗族自治州:天柱县、剑河县、台江县、黎平县、榕江县、从江县、雷山县、丹寨县。

黔南布依族苗族自治州:荔波县、平塘县、罗甸县、长顺县、惠水县、三都水族自治县。

黔西南布依族苗族自治州:兴仁县、贞丰县、望谟县、册亨县、安龙县。

三类区(7个)

六盘水市:水城县。

毕节地区:织金县、纳雍县、赫章县、威宁彝族回族苗族自治县。

黔西南布依族苗族自治州:普安县、晴隆县。

八、四川省(77个)

一类区(24个)

广元市:朝天区、旺苍县、青川县。

泸州市:叙永县、古蔺县。

宜宾市:筠连县、珙县、兴文县、屏山县。

攀枝花市:东区、西区、仁和区、米易县。

巴中市:通江县、南江县。

达州市:万源市、宣汉县。

雅安市:荥经县、石棉县、天全县。

凉山彝族自治州:西昌市、德昌县、会理县、会东县。

二类区(13 个)

绵阳市:北川羌族自治县、平武县。

雅安市:汉源县、芦山县、宝兴县。

阿坝藏族羌族自治州:汶川县、理县、茂县。

凉山彝族自治州:宁南县、普格县、喜德县、冕宁县、越西县。

三类区(9 个)

乐山市:金口河区、峨边彝族自治县、马边彝族自治县。

攀枝花市:盐边县。

阿坝藏族羌族自治州:九寨沟县。

甘孜藏族自治州:泸定县。

凉山彝族自治州:盐源县、甘洛县、雷波县。

四类区(20 个)

阿坝藏族羌族自治州:马尔康县、松潘县、金川县、小金县、黑水县。

甘孜藏族自治州:康定县、丹巴县、九龙县、道孚县、炉霍县、新龙县、德格县、白玉县、巴塘县、乡城县。

凉山彝族自治州:布拖县、金阳县、昭觉县、美姑县、木里藏族自治县。

五类区(8 个)

阿坝藏族羌族自治州:壤塘县、阿坝县、若尔盖县、红原县。

甘孜藏族自治州:雅江县、甘孜县、稻城县、得荣县。

六类区(3 个)

甘孜藏族自治州:石渠县、色达县、理塘。

九、重庆市(11 个)

一类区(4 个)

黔江区、武隆县、巫山县、云阳县。

二类区(7 个)

城口县、巫溪县、奉节县、石柱土家族自治县、彭水苗族土家族自治县、酉阳土家族苗族自治县、秀山土家族苗族自治县。

十、海南省(7 个)

一类区(7 个)

五指山市、昌江黎族自治县、白沙黎族自治县、琼中黎族苗族自治县、陵水黎族自治县、保亭黎族苗族自治县、乐东黎族自治县。

十一、广西壮族自治区(58 个)

一类区(36 个)

南宁市:横县、上林县、隆安县、马山县。

桂林市:全州县、灌阳县、资源县、平乐县、恭城瑶族自治县。

柳州市:柳城县、鹿寨县、融安县。

梧州市:蒙山县。

防城港市:上思县。

崇左市:江州区、扶绥县、天等县。

百色市:右江区、田阳县、田东县、平果县、德保县、田林县。

河池市:金城江区、宜州市、南丹县、天峨县、罗城仫佬族自治县、环江毛南族自治县。

来宾市:兴宾区、象州县、武宣县、忻城县。

贺州市:昭平县、钟山县、富川瑶族自治县。

二类区(22个)

桂林市:龙胜各族自治县。

柳州市:三江侗族自治县、融水苗族自治县。

防城港市:港口区、防城区、东兴市。

崇左市:凭祥市、大新县、宁明县、龙州县。

百色市:靖西县、那坡县、凌云县、乐业县、西林县、隆林各族自治县。

河池市:凤山县、东兰县、巴马瑶族自治县、都安瑶族自治县、大化瑶族自治县。

来宾市:金秀瑶族自治县。

十二、湖南省(14个)

一类区(6个)

张家界市:桑植县。

永州市:江华瑶族自治县。

邵阳市:城步苗族自治县。

怀化市:麻阳苗族自治县、新晃侗族自治县、通道侗族自治县。

二类区(8个)

湘西土家族苗族自治州:吉首市、泸溪县、凤凰县、花垣县、保靖县、古丈县、永顺县、龙山县。

十三、湖北省(18个)

一类区(10个)

十堰市:郧县、竹山县、房县、郧西县、竹溪县。

宜昌市:兴山县、秭归县、长阳土家族自治县、五峰土家族自治县。

神农架林区。

二类区(8个)

恩施土家族苗族自治州:恩施市、利川市、建始县、巴东县、宣恩县、咸丰县、来凤县、鹤峰县。

十四、黑龙江省(104 个)

一类区(32 个)

哈尔滨市:尚志市、五常市、依兰县、方正县、宾县、巴彦县、木兰县、通河县、延寿县。

齐齐哈尔市:龙江县、依安县、富裕县。

大庆市:肇州县、肇源县、林甸县。

伊春市:铁力市。

佳木斯市:富锦市、桦南县、桦川县、汤原县。

双鸭山市:友谊县。

七台河市:勃利县。

牡丹江市:海林市、宁安市、林口县。

绥化市:北林区、安达市、海伦市、望奎县、青冈县、庆安县、绥棱县。

二类区(67 个)

齐齐哈尔市:建华区、龙沙区、铁锋区、昂昂溪区、富拉尔基区、碾子山区、梅里斯达斡尔族区、讷河市、甘南县、克山县、克东县、拜泉县。

黑河市:爱辉区、北安市、五大连池市、嫩江县。

大庆市:杜尔伯特蒙古族自治县。

伊春市:伊春区、南岔区、友好区、西林区、翠峦区、新青区、美溪区、金山屯区、五营区、乌马河区、汤旺河区、带岭区、乌伊岭区、红星区、上甘岭区、嘉荫县。

鹤岗市:兴山区、向阳区、工农区、南山区、兴安区、东山区、萝北县、绥滨县。

佳木斯市:同江市、抚远县。

双鸭山市:尖山区、岭东区、四方台区、宝山区、集贤县、宝清县、饶河县。

七台河市:桃山区、新兴区、茄子河区。

鸡西市:鸡冠区、恒山区、滴道区、梨树区、城子河区、麻山区、虎林市、密山市、鸡东县。

牡丹江市:穆棱市、绥芬河市、东宁县。

绥化市:兰西县、明水县。

三类区(5 个)

黑河市:逊克县、孙吴县。

大兴安岭地区:呼玛县、塔河县、漠河县。

十五、吉林省(25 个)

一类区(14 个)

长春市:榆树市。

白城市:大安市、镇赉县、通榆县。

松原市:长岭县、乾安县。

吉林市:舒兰市。

四平市:伊通满族自治县。

辽源市:东辽县。

通化市:集安市、柳河县。

白山市:八道江区、临江市、江源县。

二类区(11个)

白山市:抚松县、靖宇县、长白朝鲜族自治县。

延边朝鲜族自治州:延吉市、图们市、敦化市、珲春市、龙井市、和龙市、汪清县、安图县。

十六、辽宁省(14个)

一类区(14个)

沈阳市:康平县。

朝阳市:北票市、凌源市、朝阳县、建平县、喀喇沁左翼蒙古族自治县。

阜新市:彰武县、阜新蒙古族自治县。

铁岭市:西丰县、昌图县。

抚顺市:新宾满族自治县。

丹东市:宽甸满族自治县。

锦州市:义县。

葫芦岛市:建昌县。

十七、内蒙古自治区(95个)

一类区(23个)

呼和浩特市:赛罕区、托克托县、土默特左旗。

包头市:石拐区、九原区、土默特右旗。

赤峰市:红山区、元宝山区、松山区、宁城县、巴林右旗、敖汉旗。

通辽市:科尔沁区、开鲁县、科尔沁左翼后旗。

鄂尔多斯市:东胜区、达拉特旗。

乌兰察布市:集宁区、丰镇市。

巴彦淖尔市:临河区、五原县、磴口县。

兴安盟:乌兰浩特市。

二类区(39个)

呼和浩特市:武川县、和林格尔县、清水河县。

包头市:白云矿区、固阳县。

乌海市:海勃湾区、海南区、乌达区。

赤峰市:林西县、阿鲁科尔沁旗、巴林左旗、克什克腾旗、翁牛特旗、喀喇沁旗。

通辽市:库伦旗、奈曼旗、扎鲁特旗、科尔沁左翼中旗。

呼伦贝尔市:海拉尔区、满洲里市、扎兰屯市、阿荣旗。

鄂尔多斯市:准格尔旗、鄂托克旗、杭锦旗、乌审旗、伊金霍洛旗。

乌兰察布市:卓资县、兴和县、凉城县、察哈尔右翼前旗。

巴彦淖尔市:乌拉特前旗、杭锦后旗。

兴安盟:突泉县、科尔沁右翼前旗、科尔沁右翼中旗、扎赉特旗。

锡林郭勒盟:锡林浩特市、二连浩特市。

三类区(24 个)

包头市:达尔罕茂明安联合旗。

通辽市:霍林郭勒市。

呼伦贝尔市:牙克石市、额尔古纳市、新巴尔虎右旗、新巴尔虎左旗、陈巴尔虎旗、鄂伦春自治旗、鄂温克族自治旗、莫力达瓦达斡尔族自治旗。

鄂尔多斯市:鄂托克前旗。

乌兰察布市:化德县、商都县、察哈尔右翼中旗、察哈尔右翼后旗。

巴彦淖尔市:乌拉特中旗。

兴安盟:阿尔山市。

锡林郭勒盟:多伦县、东乌珠穆沁旗、西乌珠穆沁旗、太仆寺旗、镶黄旗、正镶白旗、正蓝旗。

四类区(9 个)

呼伦贝尔市:根河市。

乌兰察布市:四子王旗。

巴彦淖尔市:乌拉特后旗。

锡林郭勒盟:阿巴嘎旗、苏尼特左旗、苏尼特右旗。

阿拉善盟:阿拉善左旗、阿拉善右旗、额济纳旗。

十八、山西省(44 个)

一类区(41 个)

太原市:娄烦县。

大同市:阳高县、灵丘县、浑源县、大同县。

朔州市:平鲁区。

长治市:平顺县、壶关县、武乡县、沁县。

晋城市:陵川县。

忻州市:五台县、代县、繁峙县、宁武县、静乐县、神池县、五寨县、岢岚县、河曲县、保德县、偏关县。

晋中市:榆社县、左权县、和顺县。

临汾市:古县、安泽县、浮山县、吉县、大宁县、永和县、隰县、汾西县。

吕梁市:中阳县、兴县、临县、方山县、柳林县、岚县、交口县、石楼县。

二类区(3 个)

大同市:天镇县、广灵县。

朔州市:右玉县。

十九、河北省(28个)

一类区(21个)

石家庄市:灵寿县、赞皇县、平山县。

张家口市:宣化县、蔚县、阳原县、怀安县、万全县、怀来县、涿鹿县、赤城县。

承德市:承德县、兴隆县、平泉县、滦平县、隆化县、宽城满族自治县。

秦皇岛市:青龙满族自治县。

保定市:涞源县、涞水县、阜平县。

二类区(4个)

张家口市:张北县、崇礼县。

承德市:丰宁满族自治县、围场满族蒙古族自治县。

三类区(3个)

张家口市:康保县、沽源县、尚义县。

附录二　西藏自治区特殊津贴地区类别

二类区

拉萨市:拉萨市城关区及所属办事处,达孜县,尼木县县驻地、尚日区、吞区、尼木区,曲水县,墨竹工卡县(不含门巴区和直孔区),堆龙德庆县。

昌都地区:昌都县(不含妥坝区、拉多区、面达区),芒康县(不含戈波区),贡觉县县驻地、波洛区、香具区、哈加区,八宿县(不含邦达区、同卡区、夏雅区),左贡县(不含川妥区、美玉区),边坝县(不含恩来格区),洛隆县(不含腊久区),江达县(不含德登区、青泥洞区、字嘎区、邓柯区、生达区),类乌齐县县驻地、桑多区、尚卡区、甲桑卡区、丁青县(不含嘎塔区),察雅县(不含括热区、宗沙区)。

山南地区:乃东县,琼结县(不含加麻区),措美县当巴区、乃西区,加查县,贡嘎县(不含东拉区),洛扎县(不含色区和蒙达区),曲松县(不含贡康沙区、邛多江区),桑日县(不含真纠区),扎囊县,错那县勒布区、觉拉区,隆子县县驻地、加玉区、三安曲林区、新巴区,浪卡子县卡拉区。

日喀则地区:日喀则市,萨迦县孜松区、吉定区,江孜县卡麦区、重孜区,拉孜县拉孜区、扎西岗区、彭错林区,定日县卡选区、绒辖区,聂拉木县县驻地,吉隆县吉隆区,亚东县县驻地、下司马镇、下亚东区、上亚东区,谢通门县县驻地、恰嘎区,仁布县县驻地、仁布区、德吉林区,白朗县(不含汪丹区),南木林县多角区、艾玛岗区、土布加区,樟木口岸。

林芝地区:林芝县,朗县,米林县,察隅县,波密县,工布江达县(不含加兴区、金达乡)。

三类区

拉萨市:林周县,尼木县安岗区、帕古区、麻江区,当雄县(不含纳木错区),墨竹工卡县门巴区、直孔区。

那曲地区:嘉黎县尼屋区,巴青县县驻地、高口区、益塔区、雅安多区,比如县(不含下

秋卡区、恰则区),索县。

昌都地区:昌都县妥坝区、拉多区、面达区,芒康县戈波区,贡觉县则巴区、拉妥区、木协区、罗麦区、雄松区,八宿县邦达区、同卡区、夏雅区,左贡县田妥区、美玉区,边坝县恩来格区,洛隆县腊久区,江达县德登区、青泥洞区、字嘎区、邓柯区、生达区,类乌齐县长毛岭区、卡玛多(巴夏)区、类乌齐区,察雅县括热区、宗沙区。

山南地区:琼结县加麻区,措美县县驻地、当许区,洛扎县色区、蒙达区,曲松县贡康沙区、邛多江区,桑日县真纠区,错那县县驻地、洞嘎区、错那区,隆子县甘当区、扎日区、俗坡下区、雪萨区,浪卡子县(不含卡拉区、张达区、林区)。

日喀则地区:定结县县驻地、陈塘区、萨尔区、定结区、金龙区,萨迦县(不含孜松区、吉定区),江孜县(不含卡麦区、重孜区),拉孜县县驻地、曲下区、温泉区、柳区,定日县(不含卡达区、绒辖区),康马县,聂拉木县(不含县驻地),吉隆县(不含吉隆区),亚东县帕里镇、堆纳区,谢通门县塔玛区、查拉区、德来区,昂仁县(不含桑桑区、查孜区、措麦区),萨噶县旦嘎区,仁布县帕当区、然巴区、亚德区,白朗县汪丹区,南木林县(不舍多角区、艾玛岗区、土布加区)。

林芝地区:墨脱县,工布江达县加兴区、金达乡。

四类区

拉萨市:当雄县纳木错区。

那曲地区:那曲县,嘉黎县(不含尼屋区),申扎县,巴青县江绵区、仓来区、巴青区、本索区,聂荣县,尼玛县,比如县下秋卡区,恰则区,班戈县,安多县。

昌都地区:丁青县嘎塔区。

山南地区:措美县哲古区,贡嘎县东拉区,隆子县雪萨乡,浪卡子县张达区、林区。

日喀则地区:定结县德吉(日屋区),谢通门县春哲(龙桑)区、南木切区,昂仁县桑桑区、查孜区、措麦区,岗巴县,仲巴县,萨噶县(不含旦嘎区)。

阿里地区:噶尔县,措勒县,普兰县,革吉县,日土县,扎达县,改则县。

参考文献

[1] 方国华,朱成立. 水利水电工程概预算[M]. 郑州:黄河水利出版社,2008.
[2] 中华人民共和国水利部. 水利建筑工程预算定额(上、下册)[M]. 郑州:黄河水利出版社,2002.
[3] 中华人民共和国水利部. 水利建筑工程概算定额(上、下册)[M]. 郑州:黄河水利出版社,2002.
[4] 中华人民共和国水利部. 水利水电设备安装工程预算定额[M]. 郑州:黄河水利出版社,2002.
[5] 中华人民共和国水利部. 水利水电设备安装工程概算定额[M]. 郑州:黄河水利出版社,2002.
[6] 中华人民共和国水利部. 水利工程施工机械台时费定额[M]. 郑州:黄河水利出版社,2002.
[7] 中华人民共和国水利部. 水利工程设计概(估)算编制规定(水总〔2014〕429号)[M]. 北京:中国水利水电出版社,2015.
[8] 中华人民共和国水利部. 水利工程概预算补充定额[M]. 郑州:黄河水利出版社,2005.
[9] 中国水利学会水利工程造价管理专业委员会. 水利水电工程造价管理[M]. 北京:中国科学技术出版社,1998.
[10] 陈全会,王修贵,谭兴华. 水利水电工程定额与概预算[M]. 北京:中国水利水电出版社,1999.
[11] 钱善扬,杨建基,王汝弼. 水利水电概预算入门[M]. 南京:河海大学出版社,1993.
[12] 魏璇. 水利水电工程施工组织设计指南(下册)[M]. 北京:中国水利水电出版社,1999.
[13] 徐学东,姬宝森. 水利水电工程概预算[M]. 北京:中国水利水电出版社,2005.
[14] 赵冬,张伏林. 水利工程招标与投标[M]. 郑州:黄河水利出版社,2000.
[15] 吴恒安. 财务评价 国民经济评价 社会评价 后评价理论与方法[M]. 北京:中国水利水电出版社,1998.
[16] 国家计划委员会,建设部. 建设项目经济评价方法与参数[M]. 3版. 北京:中国计划出版社,2006.
[17] 中华人民共和国水利部. 水利建设项目经济评价规范:SL 72—2013[S]. 北京:中国水利水电出版社,2013.
[18] 水利部办公厅. 水利工程营业税改增值税计价依据调整办法(办水总〔2016〕132号).
[19] 财政部,税务总局. 关于调整增值税税率的通知(财税〔2018〕32号).
[20] 水利部办公厅. 水利部办公厅关于调整水利工程计价依据增值税计算标准的通知(办财务函〔2019〕448号).
[21] 财政部,税务总局,海关总署. 关于深化增值税改革有关政策的公告(财政部 税务总局 海关总署公告2019年第39号).